陈 静 编著

手把手教你学成 Excel 高手

化学工业出版社

·北京·

本书以独立实例的编写方式，针对典型职业活动和生活需要，通过循序渐进、由浅到深、由易到难、由简到繁，手把手教你将 Excel 用得游刃有余。

　　本书精选工作或生活中的典型实例，例如设计制作美化档案、公式计算工资表、统计分析成绩单、绘制美化成绩图表、合并计算多个数据表、透视分析销售表、管理人力资源表等内容，通过做中学、做中练，一步步引领学习者学会操作，学会有效地使用软件，全面提升 Excel 的综合应用技能。

　　本书从具体的实例入手，图文并茂、详细讲解完成任务的前期分析、技术准备、工具的使用、算法分析、工作过程等；在工作过程中介绍完成任务的工作流程、操作方法、注意事项和操作技巧，任务完成后进行归纳总结、评价反馈，提升学习者处理其他同类数据的工作能力，积累工作经验，养成良好的工作习惯；每个实例后面的"拓展实训"都有丰富的案例，帮助学习者开阔思维、学以致用，提升应用能力，快速成为 Excel 高手，快速、高效、高品质地完成各项工作。

　　本书以数据处理软件 Microsoft Excel 2010 为应用平台，所有操作在 Excel 2010 环境下完成，同样适用于 Excel 2013 和 Excel 2016。本书有与内容配套的数字化资源，包括电子素材、数据表源文件，还有丰富的实训案例库，赠送更多的案例、源文件和素材，可登录化学工业出版社教学资源网（www.cipedu.com.cn）注册后免费获取（关键词填本书名，查询范围选课件）。

　　本书可满足不同用户对办公软件的学习、提高需求，也可作为自学人员的参考用书以及办公人员的操作指南和指导手册。

图书在版编目（CIP）数据

手把手教你学成 Excel 高手/陈静编著. —北京：化学工业出版社，2018.9（2020.2重印）
ISBN 978-7-122-32788-8

Ⅰ. ①手… Ⅱ. ①陈… Ⅲ. ①表处理软件
Ⅳ. ①TP391.13

中国版本图书馆 CIP 数据核字（2018）第 177962 号

责任编辑：王文峡　　　　　　　　　　　　文字编辑：李　瑾
责任校对：王　静　　　　　　　　　　　　装帧设计：刘丽华

出版发行：化学工业出版社（北京市东城区青年湖南街 13 号　邮政编码 100011）
印　　装：大厂聚鑫印刷有限责任公司
850mm×1168mm　1/32　印张 11　字数 291 千字
2020 年 2 月北京第 1 版第 2 次印刷

购书咨询：010-64518888　　售后服务：010-64518899
网　　址：http://www.cip.com.cn
凡购买本书，如有缺损质量问题，本社销售中心负责调换。

定　　价：39.00 元　　　　　　　　　　　　　　版权所有　违者必究

前言 FOREWORD

互联网、云计算、大数据等现代信息技术深刻改变着人类的思维和生产、生活方式。数据的采集、存储、管理、运算、统计、分析、共享、查询、检索、调用以及数据的安全防护等显得极其重要。

当你每天面对大量、繁杂的数据，当你为了用 Excel 制作各种报表、图表等而发愁时，困扰你的是什么呢？

运用 Excel 处理数据，绝不仅是会使用软件、会用几个常用函数这么简单，更重要的是运用 Excel 的数据思维方式，运用和发挥各种函数、工具的作用，提高数据处理的效率，提升数据分析、管理的能力。

本书以独立任务的编写方式，针对典型职业活动和生活需要，从问题出发，将 Excel 专业讲解，融入到工作过程中；从工具到技能，从技能到思维，通过循序渐进、由浅到深、由易到难、由简到繁，手把手教你将 Excel 用得游刃有余。

本书以数据处理软件 Microsoft Excel 2010 为应用平台，所有操作在 Excel 2010 环境下完成，同样适用于 Excel 2013 和 Excel 2016。

本书精选实际工作或生活中的典型实例，例如设计制作美化档案、公式计算工资表、统计分析成绩单、绘制美化成绩图表、合并计算多个数据表、透视分析销售表、管理人力资源表等内容，除此之外，还详细介绍了多用户共享工作簿、嵌套分类汇总、分添中文大写数字金额、小数位数与误差（零数处理函数的功能和用法）、条件计算函数、SUM 函数的妙用（计算余额、计算合并单元格的和）、管理人力资源表（利用身份证号提取信息，计算年龄、工龄及退休日期，提醒合同到期、计算上下班状态及缺勤时长、员工资料查询、批量插入相片、利用函数查询相片）等解决工作、生活中常见问题的方法和技术，通过做中学、做中练，一步步引领学习者学会工作，学会有效地使用软件，学会思维，全面提升 Excel

的综合应用技能。

本书从每个具体的实例入手，文字轻松，图解丰富，详细讲解完成任务的前期分析、技术准备、工具的使用、算法分析、工作过程等，在工作过程中介绍完成任务的工作流程、操作方法、注意事项和操作技巧，任务完成后进行归纳总结、评价反馈，提升学习者处理其他同类数据的工作能力，积累工作经验，养成良好的工作习惯；每个实例后面的"拓展实训"都有丰富的案例，帮助学习者开阔思维、学以致用，提升应用能力，快速、高效、高品质地完成各项工作。要想成为真正的 Excel 高手，需要长期不懈的学习。

本书以人为本进行设计，结构严谨，思路清晰，文字流畅，语言精练，版面新颖、时尚，图文并茂，详略得当，可读性、可视性、实用性强，看得懂、学得会，易学易用；满足不同用户对办公软件的学习、提高需求，还是自学人员的参考用书以及办公人员的操作指南和指导手册。

本书有与内容配套的数字化资源，包括电子素材、数据表源文件，还有丰富的实训案例库，赠送更多的案例、源文件和素材，供学习者学习和使用，可登录化学工业出版社教学资源网（www.cipedu.com.cn），注册后免费获取（关键词填本书名，查询范围选课件）。

本书由陈静编著，在编写过程中寇馨月、陈中华、陈莉、王立新、李俊、张红革、张家豪、张卫东给予了很多帮助，并得到了化学工业出版社及昌平职业学校领导郑艳秋、赵东升、贾光宏、吴亚芹、蒋秀英、张岚、刘春跃和同事吴骁军、魏军、刘鑫、赵小平、王京京、夏丽、王艳、方荣卫、崔雪、姚希、雷涛、徐冬妹、郝薇、郭婷婷、李向荣、贾志、陆川、王秀红、马杰、陈芳的支持与协助，在此一并表示感谢。

本书力求严谨，但由于笔者水平所限，时间仓促，书中疏漏之处在所难免，敬请广大读者提出宝贵意见，以便不断改进并使之更加完善。

编著者

2018 年 7 月

目录

认识电子表格软件 Excel 2010 ·· 1

任务 1　设计录入学生档案 ·· 19

任务 2　美化学生档案 ·· 63

任务 3　排序筛选学生档案 ·· 91

任务 4　分类汇总学生档案 ··· 111

任务 5　公式计算工资表 ·· 124

　　5.1　设计、制作、美化工资表 ································· 125

　　5.2　公式计算工资表 ·· 128

任务 6　函数计算成绩单 ·· 169

　　6.1　设计、制作、美化成绩单 ································· 170

　　6.2　函数计算成绩单 ·· 173

任务 7　统计分析成绩单 ·· 195

任务 8　绘制美化成绩图表 ··· 229

任务 9　合并计算多个数据表 ·· 266

任务 10　透视分析销售表 ·· 276

任务 11　管理人力资源表 ·· 296

参考文献 ··· 342

认识电子表格软件 Excel 2010

知识目标

1. 启动电子表格软件 Excel 2010 的方法;
2. Excel 软件操作界面的组成部分名称、位置、功能、使用方法;
3. 自定义快速访问工具栏的方法;
4. 设置 Excel 选项的方法;
5. 工作簿、工作表、单元格的概念和关系。

能力目标

1. 能快速启动电子表格软件 Excel 2010;
2. 能识别 Excel 软件操作界面的组成部分及功能;
3. 能自定义快速访问工具栏;
4. 能设置 Excel 选项;
5. 能区分工作簿、工作表、单元格,及三者之间的关系。

学习重点

1. Excel 2010 操作界面的工作区、状态区组成部分及使用方法;
2. 设置 Excel 选项的方法;
3. 工作簿、工作表、单元格的概念和关系。

Microsoft Office 是微软公司推出的风靡全球的办公软件,它的界面简洁明快;每个新版本都增加了很多新功能,使用户能更加方便地完成操作。

本书主要介绍 Office 2010 中的电子表格组件 Excel 2010，它的图标是 ；文件扩展名为 "*.xlsx"。

Excel 2010 是微软公司推出的专业电子表格软件。它具有数据运算、数据统计、数据分析、绘制图表等功能，广泛应用于财务、信息管理、金融等领域。Excel 2010 提供了强大的工具和功能，可以更轻松地分析、共享和管理数据。

提出任务

快速启动电子表格软件 Excel 2010，认识 Excel 2010 操作界面的组成部分及功能，认识 Excel 工作区组成部分的名称、功能和特点，根据需要设置 Excel 选项，明确工作簿、工作表、单元格的概念和关系。

完成任务

一、启动电子表格软件 Excel 2010

◆ **操作方法** 单击"开始"→"所有程序"→"Microsoft Office"→"Microsoft Excel 2010"，可启动 Excel 2010，如图 0-1 所示。Excel 2010 的程序图标为 。

图 0-1 从"开始"菜单"所有程序"中启动 Excel 2010

或者，单击"开始"，在菜单中选择快捷方式" Microsoft Excel 2010"，如图 0-2 所示。

◆ **操作方法 2** 双击桌面上的 Excel 快捷方式图标，启动 Excel 2010，如图 0-3 所示。

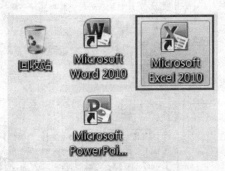

图 0-2 在"开始"中选择快捷方式启动 Excel 2010　　图 0-3 双击桌面的 Excel 快捷方式图标启动 Excel 2010

◆ **操作方法 3** 双击文件夹中的 Excel 文件图标，启动 Excel 2010 程序，如图 0-4 所示。

Excel 2010 文件的图标为 ，文件扩展名为"*.xlsx"。

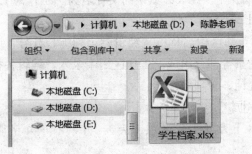

图 0-4 双击 Excel 文件图标启动 Excel 2010

启动 Excel 2010 的方法很多，熟练操作、掌握要领后，根据不同的需要以最简便的方式、最快的速度打开软件，将会节省时间，提高工作效率。

二、认识 Excel 2010 操作界面的组成部分

打开 Excel 2010 后，操作界面及组成部分如图 0-5 所示。

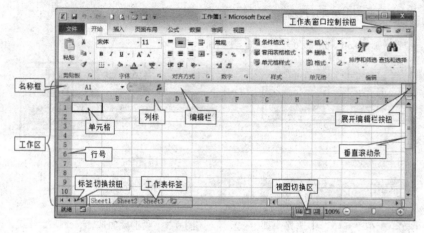

图 0-5　Excel 2010 操作界面及组成部分

Excel 2010 操作界面与 Word 2010 操作界面很相似，标题区、功能区、状态区的组成部分和使用方法相同，不再重复叙述，重点介绍 Excel 2010 的工作区。Excel 默认的文件名为"工作簿 1.xlsx"。

1. Excel 2010 的工作区

Excel 的工作区由名称框、编辑栏、列标、行号、单元格、工作表标签、滚动条等部分组成。工作区用于录入、编辑各种数据，进行各项运算、统计、管理等操作。

（1）名称框

在功能区下方（工作区最上方），并列着单元格的名称框和编辑栏。

名称框中显示选中单元格的名称，如 A1、C6，单元格的名称可以在名称框中更改；名称框的宽度可以调节，如图 0-6①所示，以显示长的单元格名称。

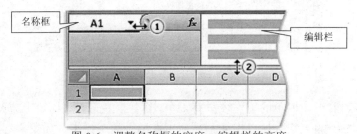

图 0-6 调整名称框的宽度、编辑栏的高度
①左右调整名称框的宽度；②上下调整编辑栏的高度

(2) 编辑栏

编辑栏中显示选中单元格中的内容或计算公式、函数。单元格的内容、计算公式、函数可以在编辑栏中更改。编辑栏的高度可以调整，如图 0-6②所示，以多行的方式显示长公式或内容多的文本。

或者，单击编辑栏末端的∨形按钮，可以在将编辑栏展开成三行或折叠成一行间切换。

(3) 列标、行号、单元格

在 Excel 编辑区中、工作表中，横的叫行，竖的叫列，行和列交叉的矩形区域叫单元格。

每列对应的名称为列标，在每列的顶端，用大写英文字母命名，例如 A，B，C，……

每行对应的名称为行号，在每行的左侧，以阿拉伯数字命名，例如 1，2，3，……

单元格的名称为：对应的列标、行号，显示在名称框内，例如 A1，C3，D18，……

(4) 工作表标签

工作表标签在操作界面的下方，用来标记、区分不同工作表的名称，默认的工作表标签为 Sheet1，Sheet2，Sheet3，……工作表标签的名称可以更改，还可以设置标签的颜色，如图 0-7 所示。

图 0-7 工作表标签名称及颜色

当前正在编辑的工作表只有 1 个,标签颜色较浅,标签上方开口,图 0-7 中的"基本信息"就是当前正在编辑的工作表。如果需要编辑哪个工作表,只要单击相应工作表标签,即可激活进行编辑。

2. Excel 2010 的状态区

Excel 的状态区由状态栏、视图切换区、显示比例调节区等部分组成。状态区主要显示当前工作的各种状态,在状态区可以调整、选择 Excel 工作表的各种视图状态。

在视图切换区有 3 种视图状态按钮▦▣▥:普通视图▦、页面布局▣、分页预览▥。系统默认的是普通视图▦状态。

① 普通视图▦,是主要的录入、编辑视图,显示完整的数据格式,如图 0-8 所示,适合于录入阶段。

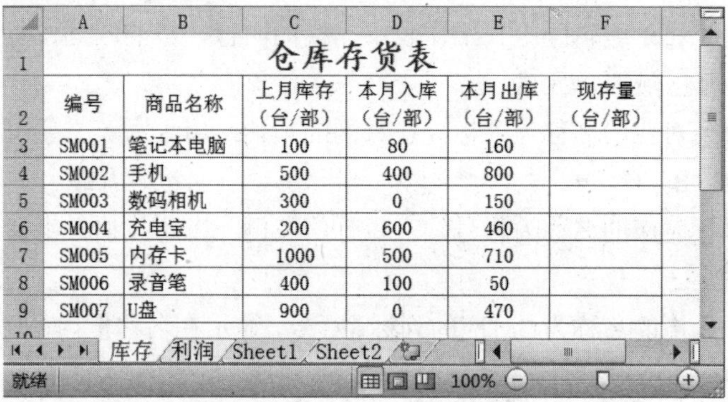

图 0-8 工作表的普通视图状态

② 页面布局视图▣,会显示页眉、页脚和页边距,工作表的显示效果与实际打印的效果是相同的,如图 0-9 所示,适合排版阶段。

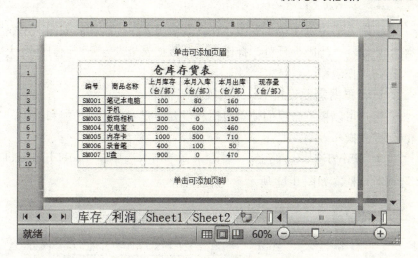

图 0-9 工作表的页面布局视图状态

为了最大化工作区以便更加方便地输入、编辑和使用大量数据，可以在"普通视图 ⊞"和"页面布局 ▣"两个视图状态之间切换，以隐藏或显示单元格周围的空白。

③ 分页预览视图 ▣，适合于打印预览阶段，能显示工作表打印时的分页位置，并且非数据区显示为灰色，内容区显示页数，但不显示页眉、页脚和页边距，如图 0-10 所示。

图 0-10 工作表的分页预览视图状态

正确灵活用好 Excel 视图，在什么情况下用什么样的视图，不仅给用户编辑、排版、预览、打印 Excel 数据表带来方便，而且还会大大提高工作效率。

三、根据需要设置 Excel 选项

用户可以根据自己的使用习惯和需要设置 Excel 的功能和选项，以便提高操作效率。

◆ **操作方法** ①单击"文件"→②单击"选项"→③打开 Excel 选项对话框，如图 0-11 所示。

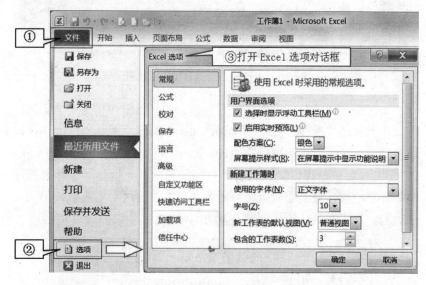

图 0-11　打开 Excel 选项对话框

1. 设置自动保存时间间隔

在电子表格数据处理过程中，应养成随时保存的良好工作习惯，以便减少因停电、死机、误操作等意外事故没保存而造成的损失。系统有自动保存的功能，但默认的自动保存时间间隔为 10 分钟，为了减少因没保存而造成的损失，可以缩短系统自动保存的时间间隔，建议设为 2 分钟；或者养成随时（每隔一两分钟）手动保存的习惯。

◆ **操作方法** 在图 0-11 的左窗格中选择"保存"选项,在右边的内容窗格中,设置"保存自动恢复信息时间间隔"为"2 分钟",如图 0-12 所示。单击"确定",Excel 选项设置生效。

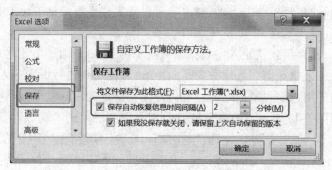

图 0-12 设置自动保存时间间隔

2. 设置新建工作簿时的常规选项

系统默认的新建工作簿时"使用的字体""字号"为"正文宋体,11 号","包含的工作表数"为"3",用户可以根据自己的工作习惯和操作 Excel 的需要,设置新建工作簿(Excel 文件)时的常规选项,满足数据录入和运算、处理的需求。

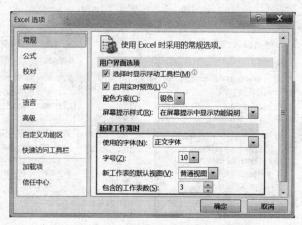

图 0-13 设置新建工作簿时的常规选项

如图 0-13 所示，在 Excel 选项的左窗格中选择"常规"选项，在右边内容窗格的"新建工作簿时"区域，设置"字号"为 10~12；"包含的工作表数"根据需要可以设置为"1~N"的整数，一般设置为"1~3"之间的整数。单击"确定"，字号设置需要重新启动 Excel 生效。

3. 设置回车键的移动方向

Excel 系统默认录入完数据单击回车键 Enter，活动单元格自动移到下面一个单元格（移动方向是向下），方便用户进行纵向录入。

如果用户需要横向录入，如何方便快捷地向右移动单元格呢？

如图 0-14 所示，在 Excel 选项对话框左侧单击"高级"，在右边窗格"编辑选项"中勾选"☑ 按 Enter 键后移动所选内容(M)"，单击"方向(I)：向下▼"右边的按钮▼，在打开的列表中选择一种需要的回车键移动方向，例如"向右"，单击"确定"，Excel 选项设置生效，即可改变录入时回车键的移动方向。

4. 设置录入时小数点位数及自动百分比输入

录入数值型数据时，系统默认录入整数时，无小数位数；如果需要录入统一的小数位数，可以在 Excel 选项"高级"中勾选"☑ 自动插入小数点"，并设置录入时小数点位数。如果需要录入百分比数值，勾选"☑ 允许自动百分比输入(I)"，如图 0-15 所示。

图 0-14　设置回车键的移动方向

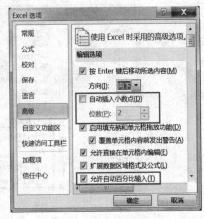
图 0-15　设置小数点位数和百分比

5. 设置工作表的显示选项

系统默认的工作表显示效果为灰色的网格线,便于用户选中和区分单元格;没设置页面布局、没打印预览时,工作表内都不显示分页线。用户可以根据自己的工作习惯和需要,设置工作表的显示选项,方便录入数据和排版数据表格式。

如图 0-16 所示,在 Excel 选项对话框左侧单击"高级",在右边窗格向下拖动垂直滚动条,找到"此工作表的显示选项",将"显示分页符"前面的√点选上,设置网格线的颜色为"豆沙绿"(护眼色调),单击"确定",Excel 选项设置生效。

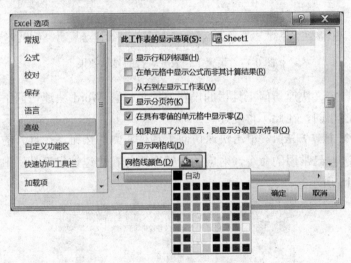

图 0-16　设置工作表的显示选项

设置后的工作表显示为绿色网格线,工作表内有表示页面边界的分页符(页面分隔线),如图 0-17 所示。

6. 自定义"快速访问工具栏"

系统默认的快速访问工具栏中只有三个命令按钮：保存、撤销、恢复。用户可以根据需要对快速访问工具栏进行自定义,将自己常用的命令按钮添加到快速访问工具栏,比如新建文件、打开文件、打印预览等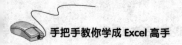，将使操作更方便快捷，大大节省操作时间，提高工作效率，体现操作界面的人性化、智能化。

图 0-17 设置工作表分页符的显示效果

自定义快速访问工具栏的设置方法与设置 Word 快速访问工具栏的方法相同，在此不再复述。

◆ **操作方法** ↓ 单击快速访问工具栏右侧的按钮，在打开的列表中勾选自己常用的命令，对应的按钮即添加在快速访问工具栏中，如图 0-18 所示。

图 0-18 自定义"快速访问工具栏"

◆ **操作方法 2** 在 Excel 选项的左窗格中选择"快速访问工具栏"选项,选择需要添加的命令,"添加"到右侧的"快速访问工具栏"列表中,单击"确定"按钮,新的快速访问工具栏添加完成。

7. Excel 会说话

Excel 自带朗读神器,可以帮用户朗读输入的数据或文本,实现数据的实时检查核对,这样就多了一层保障,避免在输入时出现错误,仿佛您身边多了个语音助手。

这个会说话的"朗读"功能,在默认标签或功能区中都找不到,需要用户自定义设置。如何将语音朗读这个功能添加在"快速访问工具栏"中?操作方法如图 0-19 所示。

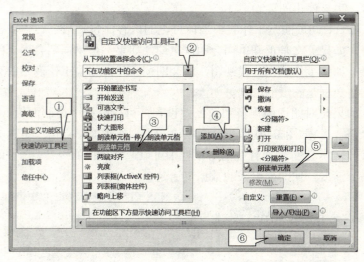

图 0-19 在"快速访问工具栏"中添加"朗读"按钮

① 在 Excel 选项的左窗格中选择"快速访问工具栏"选项;

② 在右边内容窗格的"从下列位置选择命令"下拉菜单中选择"不在功能区中的命令";

③ 在命令列表中,找到"朗读单元格"命令;

④ 单击中部的"添加"按钮;

⑤ 选中的命令进入右侧的"自定义快速访问工具栏"列表；最右侧的上移 ▲ 、下移 ▼ 按钮可以调整命令的顺序和位置；

⑥ 单击"确定"按钮，便可在快速访问工具栏中看到朗读按钮了

在所有数据录入完成后，需要对数据进行检查核对：①选择要朗读的区域；②点击【朗读单元格】按钮。这样就可以听到 Excel 清晰的朗读声，检查核对都很方便。朗读的顺序是按照单元格排列的先后顺序开始朗读的。这个功能简直是如虎添翼，再也不用担心录入出错了，新手也不用忐忑了，轻松保证正确输入数据。

如果要停止朗读，可以按 Esc 键；或者单击朗读区域外的任意单元格，也能停止朗读。

Excel 朗读的是工作表中当前可见的内容，包括数字、中文、英文等，如果英文是正确单词会朗读单词，如果不是单词则会逐个朗读字母；如果工作表为公式视图，还会朗读公式；如果工作表中的某些单元格数据是隐藏的，则不朗读。

如果想对朗读的声音和速度做设置，可以打开"控制面板"，搜索"语音"，如图 0-20 所示，在"语音识别"下面，点击"更改文本到语音转换设置"，在打开的对话框中可以选择朗读的声音，调整朗读的语音速度，使朗读出来的数据更清楚。

图 0-20　设置朗读的语音速度

如果在使用时，还有其他什么习惯或需求，可以用同样的方法在"Excel 选项"对话框中进行设置，即可对全部文件生效。

四、退出电子表格软件

◆ **操作方法1** 单击 Excel 窗口右上方的关闭按钮 ，即可关闭软件。

◆ **操作方法2** 单击"文件"，在打开的菜单中选择左下角的"退出"按钮 退出，即可退出程序。

归纳总结

认识了 Excel 2010 全新的用户界面和组成部分，学会了各部分的使用方法，对 Excel 2010 的文件、工作表、单元格有了简单、初步的了解和认识，那么它们之间有什么关系呢？

1. 工作簿、工作表、单元格的概念

（1）**工作簿**　就是 Excel 文件，如图 0-21 所示，可以包含一页或多页工作表。Excel 2010 文件的扩展名为"*.xlsx"。Excel 2010 文件的图标为 。

图 0-21　Excel 文件（工作簿）

（2）**工作表**　就是 Excel 文件（工作簿）中的每一页 Sheet，1 个 Excel 文件（工作簿）可以包含 1 页工作表，也可以包含多页工作表，每一页工作表由多行、多列数据组成，如图 0-22 所示。

同一个 Excel 文件（工作簿）中的每页工作表是相互独立的，也可以相互引用或链接，每页工作表的格式设置或页面设置相互独立、互不干扰、互不影响。

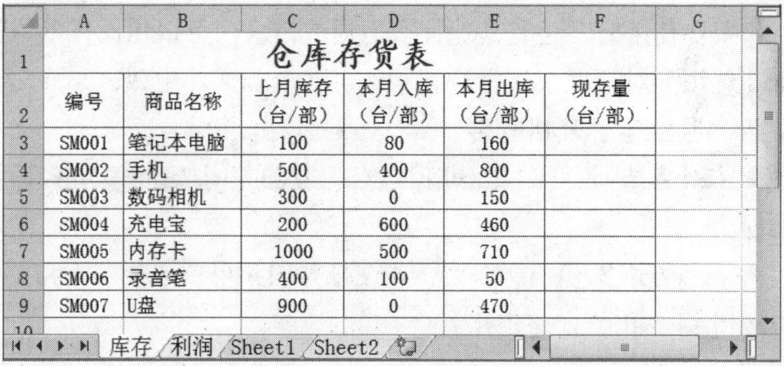

	A	B	C	D	E	F
1	仓库存货表					
2	编号	商品名称	上月库存（台/部）	本月入库（台/部）	本月出库（台/部）	现存量（台/部）
3	SM001	笔记本电脑	100	80	160	
4	SM002	手机	500	400	800	
5	SM003	数码相机	300	0	150	
6	SM004	充电宝	200	600	460	
7	SM005	内存卡	1000	500	710	
8	SM006	录音笔	400	100	50	
9	SM007	U盘	900	0	470	

图 0-22　Excel 工作表

Excel 2010 一个工作簿中默认的工作表有 3 页，Excel 2016 的一个工作簿中默认的工作表只有 1 页，用户可以自己添加工作表；也可以删除工作表，工作表的名称 Sheet 可以更改，工作表标签如图 0-23 所示。

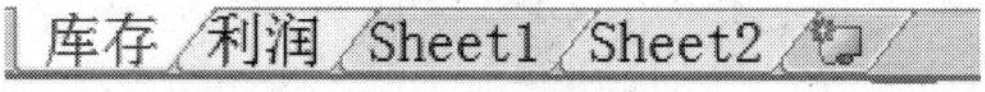

图 0-23　Excel 工作表标签

（3）单元格　就是工作表中的行列交叉处的矩形区域，是组成工作表的最小单位。如图 0-24 所示。

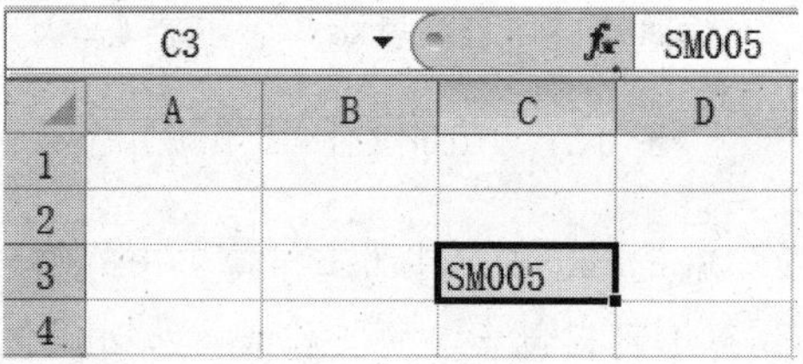

图 0-24　Excel 单元格、列标、行号、名称框、编辑栏

单元格的名称即对应的列标行号，例如 A1、C3、D18，单元格的名称显示在列标左上方的名称框中，选中单元格的内容显示在编辑栏中。

单元格中可以录入、编辑各种数据，进行各项运算、统计、管理等操作。

2. 工作簿、工作表、单元格之间的关系

工作簿、工作表、单元格三者的关系如图 0-25 所示。

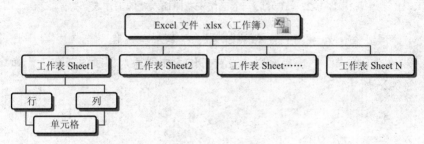

图 0-25　工作簿、工作表、单元格三者的关系

3. 新建工作簿、新建工作表的区别

由于 Excel 2016 的一个工作簿中默认的工作表只有 1 页，导致有些用户分不清新建工作簿跟新建工作表的区别，两者区别如下。

新建工作簿，就是新建 Excel 文件，单击"文件"→"新建"，或者单击快速访问工具栏中的"新建"按钮，即可新建一个 Excel 文件，新建的 Excel 的文件名为"工作簿 N.xlsx"。工作簿内可以包含一页或多页工作表。

新建工作表，就是在原有的工作簿（Excel 文件）内，插入一个新的工作表，单击"开始"→"插入"→"插入工作表"，即可在当前工作表左侧插入一个新的工作表，新工作表名称为"Sheet N"，如图 0-26 所示。

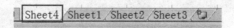

图 0-26　在当前工作表左侧插入新的工作表

或者，单击工作表标签右侧的"插入工作表"按钮，即可在

最后一个工作表右侧插入一个新的工作表,新工作表名称为"Sheet N+1",如图 0-27 所示。

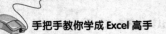

图 0-27 在最后一个工作表右侧插入新的工作表

再或者,右击当前工作表标签,在菜单中选择"插入"→"常用"/"工作表"→确定,则在当前工作表左侧插入了新的工作表,如图 0-26 所示。

任务 ❶ 设计录入学生档案

📖 知识目标

1. 档案的组成部分；数据表的结构；数据类型；
2. 管理 Excel 文件、工作表更名的方法；
3. 档案表头字段的设计方法；
4. 录入各种类型数据的方法；
5. 用填充柄填充各种类型序列的方法；
6. 利用批注添加相片的方法。

能力目标

1. 会设计档案的各组成部分，能识别数据表的结构及数据类型；
2. 会管理 Excel 文件（新建、另存、命名、保存、关闭、打开）、会管理工作表（更名、标签色、插入、移动、复制、删除工作表）；
3. 会设计录入学生档案，能设计学生档案的表头字段名；
4. 能快速录入档案中的各种数据，能解决、处理数据录入过程中的问题；
5. 能用填充柄快速填充各种类型的序列；
6. 能在档案中添加相片信息。

🔍 学习重点

1. 档案的组成部分；数据表的结构；数据类型；
2. 管理 Excel 文件、工作表的方法；
3. 档案表头字段的设计方法；
4. 录入日期型数据、身份证号的方法；设置数字格式的方法；
5. 用填充柄填充序列的方法；
6. 利用批注添加相片的方法。

Excel 可以编辑处理各种数据，生成各类报表，在实际工作和日常生活中，用途非常广泛。利用 Excel 的强大数据管理功能，可以帮助各单位或部门解决档案的信息管理问题。管理档案是办公室工作人员必须具备的工作能力之一，因此为了将来的工作需要，应先学会如何管理档案。

档案是很常见、很实用的一种信息管理文档，每种档案都有各自的特色和重点信息。学生档案是其中比较简单的一种，是大家在接受学校教育过程中经常填写的信息和报表，其中的栏目、字段大家都很熟悉，格式也不陌生，因此从简单、常见的"学生档案"开始，进入 Excel 2010 的学习。

本任务以"学生档案"为例，学习 Excel 2010 的基本操作和管理档案的基本方法。学会了设计制作学生档案，就可以利用 Excel 2010 管理其他同类的人事档案，如工作单位的员工档案、街道的离退休人员档案等，或者管理其他类型的档案或信息。

提出任务

在 Excel 2010 中建立本班的学生档案，包含"基本信息""选修课名单""课外小组""住宿生"4 页工作表。

设计制作"基本信息"工作表。在"基本信息"工作表中录入标题，合理设计基本信息的表头字段名，并录入本班所有学生的信息和数据，设置合理的数字格式，添加每名学生的相片信息。

作品展示

注：此任务中所有信息纯属虚构，请勿核查，如有雷同，纯属巧合，敬请原谅。

任务 ① 设计录入学生档案

	A	B	C	D	E	F	G	H	I	J	K	L	M	N
1	学前教育专业2015-6班学生档案													
2	班主任：陈静					电话：13269880577					填表日期：2016年9月12日			
3	学号	姓名	性别	民族	政治面貌	出生日期	身份证号	本人电话	家长电话	家庭住址	户籍	中考总分	是否住入学日期	
4	2015160601	张文珊	女	汉族	团员	2000/6/21	110221200006210328	13569299858	13916401539	昌平区天通苑	北京	469	是	2015/9/1
5	2015160602	徐蕊	女	汉族	团员	2000/3/12	110221200003126824	15912763680	15261260255	昌平区锦绣家园	北京	465		2015/9/1
6	2015160603	董媛媛	女	汉族	团员	1999/9/28	371423199909284120	16810947869	17286207198	怀柔区九渡河镇	河北	435	是	2015/9/1
7	2015160604	姜珊	女	汉族	群众	1999/12/30	110102199912300026	15910587267	17522617868	昌平区安福苑	北京	408	是	2015/9/1
8	2015160605	赵子佳	女	回族	群众	2000/8/27	220721200008278104	15811680868	18501690868	海淀区白石桥路	北京	415		2015/9/1
9	2015160606	陈鑫	女	汉族	团员	1999/7/1	110109199907012220	15861317982	13883570699	门头沟区东辛房街	北京	432	是	2015/9/1
10	2015160607	王陈杰	女	汉族	群众	1999/4/18	110221199981207194	17520213653	13561190770	昌平区南邵镇	北京	368	是	2015/9/1
11	2015160608	张莉迎	女	汉族	团员	2001/4/21	110221200104212622	16523595832	13221695632	昌平区回龙观	北京	407	是	2015/9/1
12	2015160609	秦秋萍	女	汉族	团员	2000/1/20	110221200001205918	15010685868	17691018595	昌平区一中	北京	422	是	2015/9/1
13	2015160610	崔相行逢	男	汉族	团员	2001/2/27	110108200102275303	17901389619	18601528978	昌平区一带	北京	431		2015/9/1
14	2015160611	戴博雅	女	汉族	团员	1999/9/27	110221199909218356	17581779801	18329267586	昌平区百善镇	北京	472		2015/9/1
15	2015160612	佟静文	女	汉族	团员	2000/6/6	130301200006186628	18911261983	13935586756	通州区梨园城	北京	497	是	2015/9/1
16	2015160613	何研雅	女	汉族	团员	2001/9/7	110104200109073058	19521852567	18901632665	海淀区铁东路	北京	536		2015/9/1
17	2015160614	王梓政	男	汉族	团员	1998/12/7	110109199812071943	15901206406	17681252020	门头沟区石门营	北京	351	是	2015/9/1
18	2015160615	史雅文	女	汉族	团员	1999/11/19	110111199911168742	15813682637	17910896076	房山区良乡	北京	407	是	2015/9/1
19	2015160616	张智聪	女	汉族	团员	2001/1/27	110108200101273572	13257273869	18966325791	海淀区永泰庄	北京	416		2015/9/1
20	2015160617	曾欢	女	汉族	团员	2000/8/6	130301200008062724	17501320258	17693380539	昌平区回龙观	北京	405		2015/9/1
21	2015160618	王昱	女	汉族	团员	2001/3/16	120109200103160026	15816926937	13691372016	昌平区中山路21号院	天津	439	是	2015/9/1
22	2015160619	姜梦妍	女	汉族	团员	1999/6/27	110221199906272728	15901736856	13939662687	昌平区广馨苑	北京	431	是	2015/9/1
23	2015160620	王悦	女	汉族	团员	2001/3/16	110227200003283026	16910956658	13736809190	怀柔区雁栖镇	北京	425	是	2015/9/1
24	2015160621	张思杰	女	汉族	群众	1999/12/28	220202199912282128	18611967768	18801683219	顺义区建新小区	北京	421	是	2015/9/1
25	2015160622	奇慧	女	白族	群众	1999/10/8	530103199910083730	13510267356	13910597678	云南省昆明市	云南		是	2016/3/16
26	2015160623	阿丽	女	汉族	群众	1999/4/21	210905199904215426	18210286105	13691165127	辽宁省阜新市	辽宁		是	2016/3/16
27	2015160624	刺利娟	女	汉族	团员	1998/8/12	150202199808128126	17801256907	13255976952	内蒙古包头市	内蒙古		是	2016/3/16
28	2015160625	娄怀旺	男	汉族	团员	1999/1/27	370101199912113623	15701688657	13102057759	山东省济南市	山东		是	2016/3/16
29	2015160626	王一帆	女	汉族	团员	2000/5/29	371701200005190051	18810657868	17613350679	山东省菏泽市	山东		是	2016/3/16
30	2015160627	徐翠慧	女	汉族	团员	2000/6/10	371702200006102728	15301596246	13810776391	山东省菏泽市	山东		是	2016/3/16
31	2015160628	张珍	女	汉族	团员	2000/9/5	370201200009052126	18716723356	15911263159	山东省青岛市	山东		是	2016/9/10

分析任务

1. 学生档案中"基本信息"工作表的组成部分

"基本信息"工作表由工作表标题、班级信息、数据表三部分组成，如图1-1所示。

工作表标题：学前教育专业2015-6班学生档案

班级信息：班主任：陈静   电话：13269880577   填表日期：2016年9月12日

数据表：

学号	姓名	性别	民族	政治面貌	出生日期	本人电话	家庭住址	户籍
2015160601	张文珊	女	汉族	团员	2000/6/21	13569299858	昌平区天通苑	北京
2015160602	徐蕊	女	汉族	团员	2000/3/12	15912763680	昌平区锦绣家园	北京
2015160603	董媛媛	女	汉族	团员	1999/9/28	16810947869	怀柔区九渡河镇	河北
2015160604	姜珊	女	汉族	群众	1999/12/30	15910587267	昌平区安福苑	北京
2015160605	赵子佳	女	回族	群众	2000/8/27	15811680868	海淀区白石桥路	北京
2015160606	陈鑫	女	汉族	团员	1999/7/1	15861317982	门头沟区东辛房街	北京
2015160607	王陈杰	女	汉族	群众	1999/4/18	17520213653	昌平区南邵镇	北京
2015160608	张莉迎	女	汉族	团员	2001/4/21	16523595832	昌平区回龙观	北京

图1-1 "基本信息"工作表的组成部分

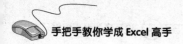

2. "基本信息"工作表的数据表结构

如图 1-2 所示,在数据表中,第一行是表头,包含所有的字段名。数据表中除表头外的每一行叫记录。数据表中的每一列叫字段,对应的表头中的名称叫字段名;每条记录中的数据叫字段值。

图 1-2 数据表各部分名称

3. 数据的类型

在数据表中,如果字段值是文字、字符串,称为**字符型**数据,如姓名、性别、民族等;如果是日期,称为**日期型**数据,如出生日期、入学日期等;如果是数字,能进行四则运算的,如总分、助学金、奖学金、单价、总价、金额等,称为**数值型**数据;还有一类数字串,不进行四则运算,如电话号码、身份证号、银行卡号、邮政编码等,属于字符型数据。

4. "基本信息"工作表中的相片

Excel 可以在"基本信息"工作表中包含相片信息,使信息内容更完整、更丰富,既不影响工作表数据,还可以灵活、随时看到每名学生的相片。

以上分析的是"基本信息"工作表的基本组成部分、数据表结构和数据类型,下面按工作过程学习具体的操作步骤和操作方法。

完成任务

一、打开 Excel 软件，保存文件

1. 另存、命名文件

进入 Excel 2010 程序后，将新建的 Excel 2010 文件"工作簿 1"另存在自己姓名的文件夹中；命名为"学前 2015-6 档案"。

> 每当进入程序开始工作的时候，要养成先保存文件的良好习惯，千万不要等工作全做完了再保存，以免中途遇到停电、死机、误操作等意外事故而造成工作的损失和浪费时间。所以，先保存文件就是提高效率、节省时间的良好工作习惯！

新文件的保存，可以用"另存为"或"保存"命令，就是为新文件选择保存位置（存放到磁盘上指定的文件夹中）；给文件起恰当的名字，文件名要与文件内容符合，便于管理和查找。

"另存为"与"保存"命令的区别："另存为"是为文件选择保存位置、起文件名、保存文件内容；对于已经有名字的文件，"保存"只是存储修改后的内容，不会改变保存位置和文件名。也就是说，如果想给文件改名字、更换保存位置就使用"另存为"命令；如果想同名、同位置保存**修改的**内容，就使用"保存"命令。

Excel 文件另存、命名的方法如图 1-3 所示。

文件另存命名后，Excel 的标题栏中，文件的名称变为命名后的文件名"学前 2015-6 档案.xlsx"，如图 1-3 所示。

如果 D 盘没有自己的文件夹，在图 1-3"另存为"对话框中，选择 D 盘后（第 3 步），单击工具栏中的"新建文件夹"按钮，如图 1-4 所示，在"新建文件夹"的"名称"框中，录入文件夹的名称后，单击"打开"，然后按照图 1-3 中的第 6 步继续操作。

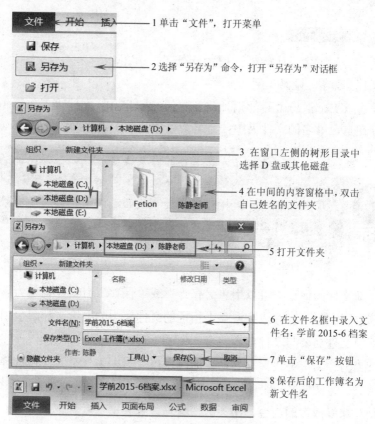

图 1-3　Excel 文件另存、命名的方法

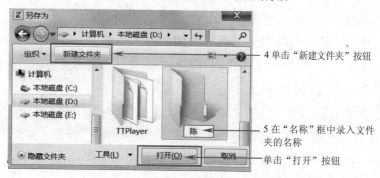

图 1-4　在"另存为"对话框中新建文件夹

任务 ① 设计录入学生档案

提示

Excel 文件的保存类型：
"Excel 工作簿（*.xlsx）"
是 Excel 2010 及 2007 版本的文件，文件压缩比大，容量很小。Excel 2003 及以下的低版本软件无法打开此类文件。

"Excel 97-2003 工作簿（*.xls）"是 Excel 97-2003 版本的文件，文件容量比 Excel 2010 版本的文件容量大，Excel 97 以上版本的软件都可以打开此类文件（向下兼容）。

2. 文件加密

如果 Excel 文件（工作簿）中有很重要的数据需要保密（如身份证号、电话号码、银行卡号等），可以采用 Microsoft Office 提供的"文件加密"——为文件设置"打开密码"的措施来进行保密。

★ 步骤1　单击"文件"→"另存为"。

★ 步骤2　在图 1-3 所示的"另存为"对话框中，选择保存位置，命名文件名，选择保存类型。再单击"工具"按钮，在列表中单击"常规选项"，如图 1-5 所示。

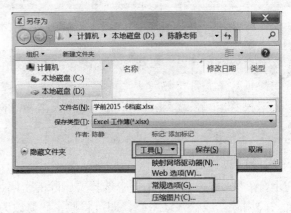

图 1-5　另存为→工具→常规选项

25

★ **步骤3** 在打开的"常规选项"对话框中,键入"打开权限密码"或"修改权限密码",如图1-6所示。注意:密码区分大小写。

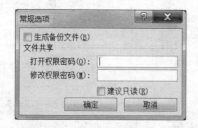 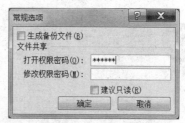

图1-6 设置文件(工作簿)密码

★ **步骤4** 输入密码后,单击"确定"按钮。出现提示时,重新键入密码确认,如图1-7所示,单击"确定"。

★ **步骤5** 单击"保存",如果出现提示,如图1-8所示,单击"是"替换已有的工作簿文件。

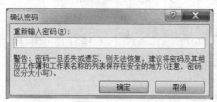 

图1-7 确认密码　　　　图1-8 替换已有的工作簿文件

> 记住密码很重要。如果忘记了密码,Microsoft将无法找回。设置工作簿密码的文件,不妨碍文件被删除。
>
> 建议将密码及其对应工作簿和工作表名称的列表保存在安全地方。

3. 删除或修改文件密码

方法同上,在"常规选项"对话框中选择要删除的密码,按Delete键,即可将密码删除。或输入新密码,即可将原密码修改为新密码。单击"保存"→"是"替换已有文件。

二、重命名工作表名称

1. 重命名工作表名称

将工作表标签 Sheet1 更名为"基本信息"。工作表标签是为了标记和区分不同的工作表，默认的名称为 Sheet1、Sheet2、Sheet3 等，为了便于管理和方便查找，应将工作表标签更名为与工作表内容一致的名称，以节省查询的时间。及时更名工作表标签，也是提高工作效率的良好习惯。更名工作表标签名称的操作方法如下。

◆ **操作方法 1** 如图 1-9 所示，双击需要更名的工作表标签 Sheet1，Sheet1 反白显示，进入编辑状态，录入新的工作表名称"基本信息"，回车确认，或者单击工作表空白处确认。

|Sheet1 /Sheet2 /Sheet3 / ⇨ |基本信息/Sheet2 /Sheet3 / ⇨

|基本信息/Sheet2 /Sheet3 /

图 1-9 双击 Sheet1 重命名工作表标签名称

◆ **操作方法 2** 如图 1-10 所示，右击工作表标签 Sheet2，从弹出的菜单中选择"重命名"命令，Sheet2 反白显示，进入编辑状态，录入新的工作表名称**"选修课名单"**，回车确认。

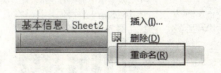

图 1-10 右击 Sheet2 重命名工作表

◆ **操作方法 3** 如图 1-11 所示，单击需要重命名的工作表标签 Sheet3，在功能区"开始"选项卡的"单元格"组中单击"格式"按钮，从菜单中选择"重命名工作表"，录入新的工作表名称"课外小组"，回车确认，如图 1-12 所示。

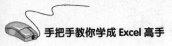

图 1-11 从"格式"按钮中重命名工作表

图 1-12 重命名后的工作表名称

2. 将工作表标签变换颜色

工作表标签可以设置各种不同的颜色，可以更明显地标记、区分不同工作表。

◆ **操作方法** 如图 1-13 所示，右击需要换颜色的工作表标签"基本信息"，从菜单中选择"工作表标签颜色"，从调色板中选择适合的浅颜色，如黄色。

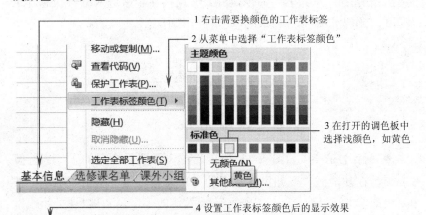

图 1-13 设置工作表标签颜色

设置颜色后的工作表标签如图 1-13 所示,只在标签底部显示颜色;当此工作表不激活时,颜色会充满整个标签。

> 工作表标签的颜色应选择浅色系,如浅黄色、浅绿色、浅蓝色等,这样才能衬托工作表标签名称的文字更醒目、更突出、更容易识别。

◆ **操作方法2** 单击选中需要换颜色的工作表标签"选修课名单",在"开始"选项卡的"单元格"组中单击"格式"按钮,从菜单中选择"工作表标签颜色",在打开的调色板中选择另外一种合适的浅颜色,如浅绿色。三张工作表标签设置为不同的浅颜色。

3. 插入新工作表

Excel 2010 默认的新建工作簿(或新建文件),包含的工作表数为 3 个(Excel 2013 和 Excel 2016 默认包含 1 个工作表),如果不够用,可以随时插入新的工作表。

本任务"学生档案"中需要 4 个工作表,而文件中只有 3 个,因此要插入一个新的工作表。

◆ **操作方法1** 如图 1-14 所示,单击工作表标签右侧的"插入工作表"按钮,在最后一页工作表右侧插入了一个新的工作表 Sheet1,将新工作表更名为"住宿生",可以设置标签颜色为浅色。

图 1-14 插入新工作表

◆ **操作方法 2** 在当前工作表左侧插入新工作表,如图 1-15 所示。

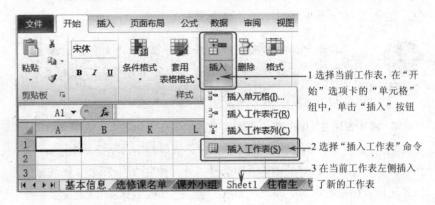

图 1-15 在当前工作表左侧插入新工作表

◆ **操作方法 3** 右击当前工作表标签,在菜单中选择"插入"→"常用"/"工作表"→确定,则在当前工作表左侧插入了新的工作表。

4. 删除工作表

◆ **操作方法 1** 选中要删除的工作表,如图 1-16 所示。

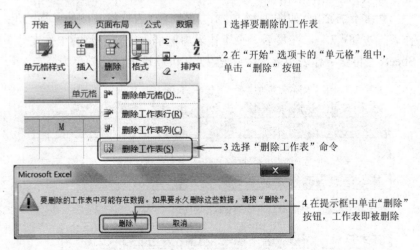

图 1-16 删除工作表

任务 ① 设计录入学生档案

◆ **操作方法2** 右击需要删除的工作表标签,在菜单中选择"删除"命令 删除(D),在图 1-17 所示的提示框中单击"删除"按钮,即可删除工作表。

图 1-17 右击工作表标签,删除工作表

5. 改变工作表的顺序位置

◆ **操作方法** 如图 1-18 所示,鼠标左键按住需要移动的工作表标签,此时鼠标变成空心箭头指示的白纸➘,标签左上方出现一个黑色三角形▼;左右移动鼠标,白纸型鼠标和黑色三角形跟着鼠标一起移动,黑色三角形▼表示工作表移动的目标位置;选好目标位置后,松开鼠标,工作表移动完成。

图 1-18 移动工作表

工作表标签上方开口的是当前工作表,处于激活状态。

6. 随时保存文件

每当对文件进行了修改或录入,要养成随时保存文件的良好习惯,以免损失或重新制作。虽然设置了自动保存时间间隔,但也要养成每次完成操作、或修改、或录入、或间隔 2～3 分钟,都单击保存按钮的习惯,将新增的内容存入文件,方法如图1-19所示。快速保存是提高工作效率的好习惯!

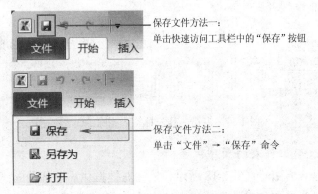

图1-19　单击"保存"按钮随时保存文件

三、录入"基本信息"工作表的各部分信息和数据

1. 录入工作表标题文字

在"基本信息"工作表中,单击A1单元格,录入"基本信息"工作表的标题"学前教育专业2015-6班学生档案",录入完回车确认,如图1-20所示。标题文字内容比较长,超出了A1单元格的宽度,不管多长,都在A1一个单元格内录入。

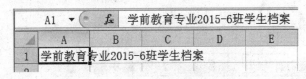

图1-20　在A1单元格中录入工作表标题

2. 录入班级信息文字

分别在B2、G2、K2中录入班级信息,如图1-21所示。

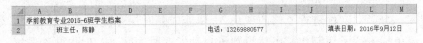

图1-21　录入班级信息

3. 设计"基本信息"工作表的表头,并录入字段名

学生的"基本信息"工作表包含的信息(字段)需要合理设计。

① "学号"必须有,这是唯一不重复的字段,即没有任何两个或以上的学生共用相同的学号,但"姓名"可能会重名,甚至可能会出现同名同姓同字,而学号不能重复,是区分同名学生、每一名学生的唯一标记。

② 学生"基本信息"中还必须有"姓名""性别"字段,还可以根据需要设计"民族""政治面貌""出生日期""身份证号""本人电话""家长电话""家庭住址""户籍""中考分数""是否住宿""入学日期"等字段。

③ 为什么设计"出生日期"字段,而不是"年龄"字段呢?

因为年龄是个动态变化的数据,学生一天天长大,年龄就在一天天变化,不同时间看档案,学生的实际年龄是不一样的。而"年龄"字段值录入的是静态的数字,不会跟着学生的成长而变化;另一方面,年龄是个近似数值,有人说周岁,有人说虚岁,周岁、虚岁之间相差1~3岁;另外,年龄是个模糊数,只能近似到"年",不能反映出多出周岁或不足周岁的部分。所以**静态的**"年龄"是个很不准确的数据,在档案文件中,**不能使用**不准确数据。

"出生日期"反映的是真实年龄的准确数据,不管任何时间**查看**档案,都可以准确计算出每名学生的真实年龄,而且可以精确到"天"。因此,虽然"出生日期"录入的是静态数据,但反映出来的年龄却是动态变化的。

所以,在档案**文件**中,要设计"出生日期"字段,而不用"年龄"字段。

提示

> 如果需要"工龄""教龄""年龄"等字段,可以运用 DATEDIF 函数计算"年龄值",计算出来的"年龄值"是真实的、准确的、动态变化的数据,可以精确到"天",有参考和实用价值。
>
> DATEDIF 函数:DATEDIF(起始日期,结束日期,参数),计算两个日期之间的差(年数、月数或天数)。参数:"Y"日期之间的整年数差;"M"日期之间的整月数差;"D"日期之间的天数差。例,工龄= DATEDIF(入职日期单元格,NOW( ),"y")。

④ "户籍"和"家庭住址"是重复的吗?有什么意义?

现在城市很开放,允许外地人口流动,"家庭住址"只是**当前**的居住地,"户籍"是原出生地、申报户口、管理户口的地方,执行当地的户籍政策。户籍在学生的助学金、**奖学金**、**医疗**保险、高考、应聘、选择单位、就业、工作后的福利待遇等方面会有一些差异,所以要明确每名学生的户籍,不能与家庭住址混同。

家庭住址是**当前**的居住地,这个地址可能会发生变化,如搬家。家庭住址只对是否住宿、家访、购买火车票等提供参考信息,对学生的其他方面没有影响。

先设计以上这些字段,如果有其他需求,再添加或补充。

⑤ 在"基本信息"工作表中,从第 3 行的 A3 单元格开始,在对应单元格中,录入"基本信息"的表头字段名,如图 1-22 所示。

	A	B	C	D	E	F	G	H
1	学前教育专业2015-6班学生档案							
2	班主任:陈静						电话:13269880577	
3	学号	姓名	性别	民族	政治面貌	出生日期	身份证号	本人电话

	I	J	K	L	M	N
				填表日期:2016年9月12日		
	家长电话	家庭住址	户籍	中考总分	是否住宿	入学日期

图 1-22 "基本信息"工作表的表头字段名

4. 调整列宽以适合文字内容

从图 1-22 的表头可以看出，每列字段值的字数长度不一样，相应列宽的宽度也应该不一样。可以先调整好各列合适的宽度，以适应文字内容的多少。

例如，"性别"列，只录入一个字，男或女，所以，列宽可以相对窄一些，节省视图显示区、打印时节约用纸，环保。"民族"列也同样窄吗？要想到少数民族，来自五湖四海的少数民族同学，有的民族名称字数很多哦，列宽适当就好。"政治面貌"录入两个字，所以适当窄一些；"身份证号"是 18 位的数字串，所以列宽要足够宽，以便放下 18 位数字；"电话"多数都是手机号码，所以列宽要宽一些，以便装下 11 位数字；"家庭住址"是个很长的字符串，要多留一些宽度；"户籍"只填写到"省"就可以了，列宽不用太宽；"是否住宿"只填"是"或空白，列宽可以窄一些。

列宽的调整方法如图 1-23 所示：将鼠标放在需要改变列宽的列标右边界线上，鼠标变成水平双向箭头，此时按住左键（列标上方显示列宽的实际像素值，列标下方会出现列宽位置的虚线），左右拖动鼠标（像素值和虚线会跟着一起变化），移动列标的右侧边界，直到达到所需列宽松手。

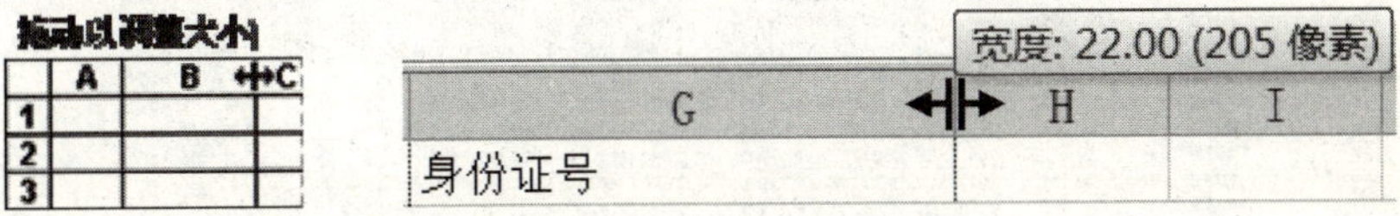

图 1-23 用鼠标改变列宽

调整后工作表的各列宽度如图 1-24 所示。

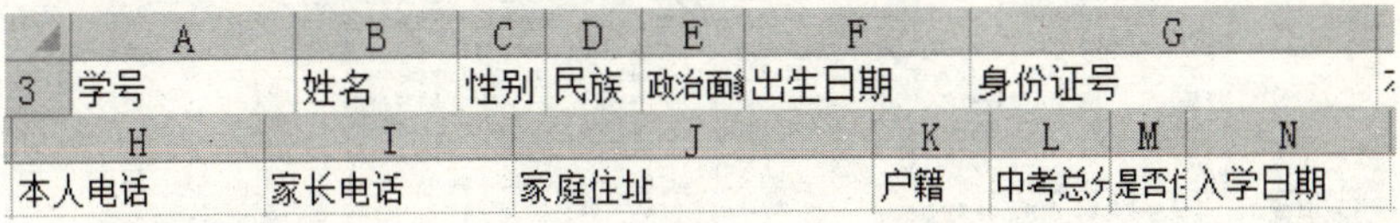

图 1-24 调整后的各列宽度

各列的列宽调整好了，收集需要的各项数据和信息，为录入“基本信息”工作表的数据做准备。

5. 收集信息（准备工作）

收集本班同学的各项个人基本信息，并记录在本、纸、纸条上，锻炼自己收集、获取、交流信息的能力。注意节省时间，加快速度，提高工作效率。

每人都要收集至少 20 人吗？时间来不及，不够用哦，要懂得合作与共享。小组内分工，每名小组成员收集自己和周围 1～2 人的信息；录入时，小组内、组与组之间互相交换记录的纸条，将自己的收集成果与他人分享。大家分工、合作、交流、共享，即可得到全班所有同学的信息。培养自己与伙伴合作的能力。

数据收集好了，开始录入吧！

6. 录入内容

录入本班所有学生记录的各字段值，“学号”“入学日期”的字段值不录入，如图 1-25 所示。

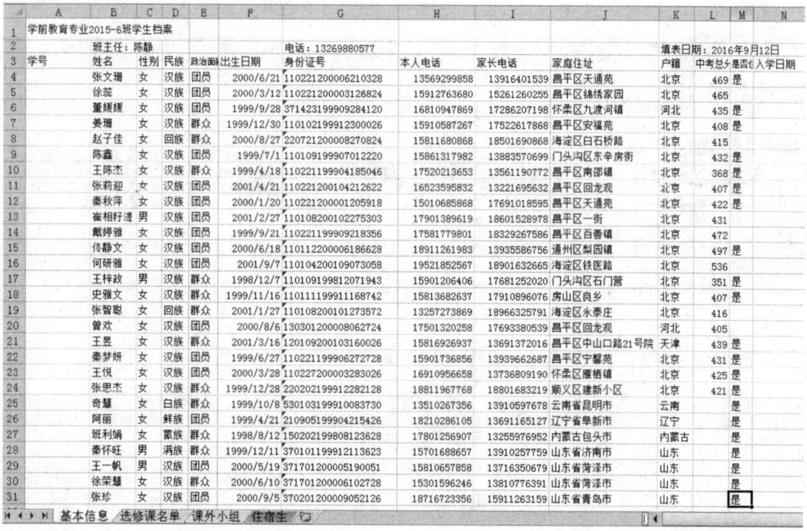

	A	B	C	D	E	F	G	H	I	J	K	L	M	N
1	学前教育专业2015-6班学生档案													
2		班主任：陈静					电话：13269880577				填表日期：2016年9月12日			
3	学号	姓名	性别	民族	政治面	出生日期	身份证号	本人电话	家长电话	家庭住址	户籍	中考总	是否	入学日期
4		张文珊	女	汉族	团员	2000/6/21	110221200006210328	13569299858	13916401539	昌平区天通苑	北京	469	是	
5		徐蕊	女	汉族	团员	2000/3/12	110221200003126824	15912763680	15261260255	昌平区锦绣家园	北京	465		
6		董媛媛	女	汉族	团员	1999/9/28	371423199909284120	16810947869	17286207198	怀柔区九渡河镇	河北	435	是	
7		姜珊	女	汉族	群众	1999/12/30	110102199912300026	15910587267	17522617868	昌平区安福苑	北京	408	是	
8		赵子佳	女	回族	群众	2000/8/27	220721200008270824	15811680868	18501690868	海淀区白石桥路	北京	415		
9		陈鑫	女	汉族	团员	1999/7/1	110109199907012220	15861317982	13883570699	门头沟区东辛房街	北京	432	是	
10		王陈杰	女	汉族	群众	1999/4/18	110221199904185046	17520213653	13561190772	昌平区南邵镇	北京	368	是	
11		张莉迎	女	汉族	团员	2001/4/21	110221200104212622	16523595832	13221695632	昌平区回龙观	北京	407	是	
12		秦秋萍	女	汉族	团员	2000/1/20	110221200001205918	15010685868	17691018595	昌平区天通苑	北京	422	是	
13		崔相籽湜	男	汉族	团员	2001/2/27	110108200102275303	17901389619	18601528978	昌平区一街	北京	431		
14		戴婷雅	女	汉族	团员	1999/9/21	110221199909218356	17581779801	18329267586	昌平区百善镇	北京	472		
15		佟静文	女	汉族	团员	2000/6/18	110112200006186628	18911261983	13935586756	通州区梨园镇	北京	497	是	
16		何研雅	女	汉族	团员	2001/9/7	110104200109073058	19521852567	18901632665	海淀区铁医路	北京	536		
17		王梓政	男	汉族	群众	1998/12/7	110109199812071943	15901206406	17681252020	门头沟区石门营	北京	351	是	
18		史雅文	女	汉族	群众	1999/11/16	110111199911168742	15813682637	17910896076	房山区良乡	北京	407	是	
19		张智聪	女	回族	群众	2001/1/27	110108200101273572	13257273869	18966325791	海淀区永泰庄	北京	416		
20		曾欢	女	汉族	团员	2000/8/6	130301200008062724	17501320258	17693380539	昌平区回龙观	河北	405		
21		王昱	女	汉族	群众	2001/3/16	120109200103160026	15816926937	13691372016	昌平区中山口路21号院	天津	439	是	
22		秦梦妍	女	汉族	团员	1999/6/27	110221199906272728	15901736856	13939662687	昌平区宁馨苑	北京	431	是	
23		王悦	女	汉族	团员	2000/3/28	110227200003283026	16910956658	13736809190	怀柔区雁栖镇	北京	425	是	
24		张思杰	女	汉族	群众	1999/12/28	220202199912282128	18811967768	18801683219	顺义区建新小区	北京	421	是	
25		奇慧	女	白族	群众	1999/10/8	530103199910083730	13510267356	13910597678	云南省昆明市	云南		是	
26		阿丽	女	鲜族	团员	1999/4/21	210905199904215426	18210286105	13691165127	辽宁省阜新市	辽宁		是	
27		班利娟	女	蒙族	群众	1998/8/12	150202199808123628	17801256907	13255976952	内蒙古包头市	内蒙古		是	
28		秦怀旺	男	满族	群众	1999/12/11	370101199912113623	15701688657	13910257759	山东省济南市	山东		是	
29		王一帆	男	汉族	团员	2000/5/19	371701200005190051	15810657858	13716350679	山东省菏泽市	山东		是	
30		徐荣慧	女	汉族	群众	2000/6/10	371701200006102728	15301596246	13810776391	山东省菏泽市	山东		是	
31		张珍	女	汉族	团员	2000/9/5	370201200009052126	18716723356	15911263159	山东省青岛市	山东		是	

图 1-25 “基本信息”工作表的数据

> 1. 横向录入每一行数据记录的各字段值；
> 2. 按 Tab 键，向右移动活动单元格。

录入过程中可能会出现一些问题，如果遇到了，就按下面的方法操作，解决这些问题。

（1）活动单元格的移动方向　录入数据时，回车确认的同时，活动单元格向下移动，激活下一行的单元格。

按 Tab 键，活动单元格向右移动；按键盘上的方向键←↑↓→，可以控制活动单元格的移动方向；按"Shift"键与上述键组合，实现反方向移动。

（2）为单元格添加下拉列表　"基本信息"工作表中，"性别""政治面貌""是否住宿"字段，录入的内容是固定的值，可以添加下拉列表和选项，提高录入速度、准确性和效率。添加下拉列表方法如下。

★ **步骤**1　选中"性别"下面的单元格区域，如图1-26所示。

图1-26　选中单元格区域

★ **步骤**2　单击"数据"选项卡"数据工具"组的"数据有效性"按钮，如图1-27所示。

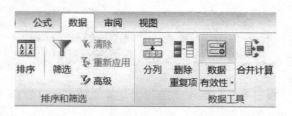

图 1-27 单击"数据有效性"按钮

★ **步骤 3** 打开"数据有效性"对话框,如图 1-28 所示,在"设置"选项卡的"允许"列表中选择"序列";在"来源"文本框中输入"男,女"【必须用英文逗号分隔】,选择" ☑ 提供下拉箭头(I)"。

图 1-28 设置"数据有效性"

★ **步骤 4** 单击"确定"按钮。在选择的单元格右侧会出现下拉箭头,在下拉列表中选择的选项直接输入到单元格中,如图 1-29 所示。

图 1-29 选择要输入的选项

★ **步骤 5** 同样的方法，为"政治面貌""是否住宿"添加下拉列表，如图 1-30 所示。

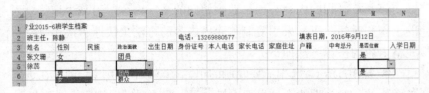

图 1-30 "政治面貌""是否住宿"下拉列表

（3）修改错误内容　录入错误时，如果还没有回车确认，可以直接在单元格内修改，也可以在编辑栏内修改；

回车确认后的错误，选中错误单元格，在编辑栏中修改；或者双击错误的单元格，在单元格内修改。

修改完成后，回车确认；或者单击编辑栏左侧的 ☑ 确认，如图 1-31 所示。

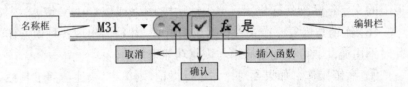

图 1-31 单元格编辑按钮

删除错误内容。单击选中单元格，单击键盘上的 Delete 键（删除键），可将错误内容删除。

（4）误操作或输错位置　如果操作失误，将信息录入到其他位置，则需要将内容移动到正确位置，以减少重新录入的工作和时间，采用移动单元格内容的方法来解决。移动单元格内容操作方法如下。

◆ **操作方法 1**　单击错位单元格，例如：选中 1992-4-15 →鼠标放在选中单元格的任意边框线上，鼠标变成十字双向箭头 → 1992-4-15 →按住鼠标左键→拖动到正确位置，即可移动单元格内容。

◆ **操作方法 2**　先将选定的单元格内容剪切（单击剪切按钮 ✄ 或

按Ctrl+X键），再单击需要移动到的目标单元格位置，把内容粘贴到目标单元格位置（单击粘贴按钮 📋 或按Ctrl+V键）。

（5）复制相同内容　　如果遇到相同的文字内容，为减少重复录入的工作和时间，可以采用复制单元格内容的方法来快速解决。复制单元格内容的操作方法如下。

◆ **操作方法1**　　选中需要复制的单元格→按住Ctrl键，同时在选中单元格的任意边框线上按鼠标左键 📋 →拖动到目标位置，即可复制单元格内容。例如："民族"字段中的内容可以复制。

◆ **操作方法2**　　选中需要复制的单元格，将鼠标放在选中的单元格边框线上，鼠标变成十字双向箭头 ✥，按住鼠标右键拖动鼠标，当虚线框到达目标位置时，松开鼠标右键，在打开的菜单中选择"复制到此位置"，选定的单元格内容即被复制到目标位置。

◆ **操作方法3**　　先将选定的单元格内容复制到剪贴板（单击复制按钮 📋 或按Ctrl+C键），再单击需要复制到的目标单元格位置，把剪贴板上的文字粘贴到目标位置（单击粘贴按钮 📋 或按Ctrl+V键）。

（6）撤销与恢复　　在录入数据或编辑时，往往会出现各种误操作，此时不用慌乱，可以使用撤销与恢复功能来挽救。

① 撤销操作　　如果要对操作进行撤销，则单击"快速访问工具栏" 🅇 🔙 ⤺ ⤻ 中的"撤销"按钮 ⤺，执行一步撤销操作。可以多次单击该按钮执行多次撤销操作。

② 恢复操作　　对于执行过撤销操作的文档，还可以对其执行恢复操作，单击"快速访问工具栏"中的"恢复"按钮 ⤻，执行一步恢复操作。可以多次单击该按钮执行多次恢复操作。

如果还想再补充其他的字段，就需要在工作表中的某位置插入列；如果还想在表中间某位置添加一个学生的记录，就需要在工作表中插入行；录入对应数据即可。

（7）插入行、列、单元格

① 插入行　　选中某单元格，单击"开始"选项卡中"单元格"组的"插入"按钮，在打开的菜单中选择"插入工作表行"，如图1-32

所示，插入的新行在选中位置的上方。

② 插入列：方法同①，在打开的菜单中选择"插入工作表列"，插入的新列在选中位置的左侧。

③ 插入单元格：方法同①，在打开的菜单中选择"插入单元格"，插入的新单元格有四种选择，如图 1-33 所示，根据需要选择即可，插入的新单元格在选中的相应位置。

图 1-32　插入行、列、单元格

（8）删除行、列、单元格　选中不需要的行、列、单元格，单击"开始"选项卡"单元格"组的"删除"按钮，在打开的菜单中选择需要的删除命令即可删除，如图 1-34 所示。

图 1-33　插入单元格位置选择

图 1-34　删除命令列表

（9）录入"出生日期"，设置日期的显示格式　录入"出生日期"时，用"2000/6/21"格式录入，系统能自动识别出日期类型；不能用"，"或"．"、来分隔或代替"年""月"。

日期型数据既可以显示为完整的长日期格式"2000 年 6 月 21 日"，也可以显示为简单的短日期格式"2000/6/21"，可以改变单元格的数字格式来设置不同的显示方式。

◆ **操作方法**　选中需要设置日期的单元格，在"开始"选项卡的"数字"组中，单击数字格式"日期"按钮的右箭头，在列表中有"长日期"和"短日期"两个选项,根据需要设置不同的日期格式,如图1-35所示。同一张工作表中,所有的日期型数据的格式应保持一致。

◆ **操作方法2** 选中需要设置日期的单元格,在"开始"选项卡中,单击"数字"组的对话框按钮,打开图1-36所示的"设置单元格格式"对话框,在"数字"选项卡的左侧"分类"列表中选择"日期",在右边的"类型"列表中有多种日期格式,根据需要设置或选择日期格式。

图1-35 设置日期型数据的格式

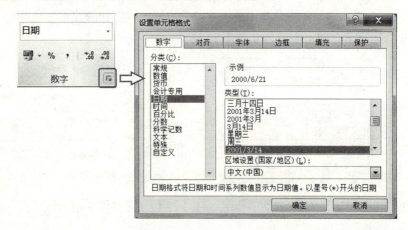

图1-36 在"设置单元格格式"对话框中设置日期格式

(10)单元格内出现 ####### 出现 ####### 情况,是因为日期型数据或数值型数据的单元格列宽太小,不能完全显示日期型/数值型数据,所以出现 ####### 符号。怎么解决?别急,很好解决。

① 只要将这一列的列宽调整得宽一些,足够显示日期型/数值型数据的所有内容, ####### 就自然消失了。

② 或者选中有 ####### 符号的一列,单击"开始"选项卡"单元格"组的"格式"按钮,选择"自动调整列宽"命令, ####### 就自

已消失了。

③ 或者，选中有 ####### 符号的单元格，将字号调小，让数据完全、完整显示，####### 就消失了。

（11）录入"身份证号码"等长数字串　在 Excel 工作表中录入数字时，如电话号码、身份证号码、银行卡号等号码类数字，如果数字长度超过了 11 位，单元格中的数字将会自动以科学计数的形式显示，如 1.357E+10 ；当数字超过了 15 位，如 1.10221E+17 ，则多于 15 位的数字都会当作 0 处理，无法还原为原数字。

解决方法：先将这些数据单元格的数字格式设为"文本"，如图1-37 所示，调整足够的列宽，再录入长数字串，或 0 开头的数字。录入完成，单元格的左上角出现绿色小三角的文本格式标记。

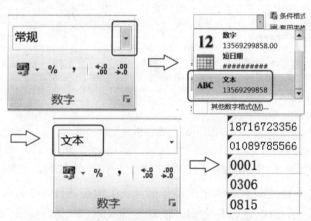

图 1-37　设置单元格的数字格式为"文本"

提示

　　身份证号码、电话号码、银行卡号的快速录入文本方法（数字以文本形式录入）：英文输入法状态下，先输入单引号' 再输入长数字，如 '220721200008270824 ，Excel 会将数字作为文本处理，并使之左对齐。单元格的左上角出现绿色小三角的文本格式标记 220721200008270824 。

（12）"冻结窗格"固定表头行、姓名列　如果工作表数据较多，当前窗口中无法显示所有数据，在录入数据或查询时，表头会随着滚动条的移动而消失，录入或查询数据时极为不方便。

Excel 提供了"冻结窗格"的功能解决这个问题。

★ **步骤1**　选中表头下面、姓名右侧的单元格 C4。

★ **步骤2**　单击"视图"选项卡"窗口"组的"冻结窗格"按钮，选择"冻结拆分窗格"，如图 1-38 所示。

图 1-38　冻结拆分窗格

★ **步骤3**　冻结窗格后，固定了表头行、姓名列，如图 1-39 所示。移动垂直滚动条和水平滚动条时，表头所在的行、姓名所在的列，将不再滚动，数据可以与它们一一对应地显示出来，方便录入与查询。

图 1-39　固定表头行、姓名列

★ **步骤4** 撤销冻结。录入与查询完成后,单击"视图"选项卡"窗口"组的"冻结窗格"按钮,选择"取消冻结窗格",撤销冻结,恢复原来工作表状态。

(13)隐藏列、行 如果工作表中的字段很多,而需要对比的两列相距较远,对比或查询很不方便。Excel 提供了隐藏行、列的功能来解决这个问题。

★ **步骤5** 选中要隐藏的 C~G 列。

★ **步骤6** 右击列标,选择"隐藏",选中的列即被隐藏,效果如图 1-40 所示,B 列后面显示 H 列,"姓名"和"本人电话"之间的 C~G 列被隐藏,学生的电话号码就很方便查询,不会出错,不会看错行。

	A	B	H	I	J
3	学号	姓名	本人电话	家长电话	家庭住址
4		张文珊	13569299858	13916401539	昌平区天通苑
5		徐蕊	15912763680	15261260255	昌平区锦绣家园
6		董媛媛	16810947869	17286207198	怀柔区九渡河镇
7		姜珊	15910587267	17522617868	昌平区安福苑

图 1-40 隐藏列的效果

★ **步骤7** 撤销隐藏。选中要显示的列两边的相邻列,如图 1-40 中的 B 列和 H 列,右击列标,选择"取消隐藏",被隐藏的列显示出来。隐藏行的方法同理。

四、选定工作表区域

(1)选定单个单元格 将鼠标放在要选的单元格上,鼠标变成空心十字形时,单击即可选中。选中单元格的特征:四周都是粗黑色实线边框。

(2)选择行 单击对应的行号,选定整行。

(3)选择列 单击对应的列标,选定整列。

(4)选择连续区域 单击首单元格,按住 Shift 键,再单击尾单元格,即可选中首尾之间的连续区域,如选中 B2:D6 连续区域(冒号":"

表示首尾两单元格之间的连续区域范围)。选中的连续区域外边框是黑色粗实线,单元格区域颜色变深,但第一个格不变色。

或者鼠标放在首单元格上,按住左键,拖动到尾单元格,即可选中首尾之间的连续区域。

(5) 选择不连续(不相邻)区域　先选第一个区域,按住 Ctrl 键,再选其他区域,直到选完为止。选中的不连续区域颜色变深,但没有黑粗外边框。

(6) 选择整个工作表　单击工作表窗口左上角(列标、行号交界处)按钮　，选取整个工作表。

五、自动填充序列

1. 自动填充"学号"序列

学号"2015160601"由入学年份 2015、专业代码(学前教育专业为 16)、班级编号 06、学生编号 01 组成。同一班级学生的学号前 8 位固定不变,后两位从小到大按顺序编排,是一组非常规则的数字序列。

由此看出,学号是一个等差数列,公差为 1。在 Excel 中采用"填充序列"的方法将这组规则的序列添加到工作表中。第一位学生的学号用键盘录入"2015160601",其他学生的学号不用录入,也不用复制粘贴,用填充序列的方式快速添加。

◆ 操作方法

★ 步骤1　在 A4 单元格录入学号:2015160601 回车。

★ 步骤2　选中 A4 单元格,在选中单元格外边框右下角有个黑色小方块,叫"填充柄",如图 1-41 所示。

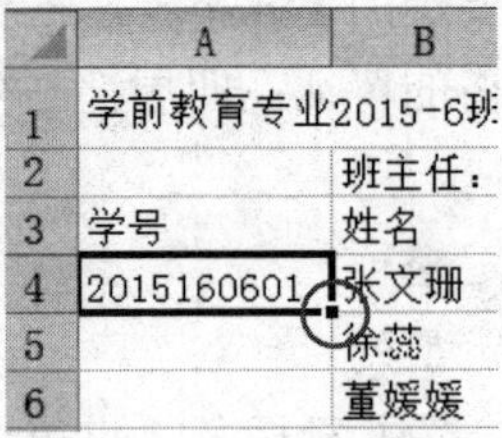

图 1-41　录入学号,选中 A4 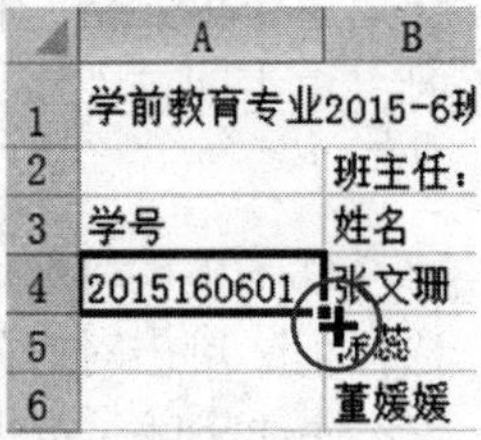　　　图 1-42　鼠标放在填充柄上

★ **步骤3** 鼠标放在 A4 单元格右下角的填充柄(黑色小方块)上,鼠标变成黑色十字 ✚,如图 1-42 所示。

★ **步骤4** 按住鼠标右键,向下拖动,到最后一名学生松手,在弹出的快捷菜单中选择"填充序列",如图 1-43 所示。

所有学生的学号按顺序快速添加完成,如图 1-44 所示。

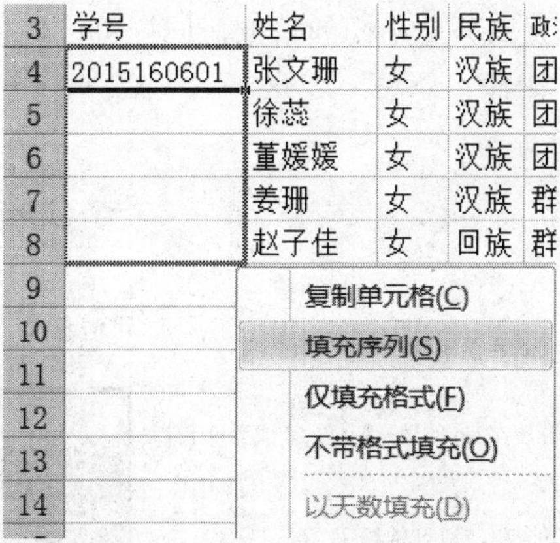

图 1-43 使用填充柄填充"学号"序列 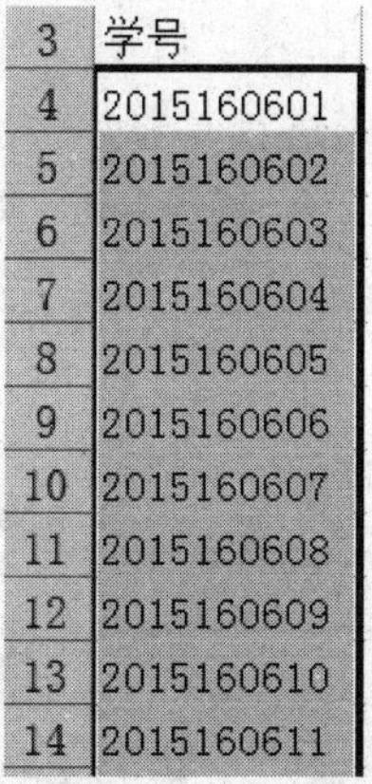 　　图 1-44 自动填充的学号序列

◆ **操作方法2** 如图 1-45 所示,在 A4 单元格录入 2015160601,在 A5 单元格录入 2015160602,把两个单元格全部选中,鼠标放在右下角的"填充柄"(黑色小方块),鼠标变成黑色十字 ✚,双击"填充柄",学号序列会按递增的方式自动填充完成。

图 1-45 自动填充学号序列

填充序列的方法学会了，以后遇到各种有规则的数字序列（等差、等比）、日期序列，都可以采用填充的方式自动添加。对于日期型序列，有多种填充方式：以天数填充、以工作日填充、以月填充、以年填充等。

2. 添加"入学日期"序列（复制）

"入学日期"列中，如果大部分是相同的日期，同样可以使用填充柄进行复制，快速、简便、省时、高效。

◆ **操作方法**　如图 1-46 所示。

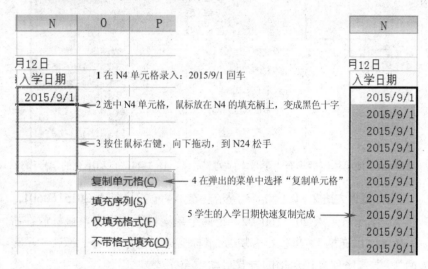

图 1-46　填充柄快速复制入学日期

3. 填充复制相同文字

对于文字内容完全相同的连续区域的字段值，比如"户籍"一列，很多学生都是"北京"，可以使用填充柄，按住鼠标左键，向下拖动，进行连续区域文字内容的复制。

至此，"基本信息"工作表的数据录入完成，如图 1-47 所示。保存文件。

任务 ① 设计录入学生档案

	A	B	C	D	E	F	G	H	I	J	K	L	M	N
1	学前教育专业2015-6班学生档案													
2		班主任：陈静					电话：13269980577				填表日期：2016年9月12日			
3	学号	姓名	性别	民族	政治面貌	出生日期	身份证号	本人电话	家长电话	家庭住址	户籍	身高	是否独生	入学日期
4	2015160601	张文曜	女	汉族	团员	2000/6/21	110221200006210328	13569299858	13916401539	昌平区天通苑	北京	469	是	2015/9/1
5	2015160602	徐蕊	女	汉族	团员	2000/3/12	110221200003126824	15912763680	15261260255	昌平区铺楼家园	北京	465		2015/9/1
6	2015160603	董媛媛	女	汉族	团员	1999/9/28	371423199909284120	16810947869	17286207198	怀柔区九渡河镇	河北	435	是	2015/9/1
7	2015160604	姜珊	女	汉族	群众	1999/12/30	110102199912300026	15910587267	17522617868	昌平区安福苑	北京	408	是	2015/9/1
8	2015160605	赵子佳	女	回族	群众	2000/8/27	220721200008270824	15811680868	18501690868	海淀区白石桥路	北京	415		2015/9/1
9	2015160606	陈鑫	女	汉族		1999/7/1	110109199907012220	15861317982	13883570699	门头沟区东辛房街	北京	432	是	2015/9/1
10	2015160607	王靖杰	女	汉族	团员	1999/4/18	110221199904185046	17520213653	13561190772	昌平区南部镇	北京	368	是	2015/9/1
11	2015160608	张莉迎	女	汉族	群众	2000/4/21	110221200004212622	16523595832	13221695632	昌平区天通苑	北京	407	是	2015/9/1
12	2015160609	秦秋平	女	汉族	团员	2000/1/20	110221200001205918	15010685868	17691018595	昌平区天通苑	北京	422	是	2015/9/1
13	2015160610	崔相轩潼	男	汉族	团员	2001/2/27	110108200102275303	17901389619	18601528978	昌平区一街	北京	431		2015/9/1
14	2015160611	戴梓雅	女	汉族	团员	1999/9/21	110221199909218356	17581779801	18329267589	昌平区百善镇	北京	472		2015/9/1
15	2015160612	佟静文	女	汉族		2000/6/18	110112200006186628	18911261983	13935586756	通州区梨园镇	北京	497	是	2015/9/1
16	2015160613	何研雅	女	汉族		2001/9/7	110221200109073058	19521852567	18901782100	海淀区铁医路	北京	536		2015/9/1
17	2015160614	王悻政	男	汉族	团员	1998/12/7	110109199812071943	15901206406	17681252020	门头沟区石门营	北京	351	是	2015/9/1
18	2015160615	史雅文	女	汉族	团员	1999/11/16	110111199911168742	15813682637	17910896076	昌平区良乡	北京	408		2015/9/1
19	2015160616	张智聪	女	回族	团员	1999/10/7	110102199910273572	13257273869	18966325791	海淀区永泰庄	北京	416		2015/9/1
20	2015160617	曾欢	女	汉族	团员	2000/8/6	130301200008062724	17501320258	17693380539	昌平区回龙观	北京	405		2015/9/1
21	2015160618	王昊	女	汉族	团员	2000/3/16	110221200003160026	15816926937	18911792173	昌平区216 中山区21号院	天津	387	是	2015/9/1
22	2015160619	秦梦妍	女	汉族	团员	1999/6/27	110221199906272728	15901736856	13939662687	昌平区宁夏苑	北京	431	是	2015/9/1
23	2015160620	王悦	女	汉族	群众	2000/6/30	110227200006302666	16910956658	13736809190	怀柔区崔楠铺	北京	450		2015/9/1
24	2015160621	张思杰	女	汉族	群众	1999/12/28	220202199912282128	18811967768	18001683219	顺义区健新小区	北京	421	是	2015/9/1
25	2015160622	奇慧	女	回族		1999/10/8	530102199910083730	13510267356	13910597678	云南省昆明市	云南			2016/3/16
26	2015160623	阿丽	女	鲜族		1999/4/21	210905199904215426	18210286105	13691165127	辽宁省鞍山市	辽宁			2016/3/16
27	2015160624	班利娇	女	满族		1998/5/22	152525199805225869	17801256907	17201528259	内蒙古自治区	内蒙古			2016/3/16
28	2015160625	秦怀旺	男	汉族	团员	1999/12/11	370101199912113623	15701688657	13910257759	山东省济南市	山东		是	2016/9/10
29	2015160626	王一帆	男	汉族	团员	2000/5/19	371701200005190051	15610657858	13716350679	山东省潍坊市	山东		是	2016/9/10
30	2015160627	宗翠慧	女	汉族	团员	1999/6/12	370801199906120728	15301596246	13810776391	山东省菏泽市	山东		是	2016/9/10
31	2015160628	张珍	女	汉族	团员	2000/9/5	370201200009052126	18716723356	15911263159	山东省青岛市	山东		是	2016/9/10

基本信息 / 选修课名单 / 课外小组 / 住宿生

图 1-47 录入完数据的"基本信息"工作表

六、添加学生的相片信息

在 Excel 的档案表中，可以利用批注添加学生的相片信息，并且在工作表中显示学生相片。

在添加相片之前，先要收集好所有人员相片的电子文件，并且用 Photoshop 等软件，将相片的尺寸和分辨率调整一致，规格为 1 寸相片：2.5 厘米×3.6 厘米，分辨率可以设置为 72 像素/英寸（1 英寸=2.54 厘米）。放在专用的文件夹中备用。利用批注添加相片的操作方法如下。

★ **步骤1** 选中学生姓名"何研雅"B16 单元格，单击"审阅"选项卡中"批注"组的"新建批注"按钮，如图 1-48 所示，打开批注编辑框。

★ **步骤2** 如果批注编辑框中有文字，将文字删除。右击批注编辑框的边框，在弹出的菜单中选"设置批注格式"，如图 1-49 所示，打开设置批注格式对话框。

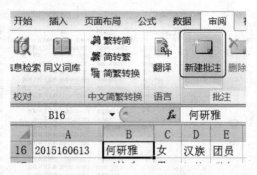

图 1-48　新建批注

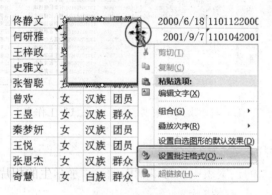

图 1-49　设置批注格式

★ **步骤3**　在对话框中单击"大小"选项卡,在"高度"框中录入 3.6 厘米,在"宽度"框中录入 2.5 厘米(1 寸相片的尺寸),如图 1-50 所示。

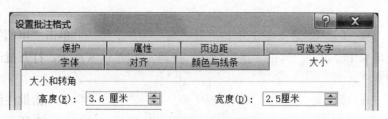

图 1-50　设置批注边框大小

★ **步骤4** 单击"颜色与线条"选项卡,单击"颜色"框右边的箭头,在菜单中选择"填充效果",如图1-51所示,打开"填充效果"对话框,如图1-52所示。

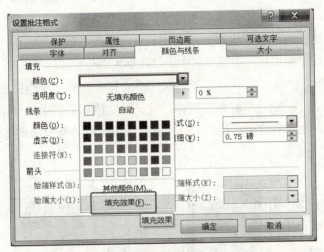

图1-51 设置批注的填充效果

图1-52 批注填充效果对话框

★ 步骤 5　在对话框中选择"图片"选项卡，单击"选择图片"按钮，如图 1-52 所示，找到事先准备好（处理好尺寸）的此学生的相片，单击"插入"；勾选"☑ 锁定图片纵横比(P)"，保证人物相片等比例变化，不失真、不变形、不走样；单击"填充效果"对话框的"确定"按钮；再单击"设置批注格式"对话框的"确定"按钮。

批注中的相片添加完成，由于批注框大小与相片尺寸（2.5 厘米×3.6 厘米）一致，所以批注中的相片不失真不变形！操作完成后，单元格右上方显示一个红色三角形，这是批注的标记。用鼠标指向学生姓名时，批注中的相片显示（相片以批注编辑框的背景形式显示）。如图 1-53 所示。

图 1-53　工作表中显示相片

按照同样的方法为所有学生的姓名添加相片批注。

"设计录入学生档案"这个任务的设计表头字段名、录入数据、填充序列、添加相片批注，就操作完成了，如作品图、图 1-47 所示。保存文件。

七、朗读数据，检查核对

Excel 自带朗读神器，可以通过朗读数据，实现实时检查核对数据，避免输入错误。

在"快速访问工具栏"中添加朗读按钮，如图 0-19 所示。

选中学生档案的数据区域，单击【朗读单元格】按钮，可以听到 Excel 清晰的朗读声，朗读的顺序是按照单元格排列的先后顺序、每一条记录从左到右的顺序开始朗读。

如果要停止朗读，可以按 Esc 键；或者单击朗读区域外的任意单元格，也能停止朗读。

如果想调整朗读的语速，如图 0-20 所示。

通过朗读，发现 Excel 的朗读方法如下。

（1）Excel 对文字、日期型数据、数值型数据、身份证号码、银行卡号等，都能正确朗读，有批注的文本内容不影响朗读（批注不读）；

（2）但是像学号、手机号码、座机号码、邮政编码等 12 位（含 12 位）以下的长数字串，都是按照数字位数的"……万千百十个"的数值来读的（不符合常规读法）；

（3）13 位及以上位数的长数字串，能正确地按从左向右顺序挨个朗读数字（常规读法），如身份证号码、银行卡号等；

（4）遇到英文，如果英文是正确单词会朗读单词，如果不是单词则会挨个朗读字母；

（5）如果 12 位（含 12 位）以下的长数字串，前面加上文字或字母，就可以按顺序正确地朗读数字。

利用 Excel 朗读功能，朗读数据，实时检查核对，事半功倍，发现错误立即修改，高效快速，保证录入数据的准确性，提高录入质量和精准度。

朗读并检查核对，修改无误后，保存文件，关闭文件，退出程序。下次将美化"基本信息"工作表的格式。

归纳总结

1. 录入工作表数据的工作流程

通过这个任务，完成了学生档案中"基本信息"工作表的收集信息、设计表头、录入数据、填充序列、添加相片等工作，学习了很多的新技术和档案的基本管理方法，回顾整个工作过程，将此任务的工作流程总结如下。

① 打开 Excel 程序，将文件另存、命名；
② 更名工作表标签；
③ 录入标题、班级信息；
④ 设计表头，录入表头字段名，调整表头列宽；
⑤ 横向录入每一行数据记录，编辑修改，设置单元格数字格式；
⑥ 使用填充柄填充序列；
⑦ 添加批注——相片信息；
⑧ 朗读，检查修改核对，保存文件。

2. 填充柄的使用方法（表 1-1）

学习了使用填充柄填充数字序列，以及快速复制日期、文字，那么填充柄对不同内容、不同类型的数据，使用方法、操作效果一样吗？自己试一试。

表 1-1 填充柄的使用方法

数据内容或类型 操作效果 填充柄使用方法	数字		文字 （字符型数据）	各种日期 （日期型数据）
	数值型数据	字符型数据		
鼠标左键拖动填充柄	复制	填充序列	复制	填充日期序列
鼠标右键拖动填充柄	菜单选项：复制或填充序列	菜单选项：复制或填充序列	菜单选项：复制（不能填充序列）	菜单选项：复制或填充序列
鼠标左键双击填充柄	复制	填充序列	复制	填充日期序列

◆ 评价反馈

作品完成后，填写表 1-2 所示的评价表。

表1-2 "设计录入学生档案"评价表

评价模块	学习目标	评价项目	自评
专业能力	1. 管理Excel文件	新建、另存、命名、关闭、打开、随时保存文件	
	2. 工作表操作	更名工作表标签、设置工作表标签颜色	
		新建、删除工作表,移动工作表位置,激活当前工作表	
	3. 设计档案表头	合理设计档案表头字段名	
		合理安排表头各字段的顺序和位置	
		合理调整各列的宽度	
	4. 准确、快速录入数据	横向录入每一行数据记录,编辑修改,检查核对	
		录入字符型、数值型、日期型数据	
		为单元格添加下拉列表	
		录入电话号码、身份证号等长数字串	
		设置各类型数据的数字格式:日期、文本	
		准确率、录入时间	
		插入、删除行、列、单元格	
		选定行、列、连续区域、不连续区域、整个工作表	
	5. 使用填充柄填充序列、复制文字	使用填充柄填充数字序列	
		使用填充柄复制日期、填充日期序列	
		使用填充柄复制文字	
	6. 使用批注添加相片	新建批注	
		设置批注格式:批注边框大小	
		添加批注背景——相片	
	7. 朗读,检查、修改、核对工作表所有数据		
	8. 正确上传文件		

评价模块	评价项目	自我体验、感受、反思		
可持续发展能力	自主探究学习、自我提高、掌握新技术	□很感兴趣	□比较困难	□不感兴趣
	独立思考、分析问题、解决问题	□很感兴趣	□比较困难	□不感兴趣
	应用已学知识与技能	□熟练应用	□查阅资料	□已经遗忘
	遇到困难,查阅资料学习,请教他人解决	□主动学习	□比较困难	□不感兴趣
	总结规律,应用规律	□很感兴趣	□比较困难	□不感兴趣
	自我评价,听取他人建议,勇于改错、修正	□很愿意	□比较困难	□不愿意
	将知识技能迁移到新情境解决新问题,有创新	□很感兴趣	□比较困难	□不感兴趣

续表

评价模块	评价项目	自我体验、感受、反思		
社会能力	能指导、帮助同伴，愿意协作、互助	□很感兴趣	□比较困难	□不感兴趣
	愿意交流、展示、讲解、示范、分享	□很感兴趣	□比较困难	□不感兴趣
	敢于发表不同见解	□敢于发表	□比较困难	□不感兴趣
	工作态度，工作习惯，责任感	□好	□正在养成	□很少
成果与收获	实施与完成任务	□☺独立完成	□☺合作完成	□☹不能完成
	体验与探索	□☺收获很大	□☺比较困难	□☹不感兴趣
	疑难问题与建议			
	努力方向			

复习思考

1. 如何快速录入号码类数字，并让 Excel 自动识别为文本？
2. 如何快速移动工作表的行、列？
3. 如何一次插入多行、多列？
4. 填充柄可以向下拖动填充序列或复制，还可以怎么拖动？效果如何？

拓展实训

1. 在本班的学生档案 Excel 文件中，设计制作"选修课名单""课外小组""住宿生"3 页工作表。在每页工作表中录入对应的工作表标题、班级信息，合理设计每页工作表的表头字段名，并录入本班所有学生的信息和数据，设置合理的数字格式和下拉列表，体验不同档案的管理方法。

任务 ① 设计录入学生档案

样文1 "选修课名单"工作表

	A	B	C	D	E	F	G	H	I
1	学前教育专业2015-6班			选修课名单					
2		班主任：陈静						电话：13269880577	
3	学号	姓名	性别	课程代码	选修课名称	任课教师	课程领域	上课时间	上课地点
4	2015160601	张文珊	女	J0216	茶艺	张岚	技术与技能	1～2节	三生苑
5	2015160601	张文珊	女	S0509	盘发造型	陈静	生活与艺术	3～4节	形象设计室
6			男				技术与技能	1～2节	
7			女				生活与技能	3～4节	
8							生活与艺术	1～4节	

基本信息 / 选修课名单 / 课外小组 / 住宿生

其他下拉选项：数字与逻辑、体育与健康、学生社团、语言与文化

	I	J	K	L	M	N	O
	59880577			填表日期：2016年9月12日			
	上课地点	学习期限	考核方式	材料费用	是否考证	考证技能等级	备注
	三生苑	1学期	茶艺表演	¥60.00	考证	中级	
	形象设计室	3个月	盘发展示表演				自备发卡发圈
					考证	初级 / 中级 / 高级	

样文2 "课外小组"工作表

	A	B	C	D	E	F	G	H	I
1	学前教育专业2015-6班			课外小组名单					
2		班主任：陈静					电话：13269880577		
3	学号	姓名	性别	课外小组名称	指导教师	技能领域	活动时间	活动地点	活动期限
4	2015160613	何研雅	女	幼儿简笔画	刘宏大	绘画	周五下午	学前楼218	1学期
5	2015160623	阿丽	女	幼儿舞蹈创编	徐一涵	舞蹈	周四晚自习	学前楼形体房	1学期
6			男						
7			女						

基本信息 / 选修课名单 / 课外小组 / 住宿生

	I	J	K	L	M	N	O
				填表日期：2016年9月12日			
	活动期限	准备物品	是否参加技能大赛/展示	技能大赛/展示名称	大赛级别	技能大赛/展示时间	参赛项目
	1学期	画板、画纸、画笔、画料	技能大赛	幼教专业技能大赛	北京市	2016年12月	简笔画
	1学期	形体服，舞蹈鞋	技能大赛	幼教专业技能大赛	北京市	2016年12月	舞蹈
			技能大赛 / 技能展示		校级 / 区级 / 北京市 / 全国		

样文3 "住宿生"工作表

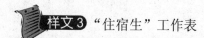

2. 在Excel中设计制作某公司"员工档案"文件中的"员工信息"工作表。将文件保存在自己姓名文件夹中,工作表标签、标题、填表信息如样文所示,合理设计表头的字段名,并录入所有员工的信息和数据(员工"工龄""年龄"不录入,利用函数计算得到结果),设置合理的数字格式和下拉列表,学习公司员工档案的管理方法。

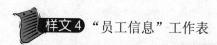

样文4 "员工信息"工作表

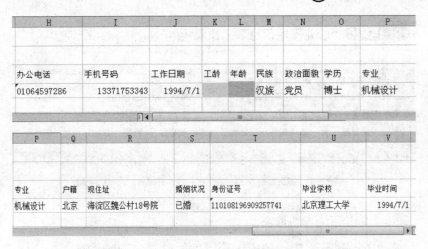

3. 在 Excel 中设计制作某幼儿园"幼儿档案"文件中的"幼儿信息""家庭信息"工作表。工作表标签、标题、班级信息如样文所示,合理设计表头的字段名,并录入班级所有幼儿的信息和数据(幼儿"年龄""营养状况"不录入,利用函数计算得到结果),设置合理的数字格式和下拉列表,学习幼儿园幼儿档案的管理方法和管理内容。

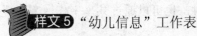"幼儿信息"工作表

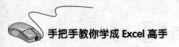

样文6 "幼儿家庭信息"工作表

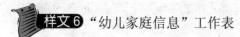

	I	J	K	L
		填表日期:2016年9月15日		
	临时接送人	与幼儿关系	家庭住址	备注
	李艳莉	妈妈	海淀区花园路甲12-8-922	机动车接送

工作簿的多用户共享

录入本班所有学生记录的信息时,也可以通过共享工作簿来实现多个用户之间的协同操作。

在局域网中创建共享工作簿能够实现多人协同编辑同一个工作表,同时方便其他人审阅工作簿。操作方法如下。

★ 步骤1 打开"学前2015-6档案"文件,重命名工作表名称。

★ 步骤2 录入工作表标题、班级信息、"基本信息"工作表的表头字段名,调整列宽以适合文字内容,做好这些准备工作后,就可以创建共享工作簿了。

★ 步骤3 在"审阅"选项卡中单击"更改"组的"共享工作簿"按钮,如图1-54所示。

★ 步骤4 打开"共享工作簿"对话框,在"编辑"选项卡中,勾选"☑允许多用户同时编辑,同时允许工作簿合并(A)"复选框,如图1-55(左)所示。

图 1-54 "共享工作簿"按钮

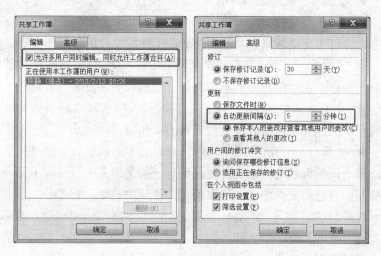

图 1-55 "共享工作簿"对话框

★ **步骤 5** 切换到"高级"选项卡,对共享工作簿的修订、更新、修订冲突、视图等进行设置。勾选"⊙ 自动更新间隔(A):"单选按钮,设置更新时间间隔为 5 分钟,如图 1-55(右)所示。

★ **步骤 6** 勾选"⊙ 保存本人的更改并查看其他用户的更改"单选按钮,其他选项根据需求进行选择或设置。

★ **步骤 7** 设置完成后,单击"确定"按钮关闭"共享工作簿"对话框。此时 Excel 会提示是否保存文档,如图 1-56 所示,单击提示框中的"确定"按钮保存文档。

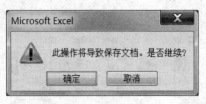

图 1-56 提示对话框

★ **步骤 8** 此时工作簿的标题栏中文件名右侧出现"[共享]"字样,,将此工作簿文件存放到共享文件夹中,即可实现局域网中其他用户对此工作簿文件的访问。

★ **步骤 9** 所有同学在共享文件夹中打开此文件,按照学号的先后顺序,分别在学号对应的不同的行,根据表头字段名录入自己的所有信息(所有人不能在文件的同一行同时录入信息),实现多人协同编辑同一个工作表,同时方便其他人审阅工作簿。

★ **步骤 10** 当所有同学录入完各自的本人信息后,保存共享文件。其余同学可以将共享文件复制到自己的文件夹中,或将工作表内容复制到自己的文件中,然后取消对工作簿的共享。

打开"共享工作簿"对话框,取消复选框" ☐ 允许多用户同时编辑,同时允许工作簿合并(A) "的勾选,单击"确定"按钮,在如图 1-57 所示的提示框中单击"是",共享即被取消,只供个人使用。

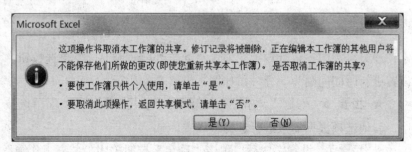

图 1-57 取消共享提示框

任务 ② 美化学生档案

知识目标

1. 档案各部分（标题、数据表、页面、页眉页脚、页码）的格式；
2. 设置单元格、工作表各部分格式的方法；
3. 添加页眉页脚，设置页眉页脚格式的方法；
4. 插入页码，设置页码格式的方法；
5. 设置页面格式、打印标题行的方法；
6. 调整页面布局的方法。

能力目标

1. 能按规范设置档案的各部分格式；
2. 会设置单元格、工作表各部分的格式；
3. 会添加页眉页脚，设置页眉页脚的格式；
4. 会插入页码，设置页码的格式；
5. 会设置页面格式及打印标题行；
6. 会根据具体情况调整页面布局。

学习重点

1. 档案各部分的标准格式；
2. 数据表内文字对齐的方式；
3. 数据表边框线的类型、格式；
4. 添加页眉页脚、页码的方法；
5. 设置页面格式及打印标题行的方法。

任务1中操作完成的工作簿"学前2015-6档案.xlsx"文件中的"基本信息"工作表，仅完成录入数据，还不符合报表的规范，需要设置规范的格式及打印选项。

Excel不仅可以管理各种档案、数据、信息，而且还有丰富、强大的格式设置功能，能设置、美化工作表的各部分格式，生成各类报表，便于观看、查询、留存、存档。美化工作表格式是办公室工作人员必须具备的工作能力之一，为了将来的工作、生活需要，应学会如何美化工作表格式。

本任务以"学生档案"中的"基本信息"工作表为例，学习Excel设置、美化工作表格式、页面格式、打印选项的方法。

打开文件"学前2015-6档案.xlsx"，设置"基本信息"工作表中标题、班级信息及数据表的各部分格式，选用A4纸，合理设置页面格式，并设置标题至表头为打印标题行。页眉为校名、学年学期，页脚内设置页码。

分析任务

数据报表各部分的位置和格式如作品所示（单页的报表可以没有页码），简单分析如下。

1. 标题格式

标题应在整个数据表宽度的正中间，字号大一些，采用标题适用的字体，美观、醒目。

2. 数据表格式

数据表包括表头和字段值，表头行适当高一些，字段名的位置水平垂直居中，字体字号略比字段值醒目一些，表头中的字段名应完全显示，不能隐藏，如"性别""政治面貌""是否住宿"，如果列宽很窄，字段名应自动换行，以显示完整。

数据表中的字段值，应整齐、规范，不同列或不同数据类型的对齐方式要求和规范不一样，应分别设置。

数据表应有表格线，规范的表格线包括外边框、内边框、分隔线，其线型、粗细都不一样，应分别设置。

在数据表中，为标记或查询方便，也为了清晰，可在需要的列或行适当设置浅色的底纹。

3. 页面格式、页眉页脚、页码

对于不同的数据表应采用合适的纸型、方向，以使数据字段能完整显示；从节约的角度考虑，参考打印机允许的最小页边距范围，数据表的页边距要适当（或尽量小），以尽量扩大数据表打印区域。

如果数据表中没录入标题，在页眉中必须设置标题（如果数据表中有标题，页眉的内容与标题不能重复）；如果数据表超过一页纸，必须设置页码，页码的位置根据常规要求和标准设置，便于标识和快速查询。

如果数据表的记录超过一页纸，必须要设置打印标题行或打印标题列，便于查阅数据。

以上分析的是数据报表的基本格式和规范，下面按工作过程学习设置数据表格式的操作步骤和方法。

完成任务

一、打开 Excel 文件中的工作表

★ **步骤1** 打开 Excel 文件"学前 2015-6 档案.xlsx"。

◆ **操作方法 1** 单击"开始"→计算机→单击存放文件的驱动器→打开文件夹→双击"学前 2015-6 档案.xlsx"文件图标,打开 Excel 文件,如图 2-1 所示。

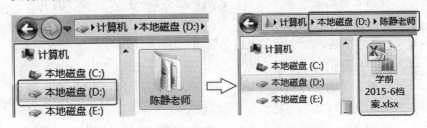

图 2-1 双击文件图标,打开 Excel 文件

◆ **操作方法 2** 启动 Excel 2010 软件→单击"文件"→单击"打开"按钮→在"打开"对话框左侧选择保存文件的盘符→在右侧双击文件夹→选择"学前 2015-6 档案.xlsx"文件图标→单击"打开"按钮,即可打开 Excel 文件,如图 2-2 所示。

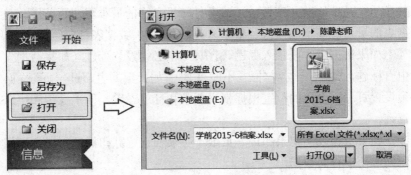

图 2-2 使用"打开"命令打开文件

★ **步骤2** 在 Excel 文件"学前 2015-6 档案.xlsx"中,单击"基本信息"工作表标签,打开工作表,进入工作表编辑状态。

二、设置标题格式

1. 设置标题位置(对齐方式:合并后居中、垂直居中)

工作表标题的位置应该在工作表数据宽度范围的正中间,标题单元格高度的正中间,因此需要设置标题的对齐方式:合并后居中和垂直居中。

★ **步骤3** 选中标题所在行的数据列宽度范围:A1:N1→单击"开始"选项卡"对齐方式"组中的"合并后居中"按钮、"垂直居中"按钮。如图 2-3 所示。

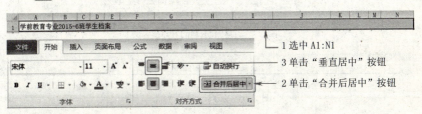

图 2-3 设置标题位置——对齐方式:合并后居中、垂直居中

2. 设置标题文字属性(字体、字号、字形、颜色)

标题的字体可以采用楷体加粗、隶书、行楷、黑体等笔画较粗、字形美观、适合标题的字体,可设置深颜色;数据表中标题的字号可选用 16~18 号。

★ **步骤4** 选中标题单元格,在"开始"选项卡"字体"组中,设置为楷体、加粗、16 号、蓝色。如图 2-4 所示。

图 2-4 标题的字体、字号、字形、颜色

3. 设置标题行的行高

★ **步骤 5** 标题行要适当高一些,鼠标放在标题行行号的下边界线上,鼠标变成双线双向箭头,按住左键向下拖动,如图 2-5 所示,根据显示的高度像素值,确定适当的高度后松手。设置完成的标题如图 2-6 所示:合并后居中、垂直居中、楷体加粗、16 号、蓝色、行高 24(40~46 像素)。

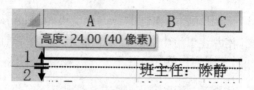

图 2-5　调整标题行的高度

图 2-6　设置完成的标题

4. 设置班级信息的格式

★ **步骤 6** 同样的方法,设置班级信息 B2、G2、K2 的格式为:垂直居中、文本水平左对齐、宋体、10 号、黑色、行高 18(30 像素)。

三、设置数据表内文字格式

1. 设置表头格式(对齐方式、文字属性、行高)

★ **步骤 7** 设置表头字段名的位置(对齐方式:垂直居中、水平居中、自动换行)。对于列宽较窄,不能完全显示的字段名,如"性别""政治面貌""是否住宿",要设置对齐方式为自动换行,通过多行显示,使单元格所有内容都可见。

选中表头 A3:N3→单击"开始"选项卡"对齐方式"组中的"垂直居中"按钮▤、"水平居中"按钮▤、"自动换行"按钮▤,如图 2-7 所示。

 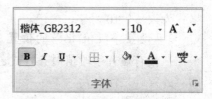

图 2-7　表头字段名的对齐方式　　　图 2-8　表头字段名的字体格式

★ 步骤 8　设置表头文字属性（字体、字号、字形、颜色）。表头字段名的字体可以采用：楷体加粗或宋体加粗，字号可选用 10～12 号，可设置深颜色。设置方法与标题设置方法相同，如图 2-8 所示：楷体 10 号加粗，深蓝色。

★ 步骤 9　设置表头行高为：自动调整行高，以便完全显示自动换行的字段名。选中表头 A3:N3，单击"开始"选项卡"单元格"组中的"格式"按钮，在菜单中选择"自动调整行高"命令，如图 2-9 所示。

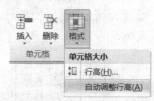

图 2-9　表头自动调整行高

 提示

如果表头字段名需要换行（多行显示），可以在字段名中输入换行符"Alt+回车"，使字段名单元格所有内容都可见，整齐排列，不随列宽改变而变化，如

设置完成的表头如图 2-10 所示。

图 2-10　设置完成的表头格式

2. 设置字段值/记录的文字属性（字体、字号、颜色）

数据表中的字段值，一般用宋体 10～12 号字，如果有特殊需求，可以根据要求设置。

★ 步骤 10　设置"基本信息"工作表的所有字段值/记录的字体

格式为宋体，10号字，黑色。

3. 设置字段值/记录的位置（对齐方式）

在没有设置字段值对齐方式之前，仔细观察数据表，Excel 默认的对齐方式是什么？

观察发现，默认的水平对齐方式：字符为左对齐；数字和日期为右对齐；默认的垂直对齐方式为垂直居中。

★ 步骤11 不同数据类型的字段值有不同的水平对齐方式，应分别设置。所有记录的字段值垂直对齐方式为垂直居中 ≡。

（1）字数相同（等长）的字符型数据或短字符串，水平对齐方式设置为居中 ≡，如学号、性别、民族、政治面貌、身份证号码、联系电话、户籍、是否住宿等，如图2-11（a）所示。

性别	民族	政治面貌
女	汉族	团员
女	汉族	团员
女	汉族	团员
女	汉族	群众
女	回族	群众
女	汉族	团员

（a）等长字符型数据水平居中

中考总分
469
465
435
408
415
432

（b）数值型数据水平右对齐

出生日期
2000/6/21
2000/3/12
1999/9/28
1999/12/30
2000/8/27
1999/7/1

（c）日期型数据水平左对齐

家庭住址
昌平区天通苑
昌平区锦绣家园
怀柔区九渡河镇
昌平区安福苑
海淀区白石桥路
门头沟区东辛房街

（d）长字符型数据水平左对齐

姓名
张文珊
徐 蕊
董媛媛
姜 珊
赵子佳
陈 鑫

（e）姓名字段水平分散对齐

图2-11 不同字段的水平对齐方式

（2）数值型数据（因为参与运算，要显示个、十、百、千位的位数差异），水平对齐方式应设置为右对齐▤，并设置相同的小数位数，如总分，如图2-11（b）所示。

（3）日期型数据长度不等，有长有短，因此水平对齐方式设置为左对齐▤比较美观，如"出生日期"；位数相同、非常整齐的日期型数据可设置为水平居中，如入学日期，如图2-11（c）所示。

（4）字数不等、字符长度较长的字符型数据，参差不齐，水平对齐方式应设置为左对齐▤，视觉效果整齐、美观，如"家庭住址"，如图2-11（d）所示。

（5）"姓名"字段中，各学生名字字数不等，水平对齐方式设置为"居中"或"分散对齐"，使所有名字的最左最右端对齐，中间的间隔适当且均匀，如图2-11（e）所示。

★ **步骤12** 设置"姓名"字段"分散对齐"，如图2-12所示。

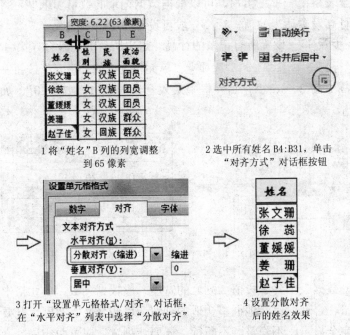

图2-12 设置"姓名"字段"分散对齐"

（1）将"姓名"B 列的列宽调整到合适的宽度 6.4（65 像素），参考值 6～7（60～70 像素）（"姓名"列如果太宽，设置分散对齐后，字间距太大、间隔太远，很难看，而且浪费显示区域，浪费纸）。

（2）选中所有姓名 B4:B31，单击"开始"选项卡"对齐方式"组的对话框按钮，打开"设置单元格格式/对齐"对话框，在"水平对齐"列表中选择"分散对齐"，设置后的效果如图 2-12 所示。

4. 设置记录行合适的行高、列宽

Excel 工作表中，行高的度量单位是"磅"（1 磅约等于 0.03527 厘米，1 厘米约等于 28.35 磅），同时在括号中显示像素值，高度: 24.00 (40 像素)；列宽的度量单位是"字符"，同时在括号中显示像素值，宽度: 6.22 (63 像素)。

（1）为了使数据清晰，便于查询，减轻视觉疲劳；也为了使打印出来的空表格便于手工填写，可以根据数据记录的数量和纸型，将记录行的行高设置适当的值，行高一般可设置为 15～28。

★ 步骤 13　设置所有记录的行高。选中所有的记录行（第 4 行至第 31 行）→单击"开始"选项卡"单元格"组的"格式"按钮→选择"行高"命令→在"行高"框中录入合适的数值，如"20"，如图 2-13 所示。

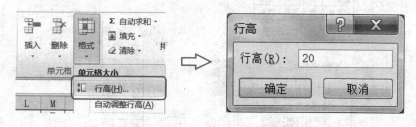

图 2-13　设置记录行的行高

（2）数据表中各字段值（列）的宽度一般根据列数、单元格中文字的数量，合理、灵活地调整合适的列宽，以适合文字宽度。既要让字段值完全显示、不隐藏、不断行，还要让列宽适应页面布局。

★ **步骤 14** 设置所有字段值的列宽。列宽设置方法可以手动调整；也可以设置列宽的数值精确调整，操作方法为：选中"民族""政治面貌"字段值（列）→单击"开始"选项卡"单元格"组的"格式"按钮→选择"列宽"命令→在"列宽"框中设置列宽的数值，如"4.5"，如图 2-14 所示，调整后这两列的列宽刚好能显示两个字的宽度，符合档案的版面布局要求。

图 2-14 设置字段值的列宽

四、设置数据表边框线格式

Excel 工作表的编辑区显示的是默认的灰色网格线，用于标记、显示和区分行、列、单元格，如图 2-15 所示；预览和打印时，工作表无边框线，如图 2-16 所示。因此规范的报表要设置数据表的边框线。

图 2-15 工作表编辑区视图（灰色网格线）

学号	姓名	性别	民族	政治面貌	出生日期	身份证号	本人电话	家长电话	家庭住址	户籍	中考总分	是否住宿	入学日期
班主任：陈春						电话：13269680577				填表日期：2016年9月12日			
201516O6O1	张文珊	女	汉族	团员	2000/6/21	110221200006210328	13569299858	13916401539	昌平区天通苑	北京	469	是	2015/9/1
201516O6O2	徐 艾	女	汉族	团员	2000/3/12	110221200003126824	17507263680	15261260255	昌平区锅炉家园	北京	465		2015/9/1
201516O6O3	董继娜	女	汉族	团员	1999/9/28	371423199909284120	16810947869	17286207198	怀柔区九渡河镇	河北	435	是	2015/9/1
201516O6O4	梁 芳	女	汉族	群众	1999/12/30	110102199912300026	15910587267	17522617868	昌平区安福庄	北京	408	是	2015/9/1
201516O6O5	赵子佳	女	汉族	团员	2000/2/7	220721200006270824	15811680868	18501690868	海淀区白石桥路	北京	415		2015/9/1
201516O6O6	陈 鑫	女	汉族	团员	1999/7/1	110109199907012220	15861317982	13863870699	门头沟区永丰房南	北京	432	是	2015/9/1
201516O6O7	王陆杰	女	汉族	群众	1999/4/18	110221199904183046	17520213633	13361190772	昌平区南邵镇	北京	368	是	2015/9/1
201516O6O9	张莉	女	汉族	团员	2001/4/21	116523595832		12321695632	昌平区回龙观	北京	407		2015/9/1
201516O610	薛秋萍	女	汉族	团员	2000/1/20	110221200001205918	15010685868	17691018595	昌平区天通苑	北京	422	是	2015/9/1
201516O611	崔相妤媛	男	汉族	团员	2001/2/27	110108200102275303	17901389619	18601528976	昌平区一街	北京	431		2015/9/1
201516O612	戴娇雅	女	汉族	团员	1999/9/21	117581779801		13829267586	昌平区回龙观	北京	472		2015/9/1
201516O613	徐静	女	汉族	团众	1999/6/18	110112200006186628	18911261983	13903558756	通州区梨园镇	北京	497	是	2015/9/1
201516O614	何研燕	女	汉族	团员	2001/9/7	110104200109073058	19521852567	18909163266	海淀区颐墨园	北京	536		2015/9/1
201516O615	王梓欣	男	汉族	群众	1998/12/7	110109199812071943	15901286110	17681250201	门头沟区石门营	北京	351	是	2015/9/1
201516O616	史雅文	女	汉族	团员	1999/1/16	110111199911168742	15813682637	17910896076	房山区良乡	北京	407	是	2015/9/1
201516O617	张智智	女	汉族	团员	2001/1/27	110108200101273572	13257273869	18966325791	海淀区永泰庄	北京	416		2015/9/1
201516O618	苦 欣	女	汉族	团员	2000/8/6	130301200008062724	17501320258	17693380539	昌平区回龙观	河北	405		2015/9/1
201516O618	王 暨	女	汉族	群众	2001/3/16	120109200103160026	15816926937	13691372016	昌平区中山口路21号京	天津	439	是	2015/9/1
201516O619	秦梦娇	女	汉族	团员	1999/6/27	110221199906272728	15901736856	13909626287	昌平区小汤山	北京	431	是	2015/9/1
201516O620	王 悦	女	汉族	团员	2000/3/28	110227200003283026	16910956658	13736809190	怀柔区雁栖镇	北京	375	是	2015/9/1
201516O621	张思杰	女	汉族	群众	1999/12/28	220002199912282128	18811967768	18800168219	顺义区建新小区	北京	421	是	2015/9/1
201516O622	奇 鲁	女	回族	群众	1999/10/8	530103199910083730	13510267356	13910897678	云南省昆明市	云南		是	2016/3/16
201516O623	阿 丽	女	鲜族	团员	1999/4/21	210905199904215426	18210286105	13691165127	辽宁省阜新市	辽宁		是	2016/3/16

图 2-16　工作表打印预览效果（无边框线）

规范的数据表边框线分外边框、内边框、分隔线三种，它们的类型、位置、线型如图 2-17 所示。

名称	1月销量	2月销量	3月销量	合计
手机				
数码相机				
MP4				
总计				

外边框　内边框　分隔线

图 2-17　表格边框线的类型、位置、线型

各种边框线的详细说明及其设置方法如表 2-1 所示。数据表边框线的设置在"开始"选项卡"字体"组中利用"框线类型"按钮 ⊞ 进行设置。

表 2-1 数据表边框线的类型、位置、线型

边框线类型	位置	对应线型	标准	选用框线类型
外边框	数据表最外面四周边线	粗实线	1.5 磅	粗匣框线
内边框	数据表内部所有线	细实线	0.5 磅	所有框线
分隔线	需要分层、分类、分隔、分界的位置	细双线	0.5 磅	双底框线

注：1 磅约等于 0.03527 厘米。

★ **步骤 15** 设置数据表边框线的操作方法如图 2-18 所示（工作表标题和班级信息不能设边框线）。

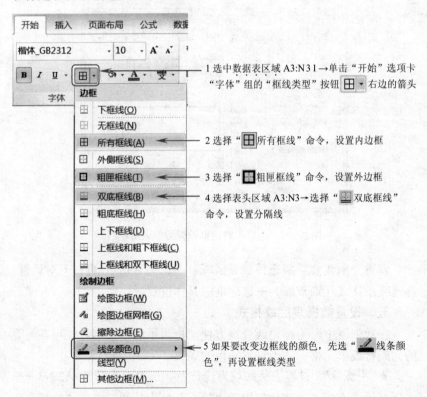

图 2-18 设置数据表边框线

> 采用上述"框线" 列表中的框线类型选项直接设置边框线时，先设置内边框，后设置外边框。

★ **步骤 16** 设置数据表边框线还可以这样操作：选中数据表区域 A3:N31，单击"开始"选项卡"字体"组"框线类型"按钮右边的箭头→选择"其他框线"命令，打开"设置单元格格式/边框"对话框，如图 2-19 所示，在对话框中设置所需边框线：先选线条样式（细线或粗线）→再选颜色→最后再选边框类型（内部或外边框）。

图 2-19 "边框"对话框设置数据表边框线

设置分隔线要重新选择数据区域——表头 A3:N3，再打开对话框，再选线条样式（细双线）→选边框的具体位置。

五、设置数据表底纹格式

在数据表中，为标记或查询方便，也为了清晰、醒目，可在需要的列或行或单元格，适当设置浅色的底纹。

★ **步骤 17** 设置表头底纹为浅黄色。选中表头区域 A3:N3→单击"开始"选项卡"字体"组的"填充颜色"按钮右边的箭头→在打开的调色板中选择"其他颜色"命令→选择浅黄色→确定，如

图 2-20 所示。

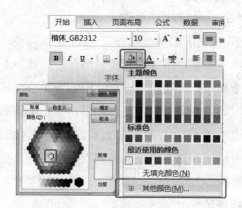

图 2-20 设置单元格底纹

设置好工作表的标题格式、班级信息格式、表头格式、字段值格式、边框线格式、底纹格式的"基本信息"工作表如图 2-21 所示。

学前教育专业2015-6班学生档案

班主任：陈静　　　　　　　电话：13269880577　　　　　　　　　　　　填表日期：2016年9月12日

学号	姓名	性别	民族	政治面貌	出生日期	身份证号	本人电话	家长电话	家庭住址	户籍	中考总分	是否住宿	入学日期
2015160601	张文珊	女	汉族	团员	2000/6/21	110221200006210328	13569299858	13916401539	昌平区天通苑	北京	469	是	2015/9/1
2015160602	徐荷	女	汉族	团员	2000/3/12	110221200003126824	15912763680	15261260255	昌平区佛晓家园	北京	465	是	2015/9/1
2015160603	董廉廉	女	汉族	团员	1999/9/28	371423199909284120	16810947869	17286207198	怀柔区九渡河镇	河北	435	是	2015/9/1
2015160604	姜珊	女	汉族	群众	1999/12/30	110102199912300026	15910587267	17522617868	昌平区安福苑	北京	408	是	2015/9/1
2015160605	赵子佳	女	回族	群众	2000/8/27	220721200008270824	15811680868	18501690868	海淀区白石桥路	北京	415	是	2015/9/1
2015160606	陈鑫	女	汉族	团员	1999/7/1	110101999907012220	15861317982	13883570699	门头沟区东辛房街	北京	432	是	2015/9/1
2015160607	王陈杰	女	汉族	团员	1999/4/18	112210201304108742	17520213653	13501190772	昌平区南邵镇	北京	368	是	2015/9/1
2015160608	张莉娅	女	汉族	团员	2001/4/21	110221200104212622	16523595832	13221695632	昌平区回龙观	北京	407	是	2015/9/1
2015160609	秦秋萍	女	汉族	团员	2000/1/20	110221200001205918	15010685868	17691018595	昌平区天通苑	北京	422	是	2015/9/1
2015160610	崔相秆滢	男	汉族	团员	2000/2/27	110102200202275303	17901389619	18601528978	昌平一街	北京	407	是	2015/9/1
2015160611	戴婷雅	女	汉族	团员	1999/9/21	110221199909218356	17581779801	18329267586	昌平区百善镇	北京	472	是	2015/9/1
2015160612	佟静文	女	汉族	团员	2000/6/18	110112200006186628	18911261983	13935586756	通州区梨园镇	北京	497	是	2015/9/1
2015160613	何枂雅	女	汉族	团员	2001/9/7	110104200109073058	19521852567	18901632665	海淀区铁医路	北京	536	是	2015/9/1
2015160614	王桦政	男	汉族	团员	1998/12/7	110221199812071943	15901206406	17681252020	门头沟区石门营	北京	351	是	2015/9/1
2015160615	史璺文	女	汉族	群众	1999/11/16	110111199911168742	15813682637	17910896076	房山区良乡	北京	407	是	2015/9/1
2015160616	朱智聪	女	回族	团员	2001/1/27	110108200101273572	13257273869	18966325791	海淀区永泰庄	北京	416	是	2015/9/1
2015160617	曾欢	女	汉族	团员	2000/8/6	130301200008062724	17501320258	17693380539	昌平区回龙观	河北	405	是	2015/9/1
2015160618	王昱	女	汉族	团员	2001/3/16	120109200103162018	15816926937	13691372016	昌平区中山口路21号院	天津	439	是	2015/9/1
2015160619	栗梦妍	女	汉族	团员	1999/6/27	110221199906272728	15901736856	13939662687	昌平区宁馨苑	北京	431	是	2015/9/1
2015160620	王悦	女	汉族	团员	2000/3/28	110227200003283026	16910956658	13736809190	怀柔区雁佰苑	北京	425	是	2015/9/1
2015160621	朱思杰	女	汉族	团员	1999/12/28	220202199912282128	18811967768	18801683219	顺义区建新小区	北京	421	是	2015/9/1
2015160622	何翌	女	白族	团员	1999/10/8	530103199910083730	13510267356	13910597678	云南省昆明市	云南		否	2016/3/16
2015160623	阿丽	女	鲜族	团员	1999/4/1	221090519990425426	18210286105	13691165127	辽宁省阜新市	辽宁		否	2016/3/16

图 2-21 设置好各种格式的"基本信息"工作表

六、设置页面格式

1. 设置纸型、页边距、眉脚距

"基本信息"数据表的字段比较多,A4 纸纵向使用,字段显示不完整,会被分隔成多页,不方便查阅,因此应选择 A4 纸横向,以使数据字段能完全显示;页边距要根据字段的数量合理设置,还要从节约的角度考虑,同时参考打印机允许的最小页边距范围,数据表的页边距要适当(或尽量小),以尽量扩大数据表打印区域。

页面的所有格式,都在"页面布局"选项卡的"页面设置"组中设置或选择,如图 2-22 所示,如纸型、方向、页边距、页眉页脚、打印区域、打印标题等。

图 2-22 "页面布局"选项卡"页面设置"组

★ **步骤 18** 设置纸型、方向。单击"页面布局"选项卡"页面设置"组中的"纸张大小"按钮,在列表中选择"A4(21 厘米×29.7 厘米)"纸;单击"纸张方向"按钮,在列表中选择"横向"。

★ **步骤 19** 设置页边距、页眉页脚距。单击"页边距"按钮,在列表中选择一种适合工作表的页边距数值,如"普通",其中包含页眉页脚距离。

★ **步骤 20** 如果"普通"页边距中的各项边距数值不合适,可以在"页边距"列表中选择"自定义边距",打开"页面设置/页边距"对话框,如图 2-23 所示。

在对话框中可以设置适合数据表的各项页边距值,更改页眉页脚的距离。一般上下页边距内要留页眉页脚距离,所以设置为 1.4~2.0

厘米之间，左右页边距可以设置为 1.0~2.0 厘米之间，或更小（只要打印机允许）。

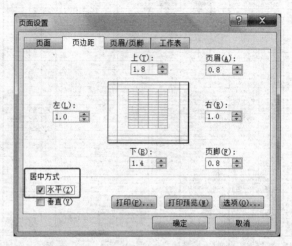

图 2-23 "页面设置/页边距"对话框

★ **步骤 21** 在图 2-23 所示的"页面设置/页边距"对话框中，设置"居中方式"为"☑水平(Z)"，则数据表在页面水平方向居中。

设置完纸型、方向、页边距后的普通视图如图 2-24 所示，图中的虚线表示页面的边界（页面分隔线），显示工作表的分页状态。根据边界的范围，可以适当调整数据表的各列列宽或者每行的行高，使数据表能完整地打印在一页 A4 纸内，或合理分成多页。图 2-24 所示的"基本信息"数据表，宽度正好在 1 页 A4 纸内，没超界也没浪费，说明页边距、各列列宽都比较合适；若"基本信息"数据表的记录较多，则被分成两页或多页。

★ **步骤 22** 设置好各部分格式的数据表，单击快速访问工具栏中的预览按钮，或单击"文件"→打印，可以预览，查看整体效果和页面布局，根据整体效果进行合理的调整（页边距、列宽、行高），使页面美观、合理。

图 2-24 设置纸型、方向、页边距后的普通视图显示状态

2. 添加页眉,设置页眉格式

根据报表的需要,可以设置页眉和页脚。数据表中有标题时,页眉的内容与标题不能重复。

★ **步骤 23** 单击视图工具栏中的"页面布局"按钮,显示页面视图状态,如图 2-25 所示,在视图中显示了页边距和页眉区域"单击可添加页眉"。

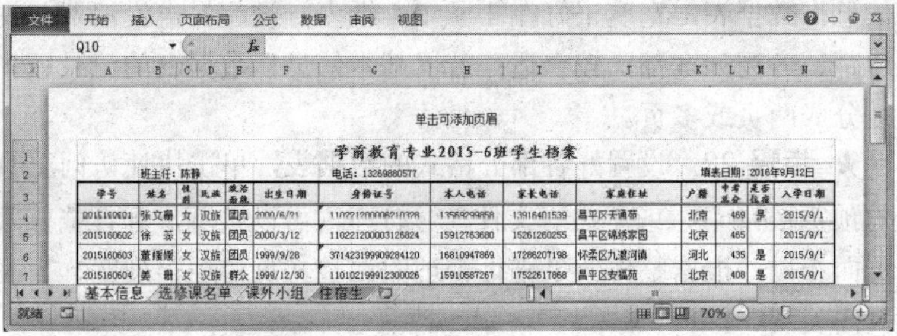

图 2-25 "页面布局"视图状态

★ **步骤 24** 设计页眉的内容和位置,例如,在页眉左侧是校名,页眉中间是学年学期。设计好之后可以开始操作:单击页眉左侧区域,录入校名"北京市昌平职业学校";单击页眉中间区域,录入学年学期"2016~2017 学年度第一学期",设置格式为宋体 12 号。设置页眉后的视图如图 2-26 所示。

图 2-26 设置页眉后的视图

提示

页眉中部的文字字号为 10~12 号之间,应比标题的字号小。页眉两侧文字的字号比中部的文字字号小,可设为 10 号。

3. 添加页脚(插入页码,设置页码格式)

★ **步骤 25** 在"页面布局"视图内,拖动滚动条到页面底部,如图 2-27 所示,在页面底部显示下页边距和页脚区域"单击可添加页脚";单击页脚的左、中、右区域,即可编辑页脚内容。

图 2-27 "页面布局"视图的页脚区域

如果数据表超过一页纸,必须设置页码,页码的位置根据常规要求和标准进行设置,一般在页脚的中部或右侧,便于标识和快速查询。页码也可以设置在页眉的右侧。插入页码方法如下。

★ **步骤 26** 单击页脚需要插入页码的位置(中部或右侧),自动打开"页眉页脚工具/设计"选项卡,及相应的按钮组,如图 2-28 所示。

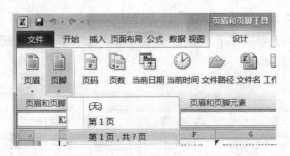

图 2-28　在"页脚"按钮列表中选择页码格式

★ **步骤 27**　单击"页脚"按钮,如图 2-28 所示,在列表中选择一种页码格式,如"第 1 页,共? 页",则页码自动生成,如图 2-29 所示,设置页码为宋体 10 号。

图 2-29　插入页码后的页码显示格式

设置完页眉页脚、插入页码后,还有一个小问题,如果数据记录很多,超过一页,预览结果如图 2-30 所示,只有第 1 页有标题、班级信息、表头,而第 2 页及之后的所有页,都没有标题和表头,既不符合报表规范,也不方便数据查询和阅览,看不出有些数据是什么项目,怎么办呢?

Excel 提供了"打印标题行"的功能,很容易就能解决这个问题。

4.　设置打印标题行

如果数据表的记录超过一页纸,必须要设置打印标题行或打印标题列,便于查阅数据。

任务 ② 美化学生档案

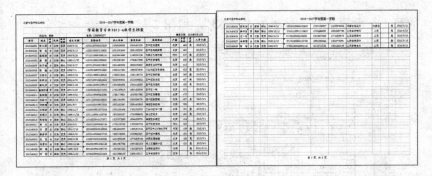

图 2-30 未设"打印标题行"、分成 2 页的预览效果

打印标题行，就是不管数据表有多少页，打印时每页都有表头的字段名（也可以有标题），这种效果需要设置才能生效。设置方法如下。

★ **步骤 28** 单击"页面布局"选项卡"页面设置"按钮组中的"打印标题"按钮，打开"页面设置"/"工作表"对话框，如图 2-31 所示。

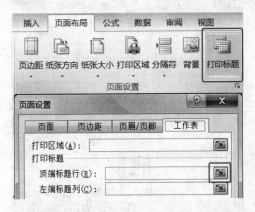

图 2-31 "打印标题"按钮打开"页面设置"/"工作表"对话框

★ **步骤 29** 如果想在每页都显示标题和表头字段名，在图 2-31 所示的"页面设置"/"工作表"对话框中的"顶端标题行"框中，单击右侧的工作表缩略图按钮，选择"基本信息"标题和表头所在

83

的第 1 行至第 3 行，显示为"$1:$3"，如图 2-32 所示。

图 2-32 选择"顶端标题行"为第 1 行至第 3 行

★ 步骤 30 单击 按钮，返回到"页面设置"/"工作表"对话框，如图 2-33 所示，单击"确定"按钮。

图 2-33 设置打印标题行为第 1 行至第 3 行"$1:$3"

设置打印标题行后的预览效果如图 2-34 所示，每页都显示标题和表头字段名，方便查阅，符合报表要求和规范。

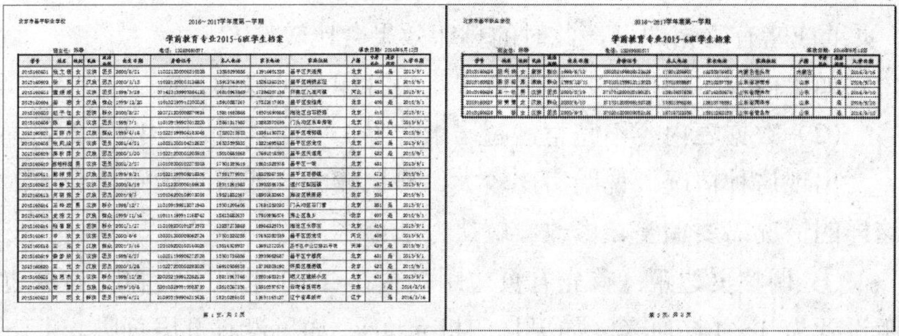

图 2-34　设置打印标题行后的预览效果

至此，美化"基本信息"工作表格式的工作全部完成了，保存文件。

七、预览整体效果、调整页面布局

美化的效果如何呢？需要预览查看整体效果。打印预览的效果就是实际打印的真实效果，所以打印之前一定要预览。

"基本信息"工作表所有部分的格式及版面设置完成之后，单击"打印预览"按钮，或单击"文件"→"打印"，预览查看工作表的整体效果、页面布局，根据预览的页面整体效果和布局，如有不合适的格式，单击"开始"，返回到编辑状态，进行合理修改和调整数据表的列宽、行高、字号、页边距、眉脚距等，直到合适为止，使数据表在页面内布局合理，合乎报表规范，美观实用，使打印一次成功，节约用纸。

如果遇到下列问题，可根据具体情况进行合理的解决。

（1）数据表内容完整，但不足 1 页。

说明内容少、字小、格密，数据表不足 1 页，效果不好。解决办法如下。

按规范调整标题字号为 16～18 号，表头字号为 10～12 号，字段值字号为 10～12 号，记录的行高为 15～27，在允许的范围内，适当增大字号，增加行高，增加列宽，即可将数据表扩大，直到几乎占满

1页纸或略有富裕即可,此时的打印效果会比较好。

如果内容实在很少,半页或多半页打印是可以的。

(2)数据表内容不完整,超出纸边界1~3行,或超出1~2列。

出现这种情况,说明字比较大,格比较大,或者页边距比较大。这样的情况需要调整、修改。解决办法如下。

① 调整页边距:首先看页边距是否在2厘米以下,将左右页边距设置为1~1.6厘米(如果打印机允许);如果没有页眉页脚,上下页边距也可以设置为1~1.6厘米;如果有页眉页脚,根据页眉页脚字号,适当减小上下页边距的距离,但页眉不能与标题或第1行重叠,页脚不能与边框线重叠。

调整了页边距后,预览查看,如果数据表完整且在整数页纸之内,就解决问题了。如果还没解决,继续调整字号、行高、列宽。

② 在合理的范围内,适当缩小字号、行高、列宽。

数据表中字段值的字号范围在10~12号之间,在字号的合理范围内,适当减少字号。然后,在行高的范围内,减少每条记录的行高的数值。

提示 字段值(字符)不能与边框线重叠。减小行高,让记录紧凑,从而减少数据表的总高度。

之后,调整列宽,在字段值完全显示的情况下,缩小列宽。同样,字段值(字符)不能隐藏。缩小列宽,让每列的字段紧凑,减少数据表的总宽度。

这样调整之后,就能把超出页面的1~3行或1~2列收回来,显示在整数页纸之内,问题解决了。

如果采用以上的所有方法还没解决的话,说明内容实在太多,换大一号的纸型,或者只能分页打印了,注意设置好页码和打印标题行,分页打印之后,按顺序装订或拼接。修改调整完,保存文件。

 归纳总结

1. 美化工作表格式的工作流程

通过这个任务，完成了美化学生档案中"基本信息"工作表格式的工作，包括标题格式、数据表内文字格式、数据表边框底纹、页面格式等，学习了很多的新技术和设置数据表格式的常规标准，在工作中学会了解决、处理遇到的问题，回顾整个工作过程，将此任务的工作流程总结如下。

① 设置标题格式、班级信息格式；
② 设置数据表内文字格式，包括表头格式、字段值格式；
③ 设置数据表边框线格式；
④ 设置数据表底纹格式；
⑤ 设置页面格式：纸型、方向、页边距、眉脚距、打印标题行；
⑥ 添加页眉、页脚、页码；
⑦ 预览、调整、修改，保存文件。

2. 标题、数据表中表头（字段名）、表内各部分字段值的对齐方式

工作表不同部分、不同数据类型的字段值，对齐方式总结如下，见表2-2、表2-3。

表2-2 工作表不同部分的对齐方式

对齐方式 \ 组成部分	工作表 标题	数据表 表头(字段名)
垂直方向	居中	居中
水平方向	合并后居中	居中、自动换行

表2-3 数据表内不同数据类型 **字段值** 的对齐方式

对齐方式 \ 数据类型	字符型数据			数值型数据	日期型数据
	"姓名"列	等长字符串（短字符串）	长字符串		
垂直方向	居中	居中	居中	居中	居中
水平方向	分散对齐	居中	左对齐、自动换行	右对齐	左对齐

续表

数据类型 对齐方式	字符型数据		长字符串	数值型数据	日期型数据
	"姓名"列	等长字符串（短字符串）			
字段举例	姓名	学号、性别、民族、政治面貌、**身份证号**、联系电话、户籍、是否住宿	家庭住址	总分、学费、金额等	出生日期、入学日期

评价反馈

作品完成后，填写表2-4所示的评价表。

表2-4 "美化学生档案"评价表

评价模块	学习目标	评价项目	自评
专业能力	1. 管理Excel文件：打开、随时保存、关闭文件		
	2. 设置标题格式、班级信息格式	标题位置(对齐方式)：合并居中，垂直居中	
		标题文字属性：字体、字号、字形、颜色	
		标题行的行高	
		班级信息格式(对齐、文字属性、行高)	
	3. 设置数据表内文字格式	表头对齐方式及字体	
		字段值对齐方式及字体	
		合适的行高、列宽	
	4. 设置数据表边框线格式：外边框、内边框、分隔线		
	5. 设置数据表底纹格式：表头适当浅色的底纹		
	6. 设置页面格式	设置纸型、方向、页边距、眉脚距	
		添加页眉，设置页眉格式	
		添加页脚，插入页码，设置页码格式	
		设置打印标题行	
	7. 根据预览整体效果和页面布局，进行合理修改、调整各部分格式		
	8. 正确上传文件		

评价模块	评价项目	自我体验、感受、反思		
可持续发展能力	自主探究学习、自我提高、掌握新技术	□很感兴趣	□比较困难	□不感兴趣
	独立思考、分析问题、解决问题	□很感兴趣	□比较困难	□不感兴趣
	应用已学知识与技能	□熟练应用	□查阅资料	□已经遗忘
	遇到困难，查阅资料学习，请教他人解决	□主动学习	□比较困难	□不感兴趣

续表

评价模块	评价项目	自我体验、感受、反思		
可持续发展能力	总结规律，应用规律	□很感兴趣	□比较困难	□不感兴趣
	自我评价，听取他人建议，勇于改错、修正	□很愿意	□比较困难	□不愿意
	将知识技能迁移到新情境解决新问题，有创新	□很感兴趣	□比较困难	□不感兴趣
社会能力	能指导、帮助同伴，愿意协作、互助	□很感兴趣	□比较困难	□不感兴趣
	愿意交流、展示、讲解、示范、分享	□很感兴趣	□比较困难	□不感兴趣
	敢于发表不同见解	□敢于发表	□比较困难	□不感兴趣
	工作态度，工作习惯，责任感	□好	□正在养成	□很少
成果与收获	实施与完成任务	□☺独立完成	□☺合作完成	□☹不能完成
	体验与探索	□☺收获很大	□比较困难	□☹不感兴趣
	疑难问题与建议			
	努力方向			

复习思考

1. 什么情况下需要设置打印标题行、打印标题列？如何设置？

2. 数据表设置完各部分格式后，预览发现超界了，超出了 2 行，或超出了 1 列，怎么处理？

拓展实训

1. 在本班的学生档案 Excel 文件中，按标准和规范美化"选修课名单""课外小组""住宿生"3 页工作表的格式。A4 纸，横向，合理设置页边距和眉脚距，页眉左侧为校名，页眉中部为"学年学期"，页脚中部添加页码"第 1 页，共 ? 页"，设置标题至表头为打印标题行。

2. 在公司"员工档案"文件中，按标准和规范美化"员工信息"工作表。A4 纸，横向，合理设置页边距和眉脚距，页脚中部添加页码"第 1 页，共 ? 页"，设置标题至表头为打印标题行。

3. 在幼儿园的"幼儿档案"文件中，按标准和规范美化"幼儿

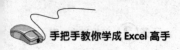

信息""家庭信息"工作表。A4 纸，横向，合理设置页边距和眉脚距，页脚中部添加页码"第 1 页，共？页"，设置标题至表头为打印标题行。

4. 在 Excel 中制作样文所示的"图书信息"工作表，学习图书的管理方法。按标准和规范美化各部分格式。A4 纸，横向，合理设置页边距和眉脚距，页脚中部添加页码"第 1 页，共？页"，设置标题至表头为打印标题行。

样文 "图书信息"工作表

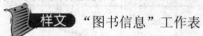

任务 3 排序筛选学生档案

 知识目标

1. 数据排序、数据筛选的含义和功能；
2. 数据排序的工具，单、双字段排序的操作方法；
3. 不同类型数据的排序规律；
4. 数据筛选的工具，筛选单、双字段的操作方法；
5. 不同类型数据的筛选表达式（条件不等式）的写法。

 能力目标

1. 能区分数据排序、数据筛选的功能和用途；
2. 会正确使用排序工具，能按要求对单、双字段进行排序；
3. 能总结不同类型数据的排序规律；
4. 能正确运用排序规律对数据表进行不同用途的排序；
5. 会正确使用筛选工具，能按要求对单、双字段进行筛选；
6. 能正确应用不同类型数据的筛选条件；
7. 能根据各种条件对数据表进行各种筛选。

学习重点

1. 数据排序的工具，单、双字段排序的操作方法；
2. 不同类型数据的排序规律；
3. 数据筛选的工具，筛选单、双字段的操作方法；
4. 不同类型数据的筛选表达式（条件不等式）的写法。

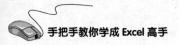

Excel 2010 提供了很多管理数据的工具，比如数据排序、筛选、分类汇总等。用户可以通过这些管理数据的方式，得到需要的结论或者数据。本任务以"基本信息"数据表为例，学习排序、筛选数据的基本方法，认识这些数据管理工具的功能、作用和应用。

打开文件"学前 2015-6 档案.xlsx"的"基本信息"工作表，按要求对不同数据进行排序操作，并总结排序规律。按要求对不同数据进行筛选，学会应用筛选条件。

学前教育专业2015-6班学生档案

电话：13269880577　　　　　　　　　　　填表日期：2016年9月12日
班主任：陈静

学号	姓名	性别	民族	政治面貌	出生日期	身份证号	本人电话	家长电话	家庭住址	户籍	中考总分	是否住宿	入学日期
2015160601	张文珊	女	汉族	团员	2000/6/21	110221200006210328	13569299858	13916401539	昌平区天通苑	北京	469	是	2015/9/1
2015160602	徐茜	女	汉族	团员	2000/3/12	110221200003126824	15912763680	15261260255	昌平区锦绣家园	北京	465		2015/9/1
2015160603	董庾旋	女	汉族	团员	1999/9/28	371423199909284120	16810947869	17286207198	怀柔区九渡河镇	河北	435	是	2015/9/1
2015160604	费珊	女	汉族	群众	1999/12/30	110102199912300026	15910687267	17522617868	昌平区安福苑	北京	408	是	2015/9/1
2015160605	赵子佳	女	回族	团员	2000/8/27	220721200008270824	15811680868	18501690868	海淀区白石桥路	北京	415		2015/9/1
2015160606	陈鑫	女	汉族	团员	1999/7/1	110109199907012220	15861317982	13883570699	门头沟区东辛房街	北京	432	是	2015/9/1
2015160607	王陈杰	女	汉族	团员	1999/4/18	110109199904185046	17520213653	13561190772	昌平区南朝镇	北京	368	是	2015/9/1
2015160608	张莉谊	女	汉族	团员	2001/4/21	110221200104212622	16523695832	13221695632	昌平区回龙观	北京	407	是	2015/9/1
2015160609	栗秋泽	女	汉族	团员	2000/1/20	110221200001205918	15010685868	17691018595	昌平区天通苑	北京	422	是	2015/9/1
2015160610	翟相杆湿	男	汉族	团员	2001/2/27	110108200102275303	17901389619	18601528978	昌平区一街	北京	431		2015/9/1
2015160611	戴婷雅	女	汉族	团员	1999/9/21	110221199909218356	17581779801	18329267586	昌平区曹杨	北京	472		2015/9/1
2015160612	佟静文	女	汉族	群众	2000/6/18	110112200006186628	18891261983	13935586756	通州区梨园镇	北京	497	是	2015/9/1
2015160613	何娇雅	女	汉族	团员	2001/9/7	110104200109073058	19521852567	18901632665	海淀区铁西路	北京	536		2015/9/1
2015160614	王梓政	男	汉族	群众	1998/12/7	110109199812071943	15901206406	17681252020	门头沟区石门营	北京	351	是	2015/9/1
2015160615	史雅文	女	汉族	团员	1999/11/16	110111199911168742	15813682637	17910896070	昌平区凤家乡	北京	407	是	2015/9/1
2015160616	张智聪	女	回族	团员	2001/1/27	110108200101273572	13257273869	18966325791	海淀区大牵庄	北京	416		2015/9/1
2015160617	曾欢	女	汉族	团员	2000/8/6	130801200008062724	17501320258	17693380539	昌平区回龙观	河北	405		2015/9/1
2015160618	王昱	女	汉族	群众	2001/3/16	120109200103160026	15816926937	13691372016	昌平区中山口路21号院	天津	439	是	2015/9/1
2015160619	秦梦妍	女	汉族	团员	1999/6/27	110221199906272728	15901736856	13939662687	昌平区宁整苑	北京	431	是	2015/9/1
2015160620	王悦	女	汉族	团员	2000/3/28	110227200003283026	16910956658	13736809190	怀柔区雁栖镇	北京	425	是	2015/9/1
2015160621	张思杰	女	汉族	群众	1999/12/28	220202199912282128	18811967768	18801683219	顺义区建新小区	北京	421	是	2015/9/1
2015160622	奇慧	女	白族	团员	1999/10/8	530103199910083730	13510267356	13910597678	云南省昆明市	云南			2016/3/16
2015160623	阿丽	女	鲜族	团员	1999/4/21	210905199904215426	18210286105	13691165127	辽宁省阜新市	辽宁			2016/3/16

分析任务

1. 排序数据

排序数据可以让所有记录按某种规律重新排列显示，方便查找、分析。在"基本信息"数据表中，数据有字符型、数值型、日期型，每种类型数据的排序规律各不相同。如数字数据（数值型或字符型），是按数字大小排序。其他类型数据的排序，操作完成后，观察显示结果，总结排序规律。

其次，排序还可以将记录分类，比如分为"男""女"两类，这是排序的另一大用途——分类。分类在后面的分类汇总操作中很重要，要先排序，才能分类汇总，否则没有意义。

2. 筛选数据

筛选数据可以查询符合某种条件的记录，多用于查询检索。筛选数据时，筛选条件表达式(不等式)一般写法为："字段名 运算符 字段值"，不同类型数据筛选条件的写法（运算符）不一样。如"中考总分 大于或等于 450""性别 包含 男"。

下面通过操作来学习这些数据管理的工具和使用方法。

完成任务

一、排序"基本信息"的数据

Excel 排序数据可以让所有记录按某种规律重新排列显示，方便查找、分析。排列顺序有两种：从小到大，称为升序↑；从大到小，称为降序↓。

1. 认识排序数据的工具

"工欲善其事，必先利其器"。要想对数据进行快速、准确的排序，必须要了解和认识排序的工具及其用法。排序数据的操作需要打开"数据"选项卡，在"排序和筛选"按钮组中有"升序"按钮、"降序"按钮、"排序"按钮，如图3-1所示。

如果工作表内没有合并的单元格，单击数据表内任意单元格，单击"升序"按钮或"降序"按钮可以直接对数据列中的字段值进行排序操作。如果工作表内有合并的单元格，则需要选中数据表区域，单击"排序"按钮，打开如图3-2所示的"排序"对话框，在对话框中设置排序的条件和要求。

图 3-1 "数据"选项卡的"排序"按钮

图 3-2 "排序"对话框

认识了排序数据的工具、明确了使用方法后，通过具体的题目来进一步熟练掌握排序数据的操作方法，并总结不同数据内容或数据类型的排序规律。

2. 排序单字段数据

（1）排序数字（数值型或字符型）数据

【题目1】将"中考总分"按从高到低的顺序排序，观察学生成绩的分布情况及成绩层次。

★ **步骤1** 选中数据表区域 A3:N31，单击"数据"选项卡"排序"按钮，在打开的"排序"对话框中，选择"主要关键字"为"中考总分"，选择"次序"为"降序"，如图 3-3 所示。

★ **步骤2** 单击"确定"按钮，得到中考总分从高到低的排序结果，如图 3-4 所示。

图 3-3 "排序"对话框排序"中考总分"

学号	姓名	性别	民族	政治面貌	出生日期	家庭住址	户籍	中考总分	是否住宿	入学日期
2015160613	何研雅	女	汉族	团员	2001/9/7	海淀区铁医路	北京	536		2015/9/1
2015160612	佟静文	女	汉族	团员	2000/6/18	通州区梨园镇	北京	497	是	2015/9/1
2015160611	戴婷雅	女	汉族	团员	1999/9/21	昌平区百善镇	北京	472		2015/9/1
2015160601	张文珊	女	汉族	团员	2000/6/21	昌平区天通苑	北京	469	是	2015/9/1
2015160602	徐蕊	女	汉族	团员	2000/3/12	昌平区锦绣家园	北京	465		2015/9/1

图 3-4 "中考总分"降序排序结果

排序后,不是仅"中考总分"一列重新排列,而是所有对应记录跟着一起重新排列,否则就张冠李戴,没有意义。从排序结果中可以看出最高分、最低分及不同分数段的人数和对应的学生,了解本班学生的学习情况。从图 3-4 的排序结果观察、分析出,数字内容的字段值(数值型数据或字符型数据)的排序规律是:按数字的大小顺序排列。

(2)排序文字(字符型)数据

【题目2】将"姓名"按升序排列,观察排序结果,总结排序规律。

★ 步骤3 操作方法与上面相同。排序结果如图 3-5 所示。

从排序结果观察,"姓名"字段按"姓"和"名"的汉语拼音字母顺序 A→Z 的规律排列,若第 1 个字母相同,按第 2 个字母顺序排列,依此类推。由此总结,文字内容的字段值(字符型数据)的排序规律:按字母的前后顺序排列。

其实,文字(字符型数据)还可以用另外一种方式排列,就是笔划多少的顺序排列。如何操作呢?

学号	姓名	性别	民族
2015160623	阿丽	女	鲜族
2015160624	班利娟	女	蒙族
2015160617	曾欢	女	汉族
2015160606	陈鑫	女	汉族
2015160610	崔相籽湜	男	汉族
2015160611	戴婷雅	女	汉族
2015160603	董媛媛	女	汉族
2015160613	何研雅	女	汉族
2015160604	姜珊	女	汉族

图3-5 "姓名"升序排序结果

★ **步骤4** 在"排序"对话框中，选好关键字和次序后，单击"选项"按钮，打开"排序选项"对话框，将"方法"选为"笔划顺序"（Excel默认的顺序是"字母顺序"），如图3-6所示。

★ **步骤5** 单击"确定"两次，即可得到如图3-7所示的姓名笔划顺序的排序结果，笔划少的姓在前，笔划多的姓在后；相同笔划的姓，再比较后面的名，按笔划升序排序，如图3-7所示。所以文字（字符型数据）的另一个排序规律：按笔划的多少顺序排列。

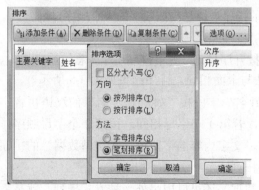

图3-6 "排序选项"对话框设置"笔划顺序"　　图3-7 姓名笔划顺序排序结果

将"姓名"排序有什么用呢?如果人员名单是按姓名排序,那查找姓名就很容易,根据字母顺序位置直接找到姓名,省时省力,简单快捷方便,提高管理效率。奥运会各国家运动员的入场顺序,按国家名称的字母顺序入场,主办国(东道主)国家最后入场。公布各种名单时,比如书籍的作者、领导干部的名单,既可以按照字母顺序,也可以按照笔划顺序排列。

操作练习

1. 将"性别"按降序排列,验证字符型数据的排序规律;
2. 将"政治面貌"按升序排列,验证字符型数据的排序规律。

(3)排序日期型数据

【题目3】将"出生日期"按升序排列,观察排序结果,总结排序规律。

★ **步骤6** 操作方法与上面相同。排序结果如图3-8所示。

学号	姓名	性别	民族	政治面貌	出生日期
2015160624	班利娟	女	蒙族	群众	1998/8/12
2015160614	王梓政	男	汉族	群众	1998/12/7
2015160607	王陈杰	女	汉族	群众	1999/4/18
2015160623	阿丽	女	鲜族	团员	1999/4/21
2015160619	秦梦妍	女	汉族	团员	1999/6/27
2015160606	陈鑫	女	汉族	团员	1999/7/1
2015160611	戴婷雅	女	汉族	团员	1999/9/21
2015160603	董媛媛	女	汉族	团员	1999/9/28
2015160622	奇慧	女	白族	群众	1999/10/8

图3-8 "出生日期"升序排序结果

从排序结果观察,"出生日期"字段是按照年、月、日的顺序分别排序,先按数字大小顺序排列年份,年份相同的排列月份,年月都相同的排列日期,见图3-8。从"出生日期"排序结果可以看出年龄的大小，排在前面的先出生年龄大，排在后面的后出生年龄小。

由此总结日期型数据的排序规律：分别按年、月、日的数字大小顺序排列。

排序的用途很广，明确了不同内容（或不同类型）数据的排序规律后，可以根据需要进行合理的排序，提高检索、查询、管理数据的效率、速度和准确度。

排序一个字段的数据容易操作，那两个字段或更多字段呢？如何排序？

3. 排序双字段数据

【题目4】先按"性别"升序排列，"性别"相同的按"出生日期"降序排列。

用"升序"按钮 或"降序"按钮 只能排序无合并单元格的单字段的数据，遇到两个字段同时排序，这两个按钮不能实现排序要求，需要用排序对话框来完成。

★ 步骤7　选中数据表区域 A3:N31，单击"数据"选项卡" "排序"按钮，在打开的"排序"对话框中，设置第一个排序要求："性别"升序。

★ 步骤8　单击"添加条件"按钮，对话框中显示"次要关键字"，在次要关键字中设置第二个排序要求："出生日期"降序，如图3-9所示，单击"确定"按钮。

图3-9　设置次要关键字

双字段排序结果如图 3-10 所示。从排序结果看出：先按性别升序将学生排序，男生在前，女生在后；性别相同的学生，再按出生日期降序排列，男生的最晚、最早出生日期以及女生的最晚、最早出生日期很直观、很醒目，一目了然，男女生的出生日期分布也很明显。这就是双字段的排序方法和排序结果，以及排序的目的和用途。

学号	姓名	性别	民族	政治面貌	出生日期
2015160610	崔相籽涵	男	汉族	团员	2001/2/27
2015160626	王一帆	男	汉族	团员	2000/5/19
2015160625	秦怀旺	男	满族	群众	1999/12/11
2015160614	王梓政	男	汉族	群众	1998/12/7
2015160613	何研雅	女	汉族	团员	2001/9/7
2015160608	张莉迎	女	汉族	团员	2001/4/21
2015160618	王昱	女	汉族	群众	2001/3/16

图 3-10 双字段排序结果

在这个例子中，可以看出，排序可以将记录分类，比如分为"男""女"两类，这是排序的另一大用途——分类。分类在后面的分类汇总操作中很重要，要先排序，才能分类汇总，否则没有意义。

提示　双字段排序时，主要关键字（第一个排序要求）必须有相同的字段值，将数据记录进行分类；在主要关键字的同类型中，才能进行次要关键字（第二个排序要求）的排序，否则没有意义。

操作练习

1. 先按"政治面貌"降序排序，面貌相同的再按"出生日期"升序排序，观察排序结果，分析排序目的。

2. 先按"民族"升序排序，民族相同的再按"性别"降序排序，观察排序结果，分析排序目的。

3. 自己出一些双字段排序的题目，并操作，观察排序结果，分析排序目的。

所有的排序操作完成后,要按"学号"升序排序,将数据表恢复原状。

二、筛选"基本档案"的数据

当需要在众多的数据记录中搜索、查找某一类记录时,该如何快速、精确地查询到符合条件的记录呢?

Excel 提供了一个相当好用的数据管理工具——筛选数据,可以快速、精确地查询挑选符合各种条件的记录,将不满足条件的记录暂时隐藏,主要用于查询检索。筛选数据有自动筛选和高级筛选两种方式。

1. 认识筛选工具

筛选数据的操作需要打开"数据"选项卡,在"排序和筛选"按钮组中有"筛选"按钮 和"高级"筛选按钮 ,如图 3-11 所示。

图 3-11 "数据"选项卡的"筛选"按钮

选中数据表的表头区域 A3:N3,单击"筛选"按钮 ,如图 3-12 所示,在数据表的表头每个字段名右下角出现筛选按钮 ,进入自动筛选数据状态,单击任意一个字段名的筛选按钮 ,可以选择筛选条件,或者自定义筛选条件。

下面通过具体的筛选任务来学习筛选的操作方法,并学会筛选条件表达式的写法。

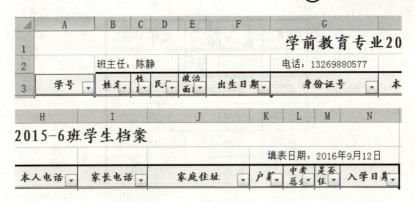

图 3-12　自动筛选数据状态

2. 筛选单字段数据

（1）筛选数字数据（数值型或字符型）

【**题目 5**】筛选中考总分为 450 分以上（含 450）的记录，写出筛选条件表达式。

★ **步骤 9**　在图 3-12 所示的自动筛选状态，单击"中考总分"的筛选按钮，如图 3-13 所示，在菜单中选择"数字筛选"命令中的"大于或等于"，打开如图 3-14 所示的"自定义自动筛选方式"对话框，在对话框中录入筛选条件的字段值"450"，单击确定，得到筛选结果，如图 3-15 所示。

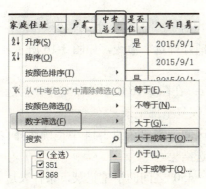

图 3-13　"中考总分"筛选菜单

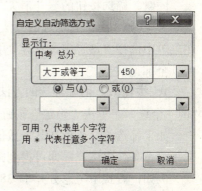

图 3-14　自定义自动筛选方式

户籍	中考总分	是否住	入学日期
北京	469	是	2015/9/1
北京	465		2015/9/1
北京	472		2015/9/1
北京	497	是	2015/9/1
北京	536		2015/9/1

图 3-15 中考总分≥450 的筛选结果

由图 3-14 看出，筛选条件表达式为"中考总分 大于或等于 450"，即筛选表达式(条件不等式)一般写法为：【字段名 运算符 字段值】。

图 3-15 显示，被筛选后的字段，筛选按钮发生变化，变为有漏斗型的按钮，标示此列字段值有筛选结果，跟其他字段区分。筛选结果只显示满足条件的记录，其他记录暂时隐藏。

通过筛选可以得到满足条件的记录，如何恢复全部记录？

★ **步骤 10** 清除筛选的方法一：单击"数据"选项卡"排序和筛选"按钮组的"清除"按钮 清除 ，即可将筛选清除，恢复全部记录，同时，筛选按钮的漏斗消失。

★ **步骤 11** 清除筛选的方法二：单击"中考总分"筛选按钮 ，在菜单中选择"从'中考总分'中清除筛选"命令，如图 3-16 所示，恢复全部记录。

★ **步骤 12** 清除筛选的方法三：在图 3-16 所示的菜单中，勾选 "☑（全选）"，单击"确定"按钮，恢复全部记录。

如果筛选的字段值在某一数值区间，需要在图 3-14 中正确选择、书写筛选条件表达式，即可得到筛选结果。

例如，查找中考总分介于 380～450 之间的学生记录，条件表达式为：380≤中考总分≤450，自定义筛选方式如图 3-17 所示；如果要筛选总分小于380或大于500的记录,自定义筛选方式如图3-18所示。

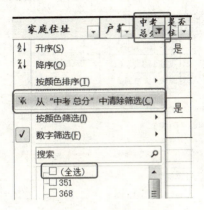

图3-16 清除筛选

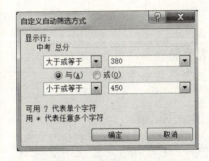

图3-17 筛选380≤中考总分≤450

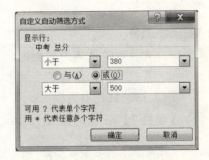

图3-18 筛选中考总分<380,或>500

数值型数据筛选时,还可以在菜单中选择"10个最大的值""高于平均值""低于平均值"等筛选方式。

(2)筛选文字数据(字符型)

【题目6】查找姓"王"的学生记录,写出筛选条件表达式。

提示

字符型数据的筛选条件运算符应该选"包含",字符型数据筛选条件的写法:【字段名"姓名""包含""某个字"】。

★ **步骤13** 筛选方式如图3-19所示。

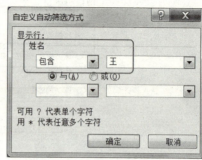

图3-19 筛选姓"王"的记录

操作练习

1. 查找少数民族的学生记录，写出筛选条件表达式；
2. 查找非京户籍的学生记录，写出筛选条件表达式。

（3）筛选日期型数据

【题目7】筛选2000年以后出生的学生记录。

> 日期型数据的条件写法：①年月日写完整；②分界日理解正确（包含或不包含）。
>
> 分析：2000年以后，就是2000年1月1日之后出生的，含2000年1月1日；或者1999年12月31日之后出生的，不含1999年12月31日。
>
> 日期型条件写法：
>
> "出生日期　在以下日期之后或与之相同　2000年1月1日"
>
> 或者：
>
> "出生日期　在以下日期之后　1999年12月31日"

★ 步骤14 筛选方式如图3-20所示。

 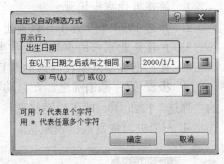

图3-20 筛选2000年以后出生的学生记录

日期型数据筛选方式还可以选择天、周、月、季度、年等多种方式。

操作练习

1. 查找2000年9月1日（不含9月1日）之前出生的学生记录，写出筛选条件表达式；
2. 查找2016年以后入学的学生记录，写出筛选条件表达式；
3. 筛选双字段数据。

【题目8】筛选女团员记录。

提示

分别用两个字段，筛选两次。两个字段的筛选顺序，对结果没有影响。双字段筛选是筛选两个字段的交集。

★ 步骤15 在"性别"字段中筛选"女"，在筛选结果中继续从"政治面貌"中筛选"团员"，两次筛选后的结果，就是女团员的记录。

★ 步骤16 清除筛选。单击"清除"按钮 清除，即可将两次筛选都清除，恢复全部记录。

105

操作练习

1. 筛选男住宿生记录;
2. 筛选 1999 年 9 月 1 日以前出生的女生;
3. 户籍是北京市的少数民族学生记录;
4. 自己出一些双字段筛选的题目,并操作,观察筛选结果。

★ **步骤 17** 撤销筛选。在自动筛选状态,单击"数据"选项卡的"筛选"按钮 ,即可撤销筛选状态,表头每个字段名右下角的筛选按钮消失,恢复数据表原状。

归纳总结

1. 不同内容(或不同类型)数据的排序规律,如表 3-1 所示。

表 3-1 不同内容(或不同类型)数据的排序规律

数据内容或类型	数字 (数值型或字符型)	文字 (字符型)	日期型
排序规律	数字大小顺序	字符的字母前后顺序 或笔划多少顺序	分别按年、月、日 的数字大小顺序

2. 不同类型数据筛选表达式(条件不等式)的写法,如表 3-2 所示。

表 3-2 不同类型数据筛选表达式(条件不等式)的写法

数据内容 或类型	数字 (数值型或字符型)	文字 (字符型)	日期型
一般写法	字段名　运算符　字段值		
运算符	等于,不等于, 大于,大于或等于, 小于,小于或等于,介于	包含,不包含	在以下日期之后或与之相同, 在以下日期之前, 介于
应用举例	中考总分　大于或等于　450	户籍　包含　北京 民族　不包含　汉	出生日期　在以下日期之前 1999/9/1

完成各项操作后,填写表 3-3 所示的评价表。

表 3-3 "排序、筛选学生档案"评价表

评价模块	学习目标	评价项目		自评
专业能力	1. 管理 Excel 文件：打开、保存、关闭文件			
	2. 排序数据	单字段排序	数字排序操作、规律	
			文字排序操作、规律	
			日期排序操作、规律	
		双字段排序		
		撤销排序，恢复数据表原状		
	3. 筛选数据	单字段筛选	数值型数据筛选	
			数值区间筛选：与条件、或条件	
			字符型数据筛选	
			日期型数据筛选	
			会写筛选表达式（条件不等式）	
		双字段筛选		
		撤销筛选，恢复全部记录		
	4. 正确上传文件			

评价模块	评价项目	自我体验、感受、反思		
可持续发展能力	自主探究学习、自我提高、掌握新技术	□很感兴趣	□比较困难	□不感兴趣
	独立思考、分析问题、解决问题	□很感兴趣	□比较困难	□不感兴趣
	应用已学知识与技能	□熟练应用	□查阅资料	□已经遗忘
	遇到困难，查阅资料学习，请教他人解决	□主动学习	□比较困难	□不感兴趣
	总结规律，应用规律	□很感兴趣	□比较困难	□不感兴趣
	自我评价，听取他人建议，勇于改错、修正	□很愿意	□比较困难	□不愿意
	将知识技能迁移到新情境解决新问题，有创新	□很感兴趣	□比较困难	□不感兴趣
社会能力	能指导、帮助同伴，愿意协作、互助	□很感兴趣	□比较困难	□不感兴趣
	愿意交流、展示、讲解、示范、分享	□很感兴趣	□比较困难	□不感兴趣
	敢于发表不同见解	□敢于发表	□比较困难	□不感兴趣
	工作态度，工作习惯，责任感	□好	□正在养成	□很少
成果与收获	实施与完成任务	□☺独立完成	□☺合作完成	□☹不能完成
	体验与探索	□☺收获很大	□☺比较困难	□☹不感兴趣
	疑难问题与建议			
	努力方向			

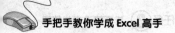

复习思考

1. 排序数据的用途很广,首先是_____,其次是_____。
2. 如何进行双字段排序?对"主要关键字"有何要求?
3. 筛选数据有哪几种方法?
4. 筛选结果显示了满足条件的记录,其余记录呢?
5. 筛选双字段数据,两个字段的筛选顺序对结果有何影响?
6. 筛选双字段数据,是筛选两个字段的_____。
7. 如果需要筛选多个"或"条件,需要使用_____筛选,此时自动筛选能实现吗?

拓展实训

制作样文所示的商品销售表,设置各部分格式。按要求进行排序和筛选。

流水号	商品名称	类别	单位	销售日期	单价	数量	金额
\multicolumn{8}{c}{4S店 2016年1月 销售记录表}
1	汽车方向盘套	内饰	个	2016/1/15	¥120.00	2	¥240.00
2	真皮钥匙包	用品	个	2016/1/15	¥88.00	3	¥264.00
3	脚垫	内饰	套	2016/1/15	¥150.00	2	¥300.00
4	真皮钥匙包	用品	个	2016/1/16	¥88.00	5	¥440.00
5	颈枕	用品	个	2016/1/16	¥99.00	4	¥396.00
6	门腕	改装产品	个	2016/1/16	¥25.00	4	¥100.00
7	汽车方向盘套	内饰	个	2016/1/17	¥120.00	3	¥360.00
8	颈枕	用品	个	2016/1/17	¥99.00	2	¥198.00
9	装饰条	改装产品	个	2016/1/17	¥26.00	8	¥208.00
10	擦车拖把	清洁用品	个	2016/1/17	¥25.00	3	¥75.00
11	真皮钥匙包	用品	个	2016/1/17	¥88.00	1	¥88.00
12	汽车方向盘套	内饰	个	2016/1/18	¥120.00	1	¥120.00
13	擦车毛巾	清洁用品	条	2016/1/18	¥10.00	2	¥20.00
14	雨刮水105ml	清洁用品	瓶	2016/1/18	¥7.00	2	¥14.00
15	高压洗水枪	清洁用品	个	2016/1/19	¥68.00	1	¥68.00
16	香水座	香水系列	个	2016/1/19	¥68.00	1	¥68.00

（1）按"商品名称"的升序排序。
（2）按"销售日期"的降序排序。
（3）按"类别"的升序排序，类别相同的按"销售日期"的升序排序。
（4）按"销售日期"的升序排序，日期相同的按"单价"降序排序。
（5）按"数量"升序排序，数量相同的按"金额"降序排序。
（6）筛选单价大于或等于88元的商品。
（7）筛选类别包含"用品"的商品。
（8）筛选2016年2月18日及以后销售的商品。
（9）筛选销售数量超过4（含4）以上的商品。
（10）筛选销售数量少于4（不含4）、单位"个"的商品。
（11）筛选销售金额大于或等于300元的商品。

扩充提高

高 级 筛 选

高级筛选和自动筛选一样，也是用来筛选数据的。高级筛选不显示字段的筛选按钮，而是在数据表中单独的条件区域中键入筛选条件，系统会根据条件区域中的条件进行筛选。

例如：筛选男住宿生记录。

★ 步骤1 在数据表空白处，录入筛选条件：如图3-21所示，条件区域与数据清单至少留一个空白行或空白列，筛选条件的字段名必须与数据表中的字段名完全相同，条件中的字段值必须是数据表中的字段值。

★ 步骤2 录入好筛选条件后，单击"数据"选项卡"排序和筛选"组的"高级"筛选按钮，打开"高级筛选"对话框，如图3-22所示，在对话框的"列表区域"选择整个数据表区域 A3:N31，在对话框的"条件区域"选择录入好的条件区域 P4:Q5，单击"确定"

按钮，筛选结果如图 3-23 所示。

图 3-21 筛选条件　　　　　　　图 3-22 高级筛选对话框

	A	B	C	D	E	F	J	K	L	M	N
1			学前教育专业2015-6班学生档案								
2		班主任：陈静						填表日期：2016年9月12日			
3	学号	姓名	性别	民族	政治面貌	出生日期	家庭住址	户籍	中考总分	是否住宿	入学日期
17	2015160614	王梓政	男	汉族	群众	1998/12/7	门头沟区石门营	北京	351	是	2015/9/1
28	2015160625	秦怀旺	男	满族	群众	1999/12/11	山东省济南市	山东		是	2016/9/10
29	2015160626	王一帆	男	汉族	团员	2000/5/19	山东省菏泽市	山东		是	2016/9/10

图 3-23 高级筛选"男住宿生"结果

★ **步骤 3**　清除高级筛选。单击"清除"按钮 ，即可将高级筛选都清除，恢复全部记录。

高级筛选如果只筛选 1~2 个"与"条件时，与自动筛选相同，没有显出高级筛选的优势；当筛选多个条件，尤其是多个"或"条件时，就能发挥出高级筛选的优势，而且是自动筛选无法实现的筛选。在"任务 7 统计分析成绩单——筛选补考名单"中将会详细体验高级筛选的用法。

任务 4 分类汇总学生档案

1. 分类汇总的含义和功能；
2. 分类汇总的种类；
3. 分类汇总的操作方法；
4. 统计、控制汇总结果的方法。

能力目标

1. 能按要求进行数据分类汇总；
2. 会统计、控制汇总结果；
3. 能运用分类汇总的方法解决工作、生活中数据统计、分析的问题。

学习重点

1. 分类汇总的含义、功能、种类；
2. 分类汇总的操作方法；
3. 统计、控制汇总结果的方法。

Excel 2010 提供了很多管理、分析数据的工具，如数据排序、筛选、分类汇总等。用户可以通过这些管理数据的方式，得到需要的结论或者数据。本任务以"基本信息"数据表为例，学习分类汇总数据的基本方法，认识这些数据管理工具的功能、作用和应用。

打开文件"学前 2015-6 档案.xlsx"的"基本信息"工作表，按要求对不同数据进行分类汇总，记录汇总结果。

学前教育专业2015-6班学生档案

班主任：陈静　　　　　　　电话：13269880577　　　　　　　填表日期：2016年9月12日

学号	姓名	性别	民族	政治面貌	出生日期	身份证号	本人电话	家长电话	家庭住址	户籍	中考总分	是否住宿	入学日期
2015160601	张文珊	女	汉族	团员	2000/6/21	110221200006210328	13569299858	13916401539	昌平区天通苑	北京	469	是	2015/9/1
2015160602	徐 菡	女	汉族	团员	2000/3/12	110221200003126824	15912763680	15261260255	昌平区锦绣家园	北京	465		2015/9/1
2015160603	董幾幾	女	汉族	团员	1999/9/28	371423199909284120	16810947869	17286207198	怀柔区九渡河镇	河北	435	是	2015/9/1
2015160604	姜 珊	女	汉族	群众	1999/12/30	110102199913200026	15910587267	17522617868	昌平区安福苑	北京	408	是	2015/9/1
2015160605	赵子佳	女	回族	团员	2000/8/27	220721200008270824	15811680868	18501690868	昌平区白石桥路	北京	415		2015/9/1
2015160606	陈 鑫	女	汉族	团员	1999/7/1	110109199907012220	15861317982	13883570699	门头沟区东平房街	北京	432	是	2015/9/1
2015160607	王陈杰	女	汉族	团员	1999/4/18	110221199904185046	17520213653	13561190772	昌平区南邵镇	北京	368	是	2015/9/1
2015160608	张莉亚	女	汉族	团员	2001/4/21	110221200104212622	16523595832	13221695632	昌平区回龙观	北京	407	是	2015/9/1
2015160609	梁秋萍	女	汉族	团员	2001/1/20	110221200001205918	16791018596	17691018655	昌平区回龙观	北京	422	是	2015/9/1
2015160610	崔相籽源	男	汉族	团员	2001/2/27	110108200102275303	17901389619	18601528978	昌平区一街	北京	431		2015/9/1
2015160611	戴厚雅	女	汉族	团员	1999/9/21	110221199909218356	17581779801	18329267586	昌平区百善镇	北京	472		2015/9/1
2015160612	任静文	女	汉族	团员	2000/6/18	110112200006186628	18911261983	13935586756	通州区梨园镇	北京	497	是	2015/9/1
2015160613	何研衡	女	汉族	团员	2001/9/7	110104200109073058	19521852567	18901632665	海淀区铁医路	北京	536		2015/9/1
2015160614	王祥政	男	汉族	团员	1998/12/7	110109199812071943	15901206406	17681252020	门头沟区石门营	北京	351	是	2015/9/1
2015160615	史雅文	女	汉族	群众	1999/11/16	110111199911168742	15813682637	17910896076	房山区良乡	北京	407	是	2015/9/1
2015160616	张智聪	女	汉族	回族	2001/1/27	110108200101273572	13257273869	18963325791	海淀区永泽庄	北京	416		2015/9/1
2015160617	曹 欢	女	汉族	团员	2000/8/6	130301200008062724	17501320258	17693380539	昌平区回龙观	河北	405		2015/9/1
2015160618	王 昱	男	汉族	团员	2001/3/16	120109200103160026	15816926937	13691372016	昌平区中山口路21号院	天津	439	是	2015/9/1
2015160619	秦梦妍	女	汉族	团员	1999/6/27	110221199906272728	15901736856	13939662687	昌平区宁馨苑	北京	431	是	2015/9/1
2015160620	王 悦	女	汉族	团员	2000/3/28	110221200003283026	16910596658	13736809190	怀柔区雁栖镇	北京	425	是	2015/9/1
2015160621	张思杰	女	汉族	团员	1999/12/28	220202199912282128	18811967768	18801683219	顺义区建新小区	北京	421	是	2015/9/1
2015160622	奇 慧	女	白族	群众	1999/10/8	530103199910083730	13510267536	13910597678	云南省昆明市	云南			2016/3/16
2015160623	阿 画	女	鲜族	团员	1999/4/21	210905199904215426	18210286105	13691165127	辽宁省阜新市	辽宁		是	2016/3/16

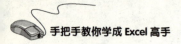

1. 分类汇总数据

在 Excel 中，用户可以根据字段名来创建数据组，并进行分类汇总。分类汇总是对数据清单进行数据分析的一种方法。

分类汇总将数据按指定的字段进行分类，利用汇总函数统计同一类别数据的有关信息，并在工作表中分节显示统计、计算的结果，多用于统计、分析、汇总。

2. 分类汇总的类型

分类汇总数据时，汇总的目的和方式不全一样，汇总的内容可以由用户指定。分类汇总的种类包括：分类统计个数（统计同一类记录的记录条数）；分类计算（对某些数据字段求和、求平均值、求极值等）。

3. 嵌套分类汇总

在数据表中对一个字段的数据进行分类汇总后，再对该数据表的另一个字段进行分类汇总，即构成了分类汇总的嵌套。嵌套分类汇总是一种多级的分类汇总。

下面通过操作来学习分类汇总的工具和使用方法。

完成任务

分类汇总"基本信息"的数据

分类汇总将数据按指定的字段进行分类，利用汇总函数统计同一类别数据的有关信息，并在工作表中分节显示统计、计算的结果，多用于统计、分析、汇总。

1. 分类统计个数

【题目1】按性别分类，分别统计男住宿生、女住宿生、男生、女生的人数。

分析题目要求，从题目中可以看出：

① 分类的字段是性别，所以先按"性别"排序，分成男生和女生两类；

② 汇总的方式是计数（统计个数就是"计数"）；

③ 汇总的项目有两项。"性别"字段按男生、女生两类分别统计个数，"是否住宿"字段按男生、女生两类分别统计住宿个数。

采用分类汇总的方法很容易实现。操作方法如下。

★ **步骤1** 选择数据区域，按分类字段排序。

选中数据表区域 A3:N31，先按"性别"升序排序，进行分类，分成男生和女生。

★ **步骤2** 打开分类汇总对话框。

继续选中数据表区域 A3:N31，单击"数据"选项卡"分级显示"按钮组中的"分类汇总"按钮，打开"分类汇总"对话框，如图 4-1 所示。

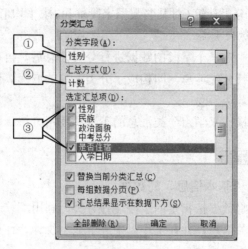

图 4-1 分类汇总对话框

★ **步骤3** 选择分类字段，汇总方式，汇总项。

在对话框中：①"分类字段"选"性别"；②"汇总方式"选"计数"；③"选定汇总项"选"性别""是否住宿"两项，其余无关的项目前面不要勾选，单击"确定"按钮，分类汇总结果如图 4-2 所示。

由此可知，分类字段：就是排序字段；
汇总方式：只能选一种；
汇总项：可多选，同类型。

★ **步骤4** 观察，统计汇总结果。

数据表中的分类汇总结果如图 4-2 所示，显示了按"性别"分类后统计"性别""是否住宿"个数的结果：男生共计 4 人，男住宿生 3 人；女生共计 24 人，女住宿生 18 人；总计人数 28 人，总住宿生人数 21 人。

任务 ④ 分类汇总学生档案

> 图中隐藏了 12~28 行、G~I 列,否则记录太多,会显示不全。

	A	B	C	D	E	F	J	K	L	M	N
1			学前教育专业2015-6班学生档案								
2		班主任:陈静							填表日期:2016年9月12日		
3	学号	姓名	性别	民族	政治面貌	出生日期	家庭住址	户籍	中考总分	是否住宿	入学日期
4	2015160610	崔相杼温	男	汉族	团员	2001/2/27	昌平区一街	北京	431		2015/9/1
5	2015160614	王梓政	男	汉族	团员	1998/12/7	门头沟区石门营	北京	351	是	2015/9/1
6	2015160625	秦怀旺	男	满族	群众	1999/12/11	山东省济南市	山东		是	2016/9/10
7	2015160626	王一帆	男	汉族	团员	2000/5/19	山东省菏泽市	山东		是	2016/9/10
8			男 计数	4					3		
9	2015160601	张文珊	女	汉族	团员	2000/6/21	昌平区天通苑	北京	469	是	2015/9/1
10	2015160602	徐蕊	女	汉族	团员	2000/3/12	昌平区锦绣家园	北京	465		2015/9/1
11	2015160603	董媛媛	女	汉族	团员	1999/9/28	怀柔区九渡河镇	河北	435	是	2015/9/1
29	2015160623	阿丽	女	鲜族	团员	1999/4/21	辽宁省阜新市	辽宁		是	2016/3/16
30	2015160624	班荣慧	女	蒙族	群众	1998/8/12	内蒙古包头市	内蒙古		是	2016/3/16
31	2015160627	徐雅芳	女	汉族	团员	2000/6/10	山东省菏泽市	山东		是	2016/9/10
32	2015160628	张珍	女	汉族	团员	2000/9/5	山东省青岛市	山东		是	2016/9/10
33			女 计数	24					18		
34			总计数	28					21		

图 4-2 分类汇总结果

图 4-2 中,行号左侧是分类汇总控制区域。每个控制按钮对应一个汇总行,在上方控制区顶端对应分级显示符号 1 2 3 。

★ **步骤 5** 控制、保存汇总结果。

使用 + 和 - 可以显示或隐藏单个分类汇总的明细行。

(1) - 按钮表示该组中的数据处于显示状态;单击 - 按钮,则折叠(隐藏)该组中的数据,只显示分类汇总结果,同时该按钮变成 + ;

(2) + 按钮表示该组中的数据处于隐藏(不显示)状态;单击 + 按钮,则展开该组中的数据,显示该组中的全部数据,同时该按钮变成 - ;

(3) 单击分类汇总控制区顶端的分级显示数字按钮 1 或 2 ,只显示该级别的分类汇总结果,便于快速查看数据。

分类汇总的统计和计算完成了,可以把汇总的结果保存在另一个工作表中。如何把原数据表中的汇总结果删除呢?

★ **步骤6** 删除分类汇总结果。

选中数据表和汇总结果区域 A3:N34,单击"数据"选项卡"分级显示"按钮组中的"分类汇总"按钮，在打开的"分类汇总"对话框中,单击"全部删除"按钮,即可删除全部分类汇总结果,恢复到分类汇总前的状态。

按"学号"升序排序,将数据表恢复原状。

操作练习

按"政治面貌"分类,分别统计不同政治面貌的学生人数、不同政治面貌的住宿生人数。

2. 分类计算

分类计算的方法与上面相同,计算的项目(汇总方式)有:求和、平均值、最大值、最小值等。

操作练习

1. 按"性别"分类,分别计算男生、女生的"中考总分"的平均分(见图4-3)。

2. 按"政治面貌"分类,分别计算不同政治面貌的"出生日期"的最小值(见图4-4)。

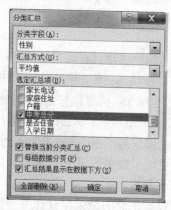

图4-3 "性别"分类汇总"平均值"

图4-4 "政治面貌"分类汇总"最小值"

3. 嵌套分类汇总

在数据表中对一个字段的数据进行分类汇总后,再对该数据表的另一个字段进行另一种汇总方式,即构成了分类汇总的嵌套。嵌套分类汇总是一种多级的分类汇总。

【题目2】按"性别"分类,分别计算男生、女生的"中考总分"的平均分、最高分。

分析题目要求,从题目中可以看出:

① 分类的字段是性别,所以先按"性别"排序,分成男生和女生两类。

② 汇总的方式是:平均值、最大值。

提示　分类汇总一次只能选一种汇总方式,无法实现同时进行两种汇总计算,必须进行嵌套分类汇总。嵌套分类汇总是一种多级的分类汇总。先分类汇总"平均值",再对汇总结果嵌套汇总"最大值"。

③ 汇总的项目:"中考总分"。按男生、女生两类分别统计"中考总分"的平均分、最高分。

采用嵌套分类汇总的操作方法如下。

★ 步骤1　选择数据区域,按分类字段排序。

选中数据表区域 A3:N31,先按"性别"升序排序,然后进行分类,分成男生和女生。

★ 步骤2　打开分类汇总对话框。

继续选中数据表区域 A3:N31,单击"数据"选项卡"分级显示"按钮组中的"分类汇总"按钮,打开"分类汇总"对话框,如图 4-3 所示。

★ 步骤3　选择分类字段,第一种汇总方式,汇总项。

在对话框中:①"分类字段"选"性别";②第一种"汇总方式"选"平均值";③"选定汇总项"选"中考总分",其余无关的项目前面不要勾选,单击"确定"按钮,第一次分类汇总"平均值"结果如图 4-5 所示。

	A	B	C	D	E	F	J	K	L	M	N
1	学前教育专业2015-6班学生档案										
2		班主任:陈静						填表日期:2016年9月12日			
3	学号	姓名	性别	民族	政治面貌	出生日期	家庭住址	户籍	中考总分	是否住宿	入学日期
4	2015160610	崔相籽浸	男	汉族	团员	2001/2/27	昌平区一街	北京	431		2015/9/1
5	2015160614	王梓政	男	汉族	群众	1998/12/7	门头沟区石门营	北京	351	是	2015/9/1
6	2015160625	秦怀旺	男	满族	群众	1999/12/11	山东省济南市	山东		是	2016/9/10
7	2015160626	王一帆	男	汉族	团员	2000/5/19	山东省菏泽市	山东		是	2016/9/10
8			男 平均值						391		
9	2015160601	张文珊	女	汉族	团员	2000/6/21	昌平区天通苑	北京	469	是	2015/9/1
10	2015160602	徐蕊	女	汉族	团员	2000/3/12	昌平区锦绣家园	北京	465		2015/9/1
11	2015160603	董媛媛	女	汉族	团员	1999/9/28	怀柔区九渡河镇	河北	435	是	2015/9/1
12	2015160604	姜珊	女	汉族	群众	1999/12/30	昌平区安福苑	北京	408	是	2015/9/1
13	2015160605	赵子佳	女	回族	群众	2000/8/27	海淀区白石桥路	北京	415		2015/9/1
32	2015160628	张珍	女	汉族	团员	2000/9/5	山东省青岛市	山东		是	2016/9/10
33			女 平均值						435.26		
34			总计平均值						431.05		

图 4-5 第一次分类汇总"平均值"结果

★ **步骤 4** 选择数据区域,打开分类汇总对话框。

选中数据表和汇总结果区域 A3:N34,单击"数据"选项卡"分类汇总"按钮,打开"分类汇总"对话框,如图 4-6 所示。

图 4-6 嵌套分类汇总"最大值"

任务 4 分类汇总学生档案

★ **步骤 5**　选择分类字段，嵌套汇总方式，汇总项。

在对话框中：①"分类字段"选"性别"；②嵌套"汇总方式"选"最大值"；③"选定汇总项"选"中考总分"，其余无关的项目前面不要勾选；④取消"☐替换当前分类汇总(C)"复选框的勾选；⑤单击"确定"按钮，嵌套分类汇总"最大值"后的结果如图 4-7 所示。

	A	B	C	D	E	F	J	K	L	M	N
1	学前教育专业2015-6班学生档案										
2	班主任：陈静							填表日期：2016年9月12日			
3	学号	姓名	性别	民族	政治面貌	出生日期	家庭住址	户籍	中考总分	是否住宿	入学日期
4	2015160610	崔相籽漫	男	汉族	团员	2001/2/27	昌平区一街	北京	431		2015/9/1
5	2015160614	王桦政	男	汉族	群众	1998/12/7	门头沟区石门营	北京	351	是	2015/9/1
6	2015160625	秦怀旺	男	满族	群众	1999/12/11	山东省济南市	山东		是	2016/9/10
7	2015160626	王一帆	男	汉族	团员	2000/5/19	山东省菏泽市	山东		是	2016/9/10
8			男 最大值						431		
9			男 平均值						391		
10	2015160601	张文珊	女	汉族	团员	2000/6/21	昌平区天通苑	北京	469	是	2015/9/1
11	2015160602	徐蕊	女	汉族	团员	2000/3/12	昌平区锦绣家园	北京	465		2015/9/1
12	2015160603	董媛媛	女	汉族	团员	1999/9/28	怀柔区九渡河镇	河北	435	是	2015/9/1
13	2015160604	姜珊	女	汉族	群众	1999/12/30	昌平区安福苑	北京	408	是	2015/9/1
14	2015160605	赵子佳	女	回族	群众	2000/8/27	海淀区白石桥路	北京	415	是	2015/9/1
33	2015160628	张珍	女	汉族	团员	2000/9/5	山东省青岛市	山东		是	2016/9/10
34			女 最大值						536		
35			女 平均值						435.26		
36			总计最大值						536		
37			总计平均值						431.05		

图 4-7　嵌套分类汇总"最大值"结果

★ **步骤 6**　观察，统计嵌套汇总结果。

数据表中的两次（嵌套）分类汇总结果如图 4-7 所示，显示了按"性别"分类后，分别统计男生、女生"中考总分""最高分、平均分"、总计"最高分、平均分"的结果。"最高分"是嵌套在"平均分"之内的。

★ **步骤 7**　控制、保存嵌套汇总结果。

使用 ➕ 和 ➖ 可以显示或隐藏单个分类汇总的明细行。

控制区顶端的分级显示数字按钮，比第一次分类汇总"平均值"结果图 4-5 所示，多了一个级别 1 2 3 4，多出来的就是嵌套分类汇总"最大值"后的结果。单击控制区顶端的分级显示数字按钮 1 或 2 或 3，显示对应级别的分类汇总结果，便于快速查看数据。

嵌套分类汇总——男生、女生"中考总分""最高分、平均分"的统计和计算完成了，可以把汇总结果保存在另一个工作表中。

★ **步骤 8** 删除嵌套分类汇总结果。

选中数据表和所有汇总结果区域 A3:N37，单击"数据"选项卡"分类汇总"按钮，在对话框中，单击"全部删除"按钮，即可删除全部分类汇总结果（含嵌套汇总），恢复到分类汇总前的状态。

按"学号"升序排序，将数据表恢复原状。

> **提示**　如果需要对多个数据表进行分类汇总，需要采用合并计算或者数据透视表/透视图的方法。

操作练习

按"政治面貌"分类，分别计算不同政治面貌的"出生日期"的最大值、最小值。

归纳总结

总结分类汇总的操作流程：

① 选择数据区域，按分类字段排序→分类；

② 打开分类汇总对话框；

③ 选择分类字段【排序字段】、汇总方式【只能选 1 种】、汇总项【可多选，同类型】；

④ 统计、控制、保存汇总结果；

⑤ 删除分类汇总结果，恢复数据表原状。

 评价反馈

完成各项操作后,填写表 4-1 所示的评价表。

表 4-1 "分类汇总学生档案"评价表

评价模块	学习目标	评价项目		自评
专业能力	1. 管理 Excel 文件:打开、保存、关闭文件			
	2. 分类统计个数	选择数据区域,按分类字段排序		
		打开分类汇总对话框		
		选择分类字段,汇总方式,汇总项		
		得到正确的汇总结果		
		观察、统计、控制、保存汇总结果		
		删除分类汇总结果,将数据表恢复原状		
	3. 分类计算	选择数据区域,按分类字段排序		
		打开分类汇总对话框,选择分类字段,汇总方式,汇总项		
		观察、统计、控制、保存汇总结果		
		删除分类汇总结果,将数据表恢复原状		
	4. 嵌套分类汇总	选择数据区域,按分类字段排序		
		打开分类汇总对话框,选择分类字段,第一种汇总方式,汇总项		
		得到正确的第一次分类汇总结果		
		选择数据区域,打开分类汇总对话框		
		选择分类字段,嵌套汇总方式,汇总项		
		观察、统计、控制、保存嵌套汇总结果		
		删除分类汇总结果,将数据表恢复原状		
	5. 正确上传文件			

评价模块	评价项目	自我体验、感受、反思		
可持续发展能力	自主探究学习、自我提高、掌握新技术	□很感兴趣	□比较困难	□不感兴趣
	独立思考、分析问题、解决问题	□很感兴趣	□比较困难	□不感兴趣
	应用已学知识与技能	□熟练应用	□查阅资料	□已经遗忘
	遇到困难,查阅资料学习,请教他人解决	□主动学习	□比较困难	□不感兴趣
	总结规律,应用规律	□很感兴趣	□比较困难	□不感兴趣

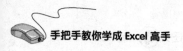

续表

评价模块	评价项目	自我体验、感受、反思		
可持续发展能力	自我评价，听取他人建议，勇于改错、修正	□很愿意	□比较困难	□不愿意
	将知识技能迁移到新情境解决新问题，有创新	□很感兴趣	□比较困难	□不感兴趣
社会能力	能指导、帮助同伴，愿意协作、互助	□很感兴趣	□比较困难	□不感兴趣
	愿意交流、展示、讲解、示范、分享	□很感兴趣	□比较困难	□不感兴趣
	敢于发表不同见解	□敢于发表	□比较困难	□不感兴趣
	工作态度，工作习惯，责任感	□好	□正在养成	□很少
成果与收获	实施与完成任务	□☺独立完成	□☺合作完成	□☹不能完成
	体验与探索	□☺收获很大	□☺比较困难	□☹不感兴趣
	疑难问题与建议			
	努力方向			

复习思考

1. 分类汇总的功能和用途分别是什么？
2. 分类汇总有哪几种类型？
3. 分类汇总之前，首先要将数据按指定的字段进行_____，目的是为了_____。
4. 打开分类汇总对话框，进行选择：

分类字段：_____；

汇总方式：_____；

汇总项：_____。

5. 分类汇总结果显示：行号左侧是分类汇总_____。每个控制按钮对应一个_____，在上方控制区顶端对应_____。
6. 数据表中的分类汇总结果，____按钮表示该组中的数据处于显示状态；____按钮表示该组中的数据处于隐藏、不显示状态。
7. 删除分类汇总结果，要先选中数据表和_____，单击"分类汇总"对话框的_____按钮。
8. 总结分类汇总的操作流程。

9. 分类汇总一次只能选一种汇总方式。因此无法实现同时进行两种汇总计算，必须进行_____。

10. 嵌套分类汇总是一种多级的分类汇总，在原来分类汇总的结果基础上，再进行多次_____，并且不能_____。

制作样文所示的商品销售表，设置各部分格式。按要求进行分类汇总。

样文

	A	B	C	D	E	F	G	H	I
1			4S店 2016年1月 销售记录表						
2	流水号	商品名称	类别	单位	销售日期	单价	数量	金额	
3	1	汽车方向盘套	内饰	个	2016/1/15	¥120.00	2		
4	2	真皮钥匙包	用品	个	2016/1/15	¥88.00	3		
5	3	脚垫	内饰	套	2016/1/15	¥150.00	2		
6	4	真皮钥匙包	用品	个	2016/1/16	¥88.00	5		
7	5	颈枕	用品	个	2016/1/16	¥99.00	4		
8	6	门腕	改装产品	个	2016/1/16	¥25.00	4		
9	7	汽车方向盘套	内饰	个	2016/1/17	¥120.00	3		
10	8	颈枕	用品	个	2016/1/17	¥99.00	2		
11	9	装饰条	改装产品	个	2016/1/17	¥26.00	8		
12	10	擦车拖把	清洁用品	个	2016/1/17	¥25.00	3		
13	11	真皮钥匙包	用品	个	2016/1/17	¥88.00	1		
14	12	汽车方向盘套	内饰	个	2016/1/18	¥120.00	1		
15	13	擦车毛巾	清洁用品	条	2016/1/18	¥10.00	2		
16	14	雨刮水105ml	清洁用品	瓶	2016/1/18	¥7.00	2		
17	15	高压洗水枪	清洁用品	个	2016/1/19	¥68.00	1		
18	16	香水座	香水系列	个	2016/1/19	¥68.00	1		

"类别"分类 / "销售日期"分类 / "商品名称"分类 / "类别"分类,统计个数

（1）按"类别"分类，分别计算不同类别商品的"数量""金额"的总和。

（2）按"销售日期"分类，分别计算不同日期的"数量""金额"的最大值。

（3）按"商品名称"分类，分别计算不同商品的"数量""金额"的最小值。

（4）按"类别"分类，分别统计每种类别的商品名称的个数。

任务 5 公式计算工资表

知识目标

1. 工资表的组成、各数据的含义及其关系；
2. 分析数据运算的数学含义的方法；
3. Excel 公式的表达方式；
4. 使用四则运算的公式计算各数据的操作方法；
5. 在 Excel 中解决数学问题的思维方法和实施步骤及方法；
6. 复制公式的方法、设置数据格式的方法；
7. 函数的数学含义、语法格式、使用方法；
8. 利用函数计算工资表各数据的方法；
9. 保护工作表的方法。

能力目标

1. 能说出工资表的组成、各数据的含义及其关系；
2. 会设计制作工资表；能设置工资表各部分格式；
3. 会分析数据运算的数学含义，会将数学公式转化为 Excel 公式表达式；
4. 能利用 Excel 公式进行四则运算，计算工资表中应发工资、公积金、工资税、实发工资等项目；
5. 能在 Excel 中解决数学问题；
6. 会复制公式，设置数据的数字格式；

7.会使用函数计算工资表各数据；
8.能设置工作表保护。

学习重点

1. 数据运算的数学意义；Excel 公式的表达式；
2. Excel 公式计算的操作方法；复制 Excel 公式；
3. 在 Excel 中解决数学问题的思维方式；
4. 公式计算的操作流程。

Excel 除了进行数据管理以外，还有很强大、很完善的数据运算功能，可以利用公式或函数对数据进行各种四则运算、简单运算或复杂运算，解决日常办公、财务、金融、商业、经济等各种领域的各类数据运算问题。

本任务以"员工工资表"为例，学习 Excel 2016 的公式计算方法，领略 Excel 快速、高效、准确的数据运算功能，体验在 Excel 中解决数学问题的思维方式和实施步骤及方法，实现快速、高效的办公自动化。

掌握了 Excel 的数据运算方法，可以在工作中、生活中及各领域灵活地解决各种数学问题。

本任务分为两部分：
5.1 设计、制作、美化工资表；
5.2 公式计算工资表。

5.1 设计、制作、美化工资表

工资表是财务管理中最基本的应用，除了基本的设计制表、管理数据、美化格式外，还要进行大量的数据运算，用 Excel 的公式可以很方便地对各项数据进行计算、汇总或简单的统计分析。

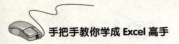

在 Excel 2016 中设计制作某单位 2018 年 12 月的"员工工资表"。工资表标签、标题及各部分数据如作品所示,设置工作表各部分格式及页面格式。

	A	B	C	D	E	F	G	H	I	J	K	L	M	N	O	P
1						某单位	2018年12月	员工工资表								
2															2018年12月8日	
3	编号	姓名	基本工资	岗位工资	补贴	加班费	出勤奖励	应发工资	住房公积金	养老保险	医疗保险	失业险	应税所得额	个人所得税	扣工会会费	实发工资
4	001	孙 媛	8000	2000	800	1000	300									
5	002	刘志翔	9000	2200	900	1000	300									
6	003	桂 君	16000	4000	1600	1800	500									
7	004	阎媛媛	6000	1500		300	-250									
8	005	肖 涛	8000	2000	800		-150									
9	006	王李龙	9000	2200	900											
10	007	宣 喆	9500	2300	950											
11	008	杨志明	12000	3000	1200	700	100									
12	009	朱 丹	9000	2200	900	550										
13	010	尹雪飞	6000	1500		800	-550									
14	011	李 俊	12000	3000	1200											
15	012	黄 锦	10000	2500	1000		-500									
16	013	李贞慧	8000	2000	800	900										
17	014	景东片	13000	3200	1300	750	-150									
18	015	郑 奕	9000	2200	900		-250									
19	016	刘 彤	8000	2000	800											
20	017	王立新	14000	3500	1400	1200										
21	018	汪彩戊	9000	2200	900		-200									
22	019	赵仁荣	9000	2200	900	800										
23	020	裴立辉	12000	3000	1200	750	-150									
24		合计														
25				制表人:					审核:					主管领导:		

工资汇总 / 补贴 / 加班费 / 出勤奖励 / 年终奖 / 年假统计

分析任务

1. 工资表的组成。此工资表由标题、日期、数据表、制表信息四部分组成。其中只有数据表有表格线。

2. 工资表中"编号"的字段值是文本格式,单元格左上角的绿色小三角是文本格式的标记。需要先将单元格设置为文本格式,然后录入以零开头的数字,可以填充文本格式的数字序列。

3. 工资表中"出勤奖励"的数值,如果是扣款,直接录入负数。

4. 工资表中"应发工资"之后的所有字段不能录入数据,要根据

任务 ⑤ 公式计算工资表

已知数据通过计算得到。

以上分析的是工资表的基本组成部分、数据表和字段值的特殊情况，下面按工作过程完成设计、制作、美化工资表所有的操作和设置。

完成任务

1. 另存、命名文件：将文件保存在 D 盘自己姓名的文件夹中，文件名为"201812 工资表.xlsx"。

2. 文件中 6 页工作表标签依次分别更名为"工资汇总""补贴""加班费""出勤奖励""年终奖""年假统计"。

3. 按作品录入数据，"编号"的字段值为文本格式，其他数字都是数值型数据。朗读数据，检查核对，确保无误。

4. 标题格式为：合并居中、垂直居中、楷体 16 号加粗，行高 30（50 像素）。

5. 日期格式：宋体 10 号，位置如作品所示。

6. 数据表文字格式

① 表头格式：楷体 10 号加粗，垂直居中，水平居中，自动换行，自动调整行高。

② 字段值格式：所有数据区域 A4:O24，宋体 11 号，垂直居中；"编号"的字段值水平居中；"姓名"列宽 5.5，字段值水平分散对齐；其他数值保持默认的水平右对齐。

③ 所有字段值、"合计"的行高 20，调整适当的列宽。

7. 制表人一行格式：宋体 12 号，行高 30，垂直底端对齐。

8. 数据表边框线格式：内框 0.5 磅细线（1 磅约等于 0.03527 厘米，后同）；外框 1.5 磅粗线；分隔线 0.5 磅细双线，如作品所示。

9. 数据表底纹格式："应发工资" H3:H23 设置浅绿色，"应税所得额" M3:M23 设置浅黄色，"实发工资" P3:P23 设置浅蓝色。

10. 页面格式：A4 纸横向，页边距为，上下 1.4 厘米，左右 1.2 厘米，页眉页脚 0.8 厘米；数据表在页面水平方向居中。页脚插入页码"第 1 页，共 ? 页"。设置标题、日期、表头（前 3 行）为打印标题行。

11. 根据预览效果，调整数据表整体布局，使工资表在一页 A4

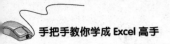

纸内完全显示。保存文件。

5.2 公式计算工资表

数据的运算、管理、统计、分析都可借助 Excel 的强大计算功能来进行，使工作精确、高效、快速、省时省力。本任务将通过"公式计算工资表"学习 Excel 的重要功能：公式计算功能。学会此项技能，可以在 Excel 中进行数据的各种四则运算,胜任数据处理工作,在 Excel 中解决各种数学问题。

打开文件"201812 工资表.xlsx"，利用 Excel 公式计算工资表中的应发工资、住房公积金、养老保险、医疗保险、失业险、应税所得额、个人所得税、扣工会会费、实发工资、合计等项目，设置数据格式。并对工资表进行保护设置。

任务 ⑤ 公式计算工资表

分析任务

工资表中的具体项目根据各企业的薪酬制度而定。本任务将工资表的结构简化为基本工资、岗位工资、补贴、加班费、出勤奖励、应发工资、住房公积金、……个人所得税、扣工会会费、实发工资等项目，其中"应税所得额"是为了方便计算"个人所得税"而设计的。这些项目中，基本工资、岗位工资、补贴、加班费、出勤奖励是已知数据，其余的需要计算。工资表各项目（字段）的含义如下。

1. "应发工资"是理论上的所有收入。

应发工资＝基本工资＋岗位工资＋补贴＋加班费＋出勤奖励（负数表示扣款）

2. "五险一金"，是指用人单位给予劳动者的几种保障性待遇的合称，"五险"指五种保险，包括养老保险、医疗保险、失业保险、工伤保险和生育保险；"一金"指住房公积金。其中养老保险、医疗保险、失业保险，这三种保险和住房公积金是由企业和个人共同缴纳的保费，工伤保险和生育保险完全由企业承担，个人不需要缴纳。

自 2014 年起，北京社会保险缴费年度调整为每年 7 月 1 日至次年 6 月 30 日，"五险一金"缴纳基数为上一年度每月税前工资的平均值，本地和外地城镇户口的"五险一金"缴纳比例如表 5-1 所示。

表 5-1 2014 年北京"五险一金"缴纳比例（本地和外地城镇户口）

项目	养老保险	医疗保险	失业保险	工伤保险	生育保险	住房公积金
企业缴纳比例	20%	10%+大额互助 1%	1%	0.2%～2%	0.8%	12%
个人缴纳比例	8%	2%+3 元	0.2%	0	0	12%

3. "个人所得税"是公民依法向国家缴纳的个人收入所得税。缴纳个人所得税是收入达到缴纳标准的公民应尽的义务。按国家税法的要求，职工的工资个人所得税需要缴纳的金额由企业在发放工资时，予以扣除，代替个人上缴给国家税务机关。

新个税法于 2019 年 1 月 1 日起施行，2018 年 10 月 1 日至 2018

年12月31日，先提高起征点至5000元，并施行新的税率。

居民个人的综合所得，以每一纳税年度的收入额减除费用6万元以及专项扣除、专项附加扣除和依法确定的其他扣除后的余额，为应纳税所得额。专项扣除包括居民个人按照国家规定的范围和标准缴纳的基本养老保险、基本医疗保险、失业保险等社会保险费和住房公积金等；专项附加扣除包括子女教育、继续教育、大病医疗、住房贷款利息和住房租金等支出。

应税所得额=月收入－五险一金－起征点5000－专项附加扣除－依法确定的其他扣除

"个人所得税"是应税所得额按不同税率分段扣除。

个人所得税＝应税所得额×适用税率－速算扣除数

"个人所得税"的税率：

（1）综合所得，适用3%～45%的超额累进税率，如表5-2所示。

表5-2 个人所得税税率表一（综合所得适用，按月换算后）

级数	全月应纳税收入额（含税所得额）	税率	速算扣除数
1	不超过3000元的部分	3%	0
2	超过3000元至12000元的部分	10%	210
3	超过12000元至25000元的部分	20%	1410
4	超过25000元至35000元的部分	25%	2660
5	超过35000元至55000元的部分	30%	4410
6	超过55000元至80000元的部分	35%	7160
7	超过80000元的部分	45%	15160

（2）经营所得，适用5%～35%的超额累进税率[个人所得税税率表二(经营所得适用)，略]。

（3）利息、股息、红利所得，财产租赁所得，财产转让所得和偶然所得，适用比例税率，税率为20%。

本任务只计算居民工资、薪金所得，不计算经营、利息、股息、红利、财产租赁、财产转让和偶然所得。

4. 工会会费是工会组织开展各项活动所需要的费用。

工会会员每月应向工会组织缴纳本人每月基本收入 0.5%的会费。工资尾数不足 10 元的不计交会费。只要企业发给的是"工资",而不是发的奖金、津贴或补贴,就应按本人所得的工资收入计算缴纳会费。会员缴纳的会费,全部留在基层,用于工会开展活动,无须上交。

5. 实发工资就是从应发工资中扣除所有扣款剩余的部分。

实发工资=应发工资-(五险一金)- 个人所得税-工会会费

理解和明确这些数据关系,才能准确应用 Excel 公式和函数,保证数据运算的精确。数据计算是严谨的工作,不能马虎,绝不能出错。对计算结果、对这项工作,操作者要有很强的责任心。

以上分析的是工资表中各字段的含义及相互之间的关系,下面按工作过程完成工资表中所有字段值的计算和格式设置。

一、使用加法公式计算"应发工资"

首先以"应发工资"为例,体会 Excel 公式计算的思维方法和操作流程。

1. 应用加法公式计算"应发工资"

(1)算法分析(数学含义)

应发工资=基本工资+岗位工资+补贴+加班费+出勤奖励(负数表示扣款)

"出勤奖励"字段中负数表示扣款,所以可以直接进行加法运算,使计算简化、简便、易操作。

(2)转化为 Excel 公式表达式(用单元格表示) 孙媛的应发工资:

H4=C4+D4+E4+F4+G4

(3)输入 Excel 公式的操作方法 单击 H4 选中(结果所在的单元格)→关闭汉字输入法,用英文状态输入"= C4+D4+E4+F4+G4"

131

→检查无误后,回车**确认**。如图 5-1 所示。

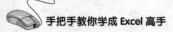

图 5-1 输入孙媛"应发工资"的公式

① 公式的输入必须以"="开头;否则认为是字符。
② 公式中的所有字符都是英文状态输入。
③ 公式中的"单元格 C4"可以单击此单元格完成录入,所有的运算符需要用键盘输入。

(4)确认或取消 在单元格编辑栏左侧有三个按钮:✕表示取消;✓表示确认,相当于回车;fx表示插入函数。如图 5-2 所示。

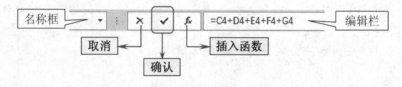

图 5-2 单元格编辑按钮

在电脑操作中,尤其是数据运算时,前期的头脑思考、思维分析很重要。分析正确,操作很简单,畅通无阻,准确无误;分析错误,全部操作都是前功尽弃。所以数据运算时,算法分析非常重要,不能忽视,算法是决定成败的关键。

(5)修改与删除 如果输入公式错误,可选中错误单元格,在编辑栏中修改;或者双击错误的单元格,在单元格内修改。

删除错误公式。单击选中单元格,单击键盘上的 Delete 键(删除键),可将错误公式删除。

任务 5 公式计算工资表

(6) 观察公式及结果

① 回车确认之后，计算结果放在什么地方？公式留在什么地方？目的是什么？

回车确认之后，H4 单元格中出现公式计算的结果，而公式保留在编辑栏中。如图 5-3 所示。计算结果放在单元格，使数据更直观，而公式留在编辑栏，便于检查、核对、修改、编辑。

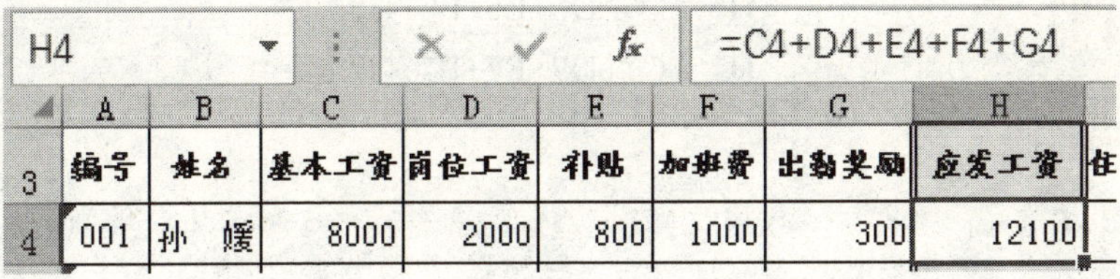

H4			×	✓	fx	=C4+D4+E4+F4+G4	
	A	B	C	D	E	F	G	H
3	编号	姓名	基本工资	岗位工资	补贴	加班费	出勤奖励	应发工资
4	001	孙媛	8000	2000	800	1000	300	12100

图 5-3 孙媛应发工资 H4 的计算结果

② 如果更改原始数据，仔细观察结果的变化，得出什么结论？

如果更改原始数据，回车确认后，H4 单元格中的计算公式会自动重新计算，得到新的计算结果，这就是 Excel 自动更新功能。

(7) 思考问题　其余人的"应发工资"怎么计算？是一个个用公式吗？

显然不是，Excel 提供了复制公式的功能，利用复制公式，使相同规则的运算变得简单、快捷、准确，下面学习复制公式的方法。

2. 使用填充柄复制公式

(1) 复制公式的前提条件：如果同一列或同一行的数据算法完全相同，可以复制公式。

(2) 复制公式方法：利用填充柄复制公式。

因为所有员工的应发工资的算法都是相同的，因此，可以将孙媛的应发工资 H4 的公式复制到每个人。

(3) 操作方法

★ 步骤 1　选中已输入正确公式的单元格 H4；

★ 步骤 2　鼠标放在单元格右下角的"填充柄"[黑色小方块]上，

鼠标变成黑色十字；

★ 步骤 3　按住左键（复制的功能），向下拖动鼠标（鼠标一直是黑色十字），直到最后一个需要计算的单元格为止，松手；

★ 步骤 4　复制公式完成后，单击任意单元格，检查编辑栏中的公式是否正确。

H5＝C5+D5+E5+F5+G5

H6＝C6+D6+E6+F6+G6

H7＝C7+D7+E7+F7+G7

……

复制公式后，一定要逐个检查复制的公式是否正确，严把质量关；否则后续会产生错误。

从"应发工资"的思考、分析、计算、操作过程，学会了 Excel 公式计算的流程：

算法分析→转化为 Excel 公式表达式→输入公式→复制公式→检查核对→……

下面以同样的思维方式和操作步骤，计算工资表的其他项目。

二、使用乘法公式计算"三险一金"

① "三险一金"的个人缴纳比例参照表 5-1 计算，其中北京市职工和单位月缴存住房公积金上限 2018 年 7 月后均为 3048 元，每年年中调整一次。

② 为简化、方便计算，假设缴纳基数为本月的应发工资。

1. 计算"住房公积金"

（1）"住房公积金"算法分析　住房公积金＝应发工资×12%。

（2）转化为 Excel 公式表达式　I4＝H4*0.12。

任务 5 公式计算工资表

（3）输入乘法公式　单击 I4→输入"＝H4*0.12"→检查无误后，回车确认。

"住房公积金"的计算过程、乘法公式、计算结果如图 5-4 所示。

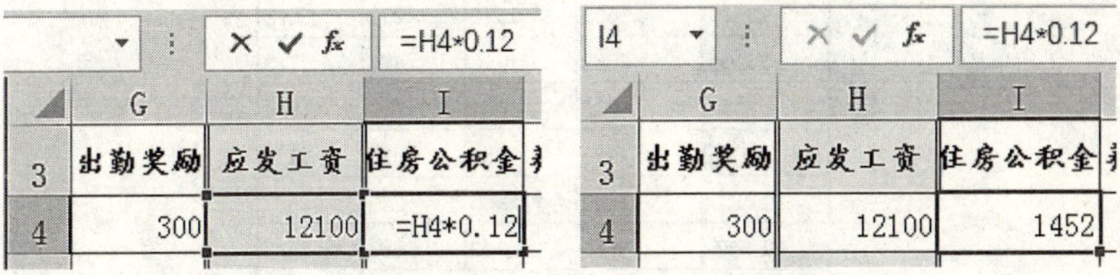

	G	H	I
3	出勤奖励	应发工资	住房公积金
4	300	12100	=H4*0.12

	G	H	I
3	出勤奖励	应发工资	住房公积金
4	300	12100	1452

图 5-4　乘法公式计算"住房公积金"及计算结果

（4）复制公式　计算、检查完成后，利用填充柄将 I4 的公式复制到每个人。

（5）检查核对　逐个检查每人的"住房公积金"公式是否正确，严把质量关，避免产生错误，养成质量监督、检查、控制的意识。

2. 计算"养老保险""医疗保险""失业险"

"三险"的算法会吗？与"住房公积金"是同样的道理和过程。

（1）"养老保险"算法分析　养老保险＝应发工资×8%。

（2）Excel 公式表达式　J4＝H4*0.08。

（3）输入乘法公式　单击 J4 → 输入"＝H4*0.08"→检查无误后，回车确认。

（4）复制公式　计算、检查完成后，利用填充柄将 J4 的公式复制到每个人。

（5）检查核对　逐个检查每个单元格的公式是否正确，严把质量关，避免产生错误。

同理："医疗保险"K4＝H4*0.02＋3；"失业险"L4＝H4*0.002。

"失业险"的乘法公式、计算结果、复制结果如图 5-5 所示。

发现问题　"失业险"的公式复制完成之后，发现单元格内计算结果的数据，小数位数长短不一，参差不齐。怎么处理？

	H	I	J	K	L
3	应发工资	住房公积金	养老保险	医疗保险	失业险
4	12100	1452	968	245	24.2
5	13400	1608	1072	271	26.8
6	23900	2868	1912	481	47.8
7	7550	906	604	154	15.1
8	10650	1278	852	216	21.3
9	12100	1452	968	245	24.2
10	12750	1530	1020	258	25.5
11	17000	2040	1360	343	34

图 5-5　"失业险"计算结果

职业意识　遇到数据的小数位数长短不一、参差不齐时，要根据数据表的实际情况设置统一的小数位数。对于工资表设置 2 位小数合适（金额数据以"元"为单位，两位小数表示精确到"分"）。

3. 设置单元格数字格式：数字 2 位小数格式

设置方法　选中需要设置格式的数据区域 L4:L23→单击"开始"选项卡"数字"组的数字格式按钮 常规 的右箭头→选"数字"（2 位小数），如图 5-6 所示。

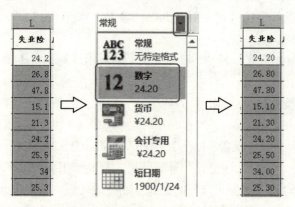

图 5-6　设置"失业险"为"数字"2 位小数格式

三、使用减法公式计算"应税所得额"

2018年10月1日至2018年12月31日,个人所得税的起征点是5000元,计算个人所得税之前,先要知道应税所得额,才能决定纳税的对应税率,因为不同的应税所得额,纳税税率是不一样的,如表5-2所示。

(1)"应税所得额"算法分析

应税所得额=月收入－五险一金－起征点5000－专项附加扣除－依法确定的其他扣除

(2)Excel公式表达式　M4＝H4－I4－J4－K4－L4－5000。

(3)输入减法公式　单击M4→输入"＝H4－I4－J4－K4－L4－5000"→检查无误后,回车确认。

(4)复制公式　计算、检查完成后,其他人的"应税所得额"算法和规律与M4相同,所以利用填充柄将M4的公式复制到每个人。

(5)检查核对　逐个检查每个单元格的公式是否正确,严把质量关。

(6)设置格式　设置"应税所得额"区域的数字格式为"数字2位小数",如图5-7所示。

	I	J	K	L	M
3	住房公积金	养老保险	医疗保险	失业险	应税所得额
4	1452	968	245	24.20	4410.80
5	1608	1072	271	26.80	5422.20
6	2868	1912	481	47.80	13591.20
7	906	604	154	15.10	870.90
8	1278	852	216	21.30	3282.70
9	1452	968	245	24.20	4410.80

图5-7 "应税所得额"计算公式、结果及数字格式

四、利用条件判断函数IF()分段计算"个人所得税"

2018年10月1日至2018年12月31日,个人所得税的起征点是

5000元，超出部分的纳税税率如表5-2所示。

（1）"个人所得税" 算法分析

个人所得税＝应税所得额×适用税率－速算扣除数

根据表5-2"个人所得税税率表一（综合所得适用，按月换算后）"可得不同"应税所得额"的"个人所得税"，算法如表5-3所示。

表5-3 "个人所得税"算法

级数	"应税所得额"M4数值	"个人所得税"N4计算公式
0	M4≤0	N4＝0
1	0＜M4≤3000	N4＝M4*0.03
2	3000＜M4≤12000	N4＝M4*0.10－210
3	12000＜M4≤25000	N4＝M4*0.20－1410
4	25000＜M4≤35000	N4＝M4*0.25－2660
5	35000＜M4≤55000	N4＝M4*0.30－4410
6	55000＜M4≤80000	N4＝M4*0.35－7160
7	M4＞80000	N4＝M4*0.45－15160

"个人所得税"根据"应税所得额"分段计算，由图5-7看出，每名员工的"应税所得额"各不相同，而且不在同一个税率范围内，因此不能用同样的比例、同样的公式计算所有人，那怎么办？

每人分别计算不同的比例吗？那公式就不能复制，也不会自动更新了。

（2）Excel函数表达式　Excel提供了条件判断函数IF(　)，来解决分段计算"个人所得税"的问题。因为税率对应的"应税所得额"是分段的，所以需要在IF函数中嵌套IF，具体函数表达式如下：

N4=IF(M4<=0,0,IF(M4<=3000,M4*0.03,IF(M4<=12000,M4*0.1-210, IF(M4<=25000,M4*0.2-1410,IF(M4<=35000,M4*0.25-2660,IF(M4<=55000,M4*0.3-4410,IF(M4<=80000,M4*0.35-7160,M4*0.45-15160)))))))

（3）输入IF（）嵌套函数分段计算"个人所得税"　单击选中N4单元格，将函数表达式录入到N4编辑栏中，如图5-8所示，回车确认即可得到孙媛的"个人所得税"。

| N4 | | ✕ | ✓ | fx | =IF(M4=0,0,IF(M4<=3000,M4*0.03,IF(M4<=12000,M4*0.1-210,IF(M4<=25000,M4*0.2-1410,IF(M4<=35000,M4*0.25-2660,IF(M4<=55000,M4*0.3-4410,IF(M4<=80000,M4*0.35-7160,M4*0.45-15160))))))) |

	F	G	H	I	J	K	L	M	N	O	P
3	加班费	出勤奖励	应发工资	住房公积金	养老保险	医疗保险	失业险	应税所得额	个人所得税	扣工会会费	实发工资
4	1000	300	12100	1452	968	245	24.20	4410.80	231.08		

图 5-8　条件判断 IF（）嵌套函数分段计算"个人所得税"公式及结果

（4）复制函数　多层嵌套、分段按不同税率计算"个人所得税"的 IF 函数表达式如图 5-8 所示，对每个员工都适用，因此可以复制函数，准确计算每个人的"个人所得税"，并且函数计算结果能自动更新。

计算 N4、检查完成后，其他人的"个人所得税"算法和规律与 N4 相同，所以将 N4 的 IF( )函数复制到每一个人。

（5）检查核对　逐个检查复制的函数表达式是否正确。

（6）设置格式　设置"个人所得税"区域的数字格式为"数字 2 位小数"。

如图 5-8 所示，"个人所得税"计算完成。

五、使用零数处理函数 TRUNC 计算"工会会费"

工会会员每月应向工会组织缴纳本人每月基本收入 0.5%的会费。工资尾数不足十元的不计交会费。

（1）"工会会费"算法分析　工会会费=对（基本工资+岗位工资）舍去个位数*0.005。

（2）Excel 函数表达式　"尾数不足十元不计交会费"，即舍去个位数，可以利用零数处理函数"TRUNC（number，num_digits）舍去指定位数的尾数"计算得到。

舍去个位数，则参数 num_digits 为-1，即舍去整数第 1 位，用 0 替代舍去的部分。

"工会会费"函数表达式如下：
O4=TRUNC（C4+D4，-1）*0.005

（3）输入 TRUNC 函数及乘法公式计算"扣工会会费"　单击选中 O4 单元格，将函数表达式录入到 O4 编辑栏中，如图 5-9 所示，回车确认即可得到孙媛的"扣工会会费"。

	H	I	J	K	L	M	N	O
				f_x	=TRUNC(C4+D4,-1)*0.005			
3	应发工资	住房公积金	养老保险	医疗保险	失业险	应税所得额	个人所得税	扣工会会费
4	12100	1452	968	245	24.20	4410.80	231.08	50

图 5-9　TRUNC 函数及乘法公式计算"扣工会会费"公式及结果

（4）复制函数　"扣工会会费"的函数表达式如图 5-9 所示，对每个员工都适用，因此可以复制函数，准确计算每个人的"扣工会会费"，并且函数计算结果能自动更新。

计算 O4、检查完成后，其他人的"扣工会会费"算法和规律与 O4 相同，所以将 O4 的函数复制到每一个人。

（5）检查核对　逐个检查复制的函数表达式是否正确。

（6）设置格式　设置"扣工会会费"区域的数字格式为"数字 2 位小数"。

	H	I	J	K	L	M	N	O
				f_x	=TRUNC(C4+D4,-1)*0.005			
3	应发工资	住房公积金	养老保险	医疗保险	失业险	应税所得额	个人所得税	扣工会会费
4	12100	1452	968	245	24.20	4410.80	231.08	50.00
5	13400	1608	1072	271	26.80	5422.20	332.22	56.00
6	23900	2868	1912	481	47.80	13591.20	1308.24	100.00
7	7550	906	604	154	15.10	870.90	26.13	37.50
8	10650	1278	852	216	21.30	3282.70	118.27	50.00
9	12100	1452	968	245	24.20	4410.80	231.08	56.00

图 5-10　"扣工会会费"计算公式、结果及格式

如图 5-10 所示,"扣工会会费"计算完成,所有的扣款就计算完了,可以计算"实发工资"了。

六、使用减法公式计算"实发工资"

在应发工资中将所有扣款(三险一金、个人所得税、工会会费)扣除后,剩余的就是实发工资,因此用减法计算"实发工资"。

(1)"实发工资"算法分析

实发工资＝应发工资－三险一金－个人所得税－扣工会会费
　　　　＝应发工资－住房公积金－养老保险－医疗保险－失业险－个人所得税－扣工会会费

(2)Excel 公式表达式　P4=H4－I4－J4－K4－L4－N4－O4。

(3)输入减法公式　单击 P4→输入"=H4－I4－J4－K4－L4－N4－O4"→检查无误后,回车确认。

(4)复制公式　其他人的"实发工资"算法和规律与 P4 相同,所以将 P4 的公式复制到每一个人。

(5)检查核对　逐个检查复制的公式表达式是否正确。

(6)设置格式　设置"实发工资"区域的数字格式为"数字2位小数",如图 5-11 所示。

P4		：	×	✓	f_x	=H4-I4-J4-K4-L4-N4-O4		
	H	I	J	K	L	M	N	O	P
3	应发工资	住房公积金	养老保险	医疗保险	失业险	应税所得额	个人所得税	扣工会会费	实发工资
4	12100	1452	968	245	24.20	4410.80	231.08	50.00	9129.72
5	13400	1608	1072	271	26.80	5422.20	332.22	56.00	10033.98
6	23900	2868	1912	481	47.80	13591.20	1308.24	100.00	17182.96
7	7550	906	604	154	15.10	870.90	26.13	37.50	5807.27
8	10650	1278	852	216	21.30	3282.70	118.27	50.00	8114.43

图 5-11　"实发工资"计算公式、结果及格式

至此,四则运算中的加、减、乘运算都进行了练习,通过工资表以上项目的思考、分析、计算、操作过程,学会了 Excel 四则运算公式表达式的正确书写方法,掌握了公式计算的操作流程和方法。

最后计算工资表中的"合计"。

提示 如果"合计"中的计算项目比较多,如 C24= C4+C5+C6+…+C23,显然用公式方法不是最好。可以使用函数来进行各种数学运算。

七、利用求和函数 SUM( )计算"合计"

求和函数:SUM( ) (连加运算)计算单元格区域中所有数值的和。计算"基本工资的合计"方法如下。

(1)算法分析　合计 C24 ＝ C4+C5+C6+…+C23。
"基本工资"的合计＝ 所有员工的基本工资的总和

(2)Excel 求和函数表达式

　　　　合计 **C24 ＝ SUM (C4:C23)**

　　　　　　　　　函数名　参数(求和的连续数据区域)

表示计算从 C4 开始到 C23 为止的连续区域所有值的和。函数 SUM(C4:C23)中的冒号":"表示从 C4 开始到 C23 为止的连续区域。

(3)插入函数　如图 5-12 所示,单击 C24 选中→单击"公式"选项卡"函数库"中的"自动求和"按钮 ∑ →在编辑栏中出现求和函数"=SUM(C4:C23)" →检查函数及参数是否正确→回车确认。

提示 如果系统自动给出的参数或参数区域不正确,直接在编辑栏中修改,正确后,再回车确认。

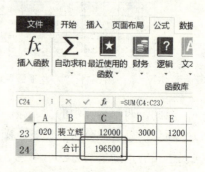

图 5-12　自动求和按钮　　　图 5-13　求和函数 SUM( )计算"合计"

回车确认后,运算结果显示在 C24 单元格中,函数(公式)留在编辑栏中,便于检查校对。如图 5-13 所示。

(4)复制函数 第 24 行其他各项的"合计"算法和规律与 C24 相同,所以可以复制函数,复制函数方法与复制公式方法相同。将 C24 的函数复制到同一行的每一项。

(5)检查核对 逐一检查复制的函数表达式是否正确。如图 5-14 所示。

P24				fx	=SUM(P4:P23)			
	A	B	C	D	E	F	G	H	I
21	018	汪彩成	9000	2200	900		-200	11900	1428
22	019	赵仁荣	9000	2200	900	800		12900	1548
23	020	裴立辉	12000	3000	1200	750	-150	16800	2016
24		合计	196500	48700	18450	10550	-1000	273200	32784

J	K	L	M	N	O	P
952	241	23.80	4255.20	215.52	56.00	8983.68
1032	261	25.80	5033.20	293.32	56.00	9683.88
1344	339	33.60	8067.40	596.74	75.00	12395.66
21856	5524	546.40	112489.60	7495.26	1226.00	203768.34

图 5-14 复制求和函数及计算结果、格式

(6)设置格式。将计算结果中出现小数的单元格区域 L24:P24,设置数字格式为"数字 2 位小数",如图 5-14 所示。

启发

求和函数是连续区域的连加运算,那"应发工资"的运算 H4 = C4+D4+E4+F4+G4,是否可以采用求和函数呢?可以。

① "应发工资"的求和函数表达式 H4=SUM(C4:G4)。
② 同理"应税所得额"的减法运算 M4=H4-I4-J4-K4-L4-5000。

转化为函数表达式：M4＝H4-SUM(I4:L4)-5000。

③ "实发工资"的减法运算　P4＝H4-I4-J4-K4-L4-N4-O4。

转化为函数表达式：P4＝H4-SUM(I4:L4)-N4-O4 (L4 与 N4 是不连续区域,不能用冒号":"连接)。

至此，工资表的数据全部计算完成了，准确、快速、高效，提高了办公的效率和品质。

检查各项目的运算公式及函数是否准确，打印预览，查看整体效果，检查页面格式及数据表各部分格式、打印选项等设置得是否合适，应该正好一页 A4 纸，保存文件。在"制表人："后面签名。最后，对工资表进行结构保护。

八、保护工作表

为防止用户意外或故意更改、移动或删除重要数据，可以保护工作表或工作簿元素，可以使用或不使用密码。

1. 保护工作表

★ **步骤1**　选定不能更改的单元格（受保护的数据）→单击"开始"选项卡"单元格"组的"格式"按钮→在菜单中选择"锁定单元格"，如图 5-15 所示。

图 5-15　锁定单元格

★ **步骤2** 依次锁定所有受保护的数据单元格。

★ **步骤3** 单击"开始"选项卡"单元格"组的"格式"按钮→在菜单中选择"保护工作表"→打开"保护工作表"对话框,如图5-16所示。

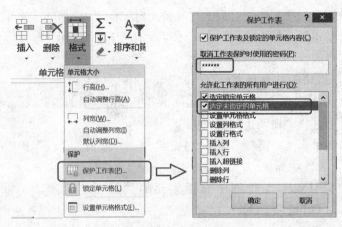

图5-16 保护工作表

或者:锁定所有受保护的数据单元格后,单击"审阅"选项卡"更改"组的"保护工作表"按钮,如图5-17所示,打开"保护工作表"对话框。

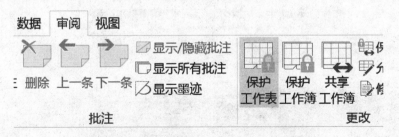

图5-17 "审阅"选项卡"保护工作表"按钮

★ **步骤4** 在对话框的"允许……用户进行"中勾选"☑选定未

锁定的单元格",如图 5-16 所示。

★ 步骤 5　如果要防止其他用户取消工作表保护,在"密码"框中键入密码→单击"确定",然后重新键入密码确认（可以不设置密码）。

设置"保护工作表"后,可以防止对工作表中的信息进行修改。若设定了密码,只有输入此密码才可取消对工作表的保护,并允许进行上述更改。

2. 撤销工作表保护

★ 步骤 6　单击"开始"选项卡"单元格"组的"格式"按钮→在菜单中选择"撤销工作表保护"。

或者单击"审阅"选项卡"更改"组的"撤销工作表保护"按钮。

3. 文件加密

如果 Excel 工作簿中有很重要的数据需要保密,可以采用 Microsoft Office 提供的"文件加密"——为文件设置"打开密码"的措施来进行保密。

★ 步骤 1　单击"文件"→"另存为"。

★ 步骤 2　在"另存为"对话框中,选择保存位置,命名文件名,选择保存类型。再单击"工具"按钮,在列表中单击"常规选项",如图 5-18 所示。

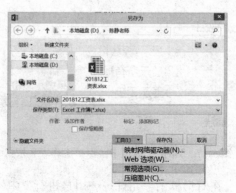

图 5-18　另存为→工具→常规选项

★ **步骤3** 在打开的"常规选项"对话框中,键入"打开权限密码"或"修改权限密码",如图 5-19 所示。

【注意】密码区分大小写。

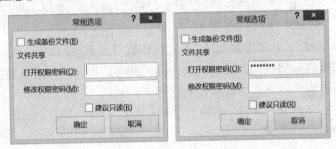

图 5-19 设置工作簿密码

★ **步骤4** 输入密码后,单击"确定"按钮。出现提示时,重新键入密码确认,如图 5-20 所示,单击"确定"。

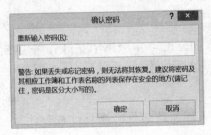

图 5-20 确认密码

★ **步骤5** 单击"保存",如果出现提示,如图 5-21 所示,单击"是"替换已有的工作簿文件。

图 5-21 替换已有的工作簿文件

提示 记住密码很重要。如果忘记了密码,Microsoft 将无法找回。设置工作簿密码的文件,不妨碍文件被删除。
建议将密码保存在安全的地方。

4. 删除或修改文件密码

方法同上,在"常规选项"对话框中选择要删除的密码,按 Delete 键,即可将密码删除。或输入新密码,即可将原密码修改为新密码。单击"保存"→"是"替换已有文件。

1. Excel 四则运算公式表达式的结构

Excel 中的公式由等号、操作数、运算符组成。公式以等号开始,表明之后的字符为公式,紧挨等号的是需要计算的元素(操作数),各项操作数之间用运算符连接。

【例 5-1】

2. Excel 公式计算的思维、分析过程和计算、操作流程

① 算法分析;

② 转化为 Excel 公式表达式;

③ 输入公式;

④ 复制公式;

⑤ 检查核对;

⑥ 设置数据格式。

3. Excel 函数的结构

函数结构:函数名(参数 1,参数 2,……)。函数名是函数的名称,参数可以是常量、单元格引用、表达式等,各个参数之间用逗号

分隔。有的函数可以不带参数。

【例 5-2】求和函数 SUM（）

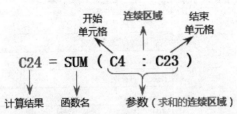

SUM 是求和函数的函数名；括号中的 C4:C23 是参数，表示单元格引用从 C4 开始到 C23 为止的连续区域。

【例 5-3】条件判断函数 IF（）

$$N4 = IF(M4<=3000, M4*0.03, M4*0.1-210)$$

函数名　　条件表达式　　满足条件时的值　　不满足条件时的值

IF 是函数名；括号中有三个参数，之间用逗号分隔。函数功能：根据指定的条件，计算条件为真或假时，返回不同的结果。多用于条件判断或检测。最多可以使用 64 个 IF 函数作为后两个参数进行嵌套，以构造更详尽的测试。

评价反馈

完成各项操作后，填写表 5-4 所示的评价表。

表 5-4 "公式计算工资表"评价表

评价模块	学习目标	评价项目	自评
专业能力	1.管理 Excel 文件：新建、另存、命名、关闭、打开、保存文件		
	2.准确、快速录入数据	新建、更名工作表	
		录入所有数据，设置数据格式，填充序列	
		录入准确率，录入时间	
	3.设置工作表各部分格式	标题格式，日期格式	

续表

评价模块	学习目标	评价项目	自评
		数据表表头格式	
		数据表字段值格式	
		数据表边框底纹格式	
		页面、边距、打印标题行、插入页码	
	4.利用公式计算工资表的各项数据	各数据的算法分析	
		转化为 Excel 公式表达式：四则运算	
		加法公式计算"应发工资"，复制公式	
		乘法公式计算"三险一金"	
		设置单元格的数字格式：2 位小数	
		减法公式计算"应税所得额"	
		条件判断函数 IF( )分段计算"个税"	
		零数处理函数 TRUNC 计算"工会会费"	
		减法公式计算"实发工资"	
	5.求和函数 SUM( )计算合计	求和函数 SUM( )计算"合计"	
		能复制函数，并核对	
	6.根据预览整体效果和页面布局，进行合理修改、调整各部分格式		
	7.保护工作表：锁定单元格，保护工作表，撤销保护		
	8.正确上传文件		

评价模块	评价项目	自我体验、感受、反思		
可持续发展能力	自主探究学习、自我提高、掌握新技术	□很感兴趣	□比较困难	□不感兴趣
	独立思考、分析问题、解决问题	□很感兴趣	□比较困难	□不感兴趣
	应用已学知识与技能	□熟练应用	□查阅资料	□已经遗忘
	遇到困难，查阅资料学习，请教他人解决	□主动学习	□比较困难	□不感兴趣
	总结规律，应用规律	□很感兴趣	□比较困难	□不感兴趣
	自我评价，听取他人建议，勇于改错、修正	□很愿意	□比较困难	□不愿意
	将知识技能迁移到新情境解决新问题，有创新	□很感兴趣	□比较困难	□不感兴趣
社会能力	能指导、帮助同伴，愿意协作、互助	□很感兴趣	□比较困难	□不感兴趣
	愿意交流、展示、讲解、示范、分享	□很感兴趣	□比较困难	□不感兴趣

任务 5 公式计算工资表

续表

评价模块	评价项目	自我体验、感受、反思		
社会能力	敢于发表不同见解	□敢于发表	□比较困难	□不感兴趣
	工作态度，工作习惯，责任感	□好	□正在养成	□很少
成果与收获	实施与完成任务	□☺独立完成	□☺合作完成	□☒不能完成
	体验与探索	□☺收获很大	□☺比较困难	□☒不感兴趣
	疑难问题与建议			
	努力方向			

复习思考

1. Excel 中除法运算会做吗？举例说明，并写出 Excel 表达式。
2. "保护工作簿"有什么功能？如何操作？
3. "保护工作表"与"保护工作簿"有何区别？分别在什么情况下使用？

拓展实训

1. 计算【样文 1】的"通过率"，百分比格式，保留两位小数。写出 Excel 表达式。

样文 1

	A	B	C	D	E	F	G	H	I
1	旅游专业历届考证班--考证情况统计表								
2	年份	2006年	2007年	2008年	2009年	2010年	2011年	2012年	2013年
3	报名人数	54	44	34	61	63	64	65	71
4	考取人数	5	5	12	41	43	24	21	23
5	通过率								

2. 计算【样文 2】"不合格率"，保留 7 位小数。写出 Excel 表达式。

	A	B	C	D	E	F
1			东方电子公司质量统计表			
2	产品名称	编号	生产数量	不合格数量	不合格率	不合格原因
3	UC两相插头	UC-121	3800	130		露芯线
4	三相插头	CH-131	1890	42		缩水、银丝
5	两相插头	CH-121	1680	100		缩水、有融接痕
6	UC三相插头	UC-131	3000	14		端子位置不到位
7	音视频插头	YSP-131	2460	50		端子过长、冲胶
8	五位插座	CZ-5	3000	49		未通过安全测试

3. 计算【样文3】"现存量"，写出 Excel 表达式。

	A	B	C	D	E	F
1			仓库存货表			
2	编号	商品名称	上月库存（台/部）	本月入库（台/部）	本月出库（台/部）	现存量（台/部）
3	SM001	笔记本电脑	100	80	160	
4	SM002	手机	500	400	800	
5	SM003	数码相机	300	0	150	
6	SM004	充电宝	200	600	460	
7	SM005	内存卡	1000	500	710	

4. 计算【样文 4】"每月支出""每月余额"，货币格式；计算各项支出、每月支出、每月余额占收入的比例，百分比格式，保留两位小数。写出 Excel 表达式。

	A	B	C
1		家庭财政收支账单	
2	每月净收入	¥11,265.00	
3	支出项目	九月	占收入的比例
4	房租	¥1,600.00	
5	电话费	¥156.30	
6	水电气网费	¥425.00	
7	有线电视	¥23.00	
8	燃油洗车保险	¥1,783.40	
9	教育医疗费	¥2,263.70	
10	饮食费	¥1,998.00	
11	零散花费	¥1,177.80	
12			
13	每月支出		
14			
15	每月余额		

5. 计算【样文5】的"打折价",货币格式,写出 Excel 表达式。

	A	B	C	D	E	F
1	平价超市销售表					
2	商品	单位	规格	单价	折扣率	打折价
3	五香煮瓜子	袋	1.25千克	¥17.00	80%	
4	可口可乐	瓶	2.5升	¥6.00	70%	
5	鲜橙多	瓶	2升	¥5.50	70%	
6	伊利纯牛奶	袋	1升	¥4.00	95%	
7	色拉油	壶	5升	¥47.00	90%	
8	雪花啤酒	件	12瓶	¥30.00	85%	
9	福德牛肉干	袋	1千克	¥69.00	65%	
10	湾仔码头水饺	袋	720克	¥34.90	95%	
11	清风卷纸	提	10卷	¥28.90	70%	
12	稻花香大米	袋	2.5千克	¥45.00	85%	

6. 计算【样文6】的"利润",货币格式,写出 Excel 表达式。按要求进行分类汇总。

	A	B	C	D	E	F	G
1	华光五店商品销售记录单						
2	年月	商品名称	销售员姓名	数量	进价	零售价	利润
3	2015年10月	创新音箱	李世民	12	120.00	158.00	
4	2015年10月	七喜摄像头	李世民	9	110.00	138.00	
5	2015年10月	COMO小光盘	萧峰	10	1.80	4.20	
6	2015年10月	戴尔1442笔记本电脑	李世民	2	4380.00	4620.00	
7	2015年10月	电脑桌	萧峰	4	75.00	120.00	
8	2015年10月	COMO小光盘	杨过	2	1.80	4.10	
9	2015年10月	明基光盘	杨过	5	1.50	3.50	
10	2015年11月	COMO小光盘	李世民	2	1.80	4.20	
11	2015年11月	COMO小光盘	萧峰	11	1.80	4.20	
12	2015年11月	电脑桌	杨过	3	75.00	120.00	
13	2015年11月	方正MP4	萧峰	5	320.00	380.00	
14	2015年11月	COMO小光盘	李世民	10	1.80	4.20	

(1)按"销售员姓名"分类,分别计算不同销售员的销售"数量""利润"的总和。

(2)按"年月"分类,分别计算不同月份的销售"数量""利润"的总和。

(3)按"商品名称"分类,分别计算不同商品的销售"数量""利润"的总和。

7. 计算【样文7】的"正确速度",保留两位小数。写出 Excel 表达式。

	A	B	C	D	E	F	G	H
1				2014年汉字录入比赛　成绩表				
2								2014年12月11日
3	座号	姓名	专业班级	准确率1(%)	录入速度1(字/分钟)	准确率2(%)	录入速度2(字/分钟)	正确速度(字/分钟)
4	25	张文珊	学2014-3	100%	118	99%	92	
5	26	徐蕊	学2014-3	98%	99	98%	94	
6	4	张宇	汽修13-2	100%	110	98%	79	
7	14	闫雪	学2013-4	97%	94	98%	88	
8	15	杨茜	学2013-4	98%	94	97%	84	
9	17	杜鑫	航空13-3	95%	86	93%	68	

8. 计算【样文8】的"本月电费""本月水费""本月煤气费""本月物业费""合计""总计"等项目,保留两位小数。写出 Excel 表达式。提示:计算"总计"时,所有的"单价"(电费单价、水费单价、煤气单价、物业费单价)不计算"总计"。

	A	B	C	D	E	F	G	H	I	J	K	L	M	N	O
1						阳光花园F座15单元居民月消费表									
2													2015年10月F座15单元		
3	门号	户主姓名	用电度数	电费单价	本月电费	用水吨数	水费单价	本月水费	煤气字数	煤气单价	本月煤气费	建筑面积	物业费单价	本月物业费	合计
4	101	王清洁	980	0.6600		30	4.80		69	3.50		148	2.90		
5	102	林晨	1245	0.6600		42	4.80		72	3.50		180	2.90		
6	103	梁赫文	1090	0.6600		35	4.80		80	3.50		156	2.90		
7	201	付江山	280	0.5483		21	3.20		27	2.50		96	2.10		
8	202	付文华	320	0.5483		19	3.20		35	2.50		75	2.10		
9	203	胡影	390	0.5483		20	3.20		19	2.50		117	2.10		
10	301	付亚楠	400	0.5483		20	3.20		32	2.50		96	2.10		
11	302	乐婷	197	0.5483		18	3.20		20	2.50		75	2.10		
12	303	燕利	310	0.5483		27	3.20		21	2.50		117	2.10		
13	401	龚涛蓉	360	0.5483		20	3.20		32	2.50		96	2.10		
14	402	李担	298	0.5483		23	3.20		30	2.50		75	2.10		
15	403	闫博文	361	0.5483		25	3.20		29	2.50		117	2.10		
16	501	周娜	1025	0.5483		30	3.20		46	2.50		210	2.10		
17	502	张永旭	780	0.5483		32	3.20		52	2.50		165	2.10		
18	503	陈碧玉	1300	0.5483		29	3.20		71	2.50		267	2.10		
19		总计													

9. 计算【样文9】的"累计小时数",保留一位小数。提示:"累计小时数"根据"分钟"分段计时如表5-5所示。写出 Excel 表达式。

计算"停车费"(3元/小时),货币格式。写出 Excel 表达式。

计时停车收费表

车牌号	停车时间	离开时间	累计时间			停车费
			天数	小时	分钟	累计小时数
京A677**1	2016/1/12 8:01	2016/1/12 11:50	0	3	49	
京B696**6	2016/1/13 8:32	2016/1/16 7:13	2	22	21	
川A136**7	2016/1/14 8:50	2016/1/15 13:02	1	4	12	
渝A440**2	2016/1/14 10:38	2016/1/14 19:56	0	9	18	
沪A711**7	2016/1/14 11:07	2016/1/14 13:19	0	2	12	
粤K364**4	2016/1/14 13:45	2016/1/15 9:47	0	20	2	
渝A667**7	2016/1/14 15:16	2016/1/16 15:34	2	0	18	

表 5-5 "分钟"分段计时表

"分钟"F4 数值	计为小时数
F4<15	0
15≤F4<30	0.5
F4≥30	1

Excel 表达式：
累计小时数
G4＝

停车费 H4＝

10. 计算【样文 10】的"销售额"，保留 1 位小数；计算"销售量"和"销售额"的"合计"（提示："单价"不能计算合计，无意义）。

鲜花销售表

日期	经销商	品种	销售量	单价	销售额
2016/5/1	西子花店	玫瑰	890	3.0	
2016/5/2	西子花店	玫瑰	820	2.8	
2016/5/3	西子花店	玫瑰	580	2.5	
2016/5/1	天仙花店	康乃馨	560	1.0	
2016/5/2	天仙花店	康乃馨	610	0.8	
2016/5/3	天仙花店	康乃馨	880	0.6	
2016/5/1	欣欣花店	百合	360	5.0	
2016/5/2	欣欣花店	百合	480	4.0	
2016/5/3	欣欣花店	百合	210	4.0	
2016/5/1	欣欣花店	泰国兰	680	2.0	
2016/5/2	欣欣花店	泰国兰	700	2.0	
2016/5/3	欣欣花店	泰国兰	660	1.8	
2016/5/1	香兰花店	红掌	170	5.0	
2016/5/2	香兰花店	红掌	150	5.0	
2016/5/3	香兰花店	红掌	160	5.0	
		合计			

11. 打开"工资表.xlsx"文件,制作"出勤奖励"工作表【样文11】,计算表中的"全勤奖""出勤奖励"项目,写出 Excel 表达式。

"全勤奖"根据"工龄"分段奖励如表 5-6 所示,病事假每天扣 150 元,迟到每次扣 50 元。

	A	B	C	D	E	F	G	H
1	某单位　　2018年12月　　员工出勤奖励							
2								2018年12月8日
3	编号	姓名	入职时间	工龄	全勤奖	病事假天数	迟到次数	出勤奖励
4	001	孙 媛	2005/9/1	13			2	
5	002	刘志翔	2005/9/1	13			2	
6	003	桂 君	1991/7/1	27				
7	004	闻媛媛	2014/3/1	4		3		
8	005	肖 涛	2007/2/1	11		3	2	
9	006	王李龙	2007/3/1	11		2	2	
10	007	宣 喆	2001/7/1	17		2	2	
11	008	杨志明	2008/7/1	10		1	1	

表 5-6 "全勤奖"分配方案

"工龄"D4 数值	"全勤奖"E4 奖励金额(元)
D4≤1	100
1＜D4≤5	200
5＜D4≤10	300
10＜D4≤20	400
D4＞20	500

Excel 表达式:

全勤奖　E4＝

出勤奖励 H4＝

12. 打开"工资表.xlsx"文件,制作"年终奖"工作表【样文12】,上网查询年终奖的个税计算方法,计算表中员工年终奖的"个人所得税"和"实发年终奖"。写出 Excel 表达式(可以设置中间变量)。

样文 12

	A	B	C	D	E	F	G
1			某单位	2018年度	年终奖励		
2						2018年12月8日	
3	编号	姓名	年终奖励			个人所得税	实发年终奖
4	001	孙 媛	50000				
5	002	刘志翔	50000				
6	003	桂 君	150000				
7	004	闽媛媛	20000				
8	005	肖 涛	50000				
9	006	王李龙	60000				
10	007	宣 喆	70000				
11	008	杨志明	80000				

年终奖的个税计算方法：

年终奖个人所得税
F4＝

实发年终奖 G4＝

13. 打开"工资表.xlsx"文件，制作"年假统计"工作表【样文13】，计算每位员工的工龄、年假天数、实际剩余天数，如果"实际剩余天数"为0，则在备注中填写"休满"。

样文 13

	A	B	C	D	E	F	G	H	I	J	K	L	M	N	O	P	Q	R	S
1				某单位	2018年		员工年假统计表												
2																2018年12月31日			
3	编号	姓名	入职时间	工龄	年假天数	本年度已休假天数										实际剩余天数	备注		
4						1月	2月	3月	4月	5月	6月	7月	8月	9月	10月	11月	12月		
5	001	孙 媛	2005/9/1																
6	002	刘志翔	2005/9/1																
7	003	桂 君	1991/7/1																
21	017	王立新	2001/3/1																
22	018	汪彩成	2012/7/1																
23	019	赵仁荣	2011/9/1																
24	020	裴立辉	1997/7/1																
25		合计																	

提示

① 工龄的计算方法：函数 DATEDIF（起始日期，结束日期，参数）。

即：工龄=DATEDIF(入职日期单元格，NOW( ),"y")，例，孙媛的工龄 D5 =DATEDIF(C5,$P$2,"y")。

② 自 2008 年 1 月 1 日起施行《职工带薪年休假条例》，其中第三条规定：职工累计工作已满 1 年不满 10 年的，年休假 5 天；已满 10 年不满 20 年的，年休假 10 天；已满 20 年的，年休假 15 天。国家法定休假日、休息日不计入年休假的假期。

单位确因工作需要不能安排职工休年休假的，经职工本人同意，对职工应休未休的年休假天数，单位应当按照该职工日工资收入的 300%支付年休假工资报酬。

工资表转化为工资条

如何将 Excel 的工资表转化为每人一张的工资条？在 Excel 中有很多种方法可以实现，如分别选择表头和每行数据为"打印区域"，逐人逐条打印；或者在 Excel 中编写程序，都可以转化为工资条。

还有一种方法，可以更方便、更简单、更快速、更高效地将 Excel 工资表转化为工资条，就是在 Word 中利用邮件合并的功能来实现，简化操作，使用方便。

安装 Excel 小插件《Excel 新增工具集》能将每人的工资条免费发送到员工本人的电子邮箱与手机。

财务报表中的中文大写数字

一、输入中文大写数字

在制作财务报表时，经常要使用中文大写数字。如果逐个输入这样的文字，找字选字会十分麻烦，而且容易出错。

在 Excel 中，可以通过设置单元格的数字格式，快捷且准确地输入中文大写数字，操作方法如下。

打开文件,选择"收费清单"工作表,如图 5-22 所示,将"金额"的数字用中文大写数字填写在"大写金额"单元格中。

	A	B	C	D
1		收费清单		
2	序号	项目	金额	大写金额
3	1	学费	¥2,800	
4	2	教材费（代收）	¥700	
5	3	住宿费（代收）	¥365	
6	4	社会实践费	¥100	
7	5	校服费	¥750	
8	6	饭卡（含押金代收）	¥100	
9	7	被褥费（代收）	¥300	
10	8	材料费（代收）	¥200	
11		合计	¥5,315	

图 5-22 收费清单工作表

★ **步骤 1** 选择需要输入中文大写数字的单元格区域 D3:D11,单击"开始"选项卡"数字"组的对话框按钮,打开"设置单元格格式"对话框,如图 5-23 所示。

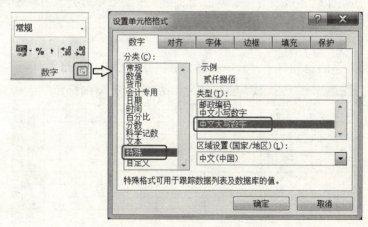

图 5-23 设置"中文大写数字"格式

★ **步骤2** 在对话框的"数字"选项卡"分类:"列表中选择"特殊"选项,在"类型:"列表中选择"中文大写数字",如图5-23所示,单击"确定"按钮。

★ **步骤3** 在需要输入中文大写数字的单元格内,直接输入阿拉伯数字后,按"回车"键,Excel会自动将阿拉伯数字转化为中文大写数字,如图5-24所示。

图5-24 输入阿拉伯数字转换为中文大写数字

二、分添中文大写数字金额

在制作财务报表时,有时需要将金额中的数字分开放置到不同的单元格中,操作方法如下。

打开文件,选择"经费支出汇总表"工作表,如图5-25所示,将"月支出"的金额数字分开填写到金额位数对应的单元格中。

图5-25 经费支出汇总表

任务 5 公式计算工资表

★ 步骤1　单击 F3 单元格，输入公式
"=LEFT(RIGHT(" ￥"&ROUND($E3,2)*100,12-COLUMN(A3)+1))"，如图 5-26 所示。

	A	B	C	D	E	F	G	H	I	J	K	L	M	N
1				2018年度各项经费支出汇总表										
2	序号	季度	部门	项目	季度支出		亿	千万	百万	十万	万	千	佰	拾
3	1	1	人事部	办公费	￥819,676.00									
4	2	1	财务部	办公费	￥53,627.00									

图 5-26　在单元格 F3 中输入公式

★ 步骤2　回车确认后，选中 F3 单元格，鼠标左键按住 F3 右下角的填充柄，向右拖动复制公式，到 Q3 松手，即可获得该行数据的分填效果，如图 5-27 所示。

	A	B	C	D	E	F	G	H	I	J	K	L	M	N	O	P	Q
1				2018年度各项经费支出汇总表													
2	序号	季度	部门	项目	季度支出		亿	千万	百万	十万	万	千	佰	拾	元	角	分
3	1	1	人事部	办公费	￥819,676.00				￥	8	1	9	6	7	6	0	0
4	2	1	财务部	办公费	￥53,627.00												
5	3	1	市场部	设备费	￥98,723,456.32												

图 5-27　数据的分填效果

★ 步骤3　选中 F3:Q3，鼠标左键按住右下角的填充柄，向下拖动复制公式到下面的每行单元格中，使各行获得数据的分填效果，如图 5-28 所示。

	A	B	C	D	E	F	G	H	I	J	K	L	M	N	O	P	Q
1				2018年度各项经费支出汇总表													
2	序号	季度	部门	项目	季度支出		亿	千万	百万	十万	万	千	佰	拾	元	角	分
3	1	1	人事部	办公费	￥819,676.00				￥	8	1	9	6	7	6	0	0
4	2	1	财务部	办公费	￥53,627.00						￥	5	3	6	2	7	0	0
5	3	1	市场部	设备费	￥98,723,456.32		￥	9	8	7	2	3	4	5	6	3	2
6	4	1	客服部	通讯费	￥6,856,780.24			￥	6	8	5	6	7	8	0	2	4
7	5	1	研发部	加班费	￥9,968,727.55												

图 5-28　向下复制公式

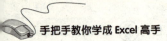

★ **步骤4** 公式复制完成，调整各部分格式，各行数据分填完成的工作表如图5-29所示。

	A	B	C	D	E	F	G	H	I	J	K	L	M	N	O	P	Q
1	2018年度各项经费支出汇总表															
2	序号	季度	部门	项目	季度支出		亿	千万	百万	十万	万	千	佰	拾	元	角	分
3	1	1	人事部	办公费	¥819,676.00					¥	8	1	9	6	7	6	0	0
4	2	1	财务部	办公费	¥53,627.00						¥	5	3	6	2	7	0	0
5	3	1	市场部	设备费	¥98,723,456.32		¥	9	8	7	2	3	4	5	6	3	2
6	4	1	客服部	通讯费	¥6,856,780.24				¥	6	8	5	6	7	8	0	2	4
7	5	1	研发部	加班费	¥9,968,727.55				¥	9	9	6	8	7	2	7	5	5
8	6	1	技术部	差旅费	¥5,975,473.24				¥	5	9	7	5	4	7	3	2	4
9																	
10				总计	¥122,397,740.35	¥	1	2	2	3	9	7	7	4	0	3	5

图5-29 各行数据的分填效果

小数位数与误差

在设计制作、计算、统计各种数据报表时，不能只关注计算公式或函数与结果，还要考虑小数位数、计算精度与误差。数据的小数位数对计算精度有很大影响，中间产生的误差也很大（失之毫厘，谬以千里）；尤其是财务报表，各种原始数据、中间数据与计算结果，不允许有误差（1分钱也不能差），否则会出现对不上账的情况，比如以"万元"为单位和以"元"为单位计算的结果就会大相径庭。

在Excel中，有一类函数是对小数位数进行舍入、舍去的零数处理的函数，如四舍五入与取整，小数升位与小数降位等，它们的数学含义是不一样的，结果差异更大。要认识这些函数，并会合理应用，才能从根源避免或减小误差，或把误差降到最低。零数函数在金额、勤务时间、精准计算等方面应用很广。

一、零数处理函数

零数处理函数见表5-7。

表 5-7 零数处理函数表

序号	函数名	功能	函数表达式
1	INT	向下取整（截去小数）	INT（数值）
2	TRUNC	截去尾部，与 ROUNDDOWN 类似	TRUNC（数值，位数）
3	ROUND	四舍五入	ROUND（数值，位数）
4	ROUNDUP	向上舍入，小数升位	ROUNDUP（数值，位数）
5	ROUNDDOWN	向下舍入，小数降位，和 ROUNDUP 函数相反	ROUNDDOWN（数值，位数）

二、零数处理函数的功能和用法

1. INT 数值向下取整

格式：INT(number)

功能：将数值向下取整为最接近的整数。

参数：number 为要取整的实数。

说明：

（1）数值为正数时，舍去小数部分，返回整数。即截去小数部分，只保留整数部分。例：INT(64.8809)=64。

（2）数值为负数时，返回不大于该数值的最大整数。例：INT(-23.3295)=-24。

2. TRUNC 舍去指定位数的尾数

格式：TRUNC(number, num_digits)

功能：将数字截为整数或保留指定位数的小数。与数值大小无关。

参数：number 为需要截尾操作的数字。

num_digits 指定的小数位数（截尾精度）。如果忽略，为 0，即取整。

提示：TRUNC 函数与 ROUNDDOWN 函数功能相近，区别在于，TRUNC 函数用于取整时，参数中的位数"0"可以省略；而 ROUNDDOWN 函数不能省略参数的位数。

说明：位数和舍去的位置见下表。

位数	舍去的位置
正数 *n*	舍去（截去）小数点后的 *n*+1 位，保留 *n* 位小数
0，省略	舍去小数点后的第 1 位，即舍去小数，取整
负数-*n*	舍去整数第 *n* 位，用 0 替代舍去的部分

TRUNC 函数的应用举例如图 5-30 所示。

F2 =TRUNC($D$2, E2)

	D	E	F	G
1	数值	位数	TRUNC取舍的值	
2	321.1745	3	321.174	
3		2	321.17	
4		1	321.1	
5		0	321	
6		-1	320	
7		-2	300	
8		-3	0	
9	-321.1745	3	-321.174	
10		2	-321.17	
11		1	-321.1	
12		0	-321	
13		-1	-320	
14		-2	-300	
15		-3	0	

图 5-30　TRUNC 函数应用举例

J2 =ROUND($H$2, I2)

	H	I	J
1	数值	位数	ROUND四舍五入的值
2	354.4367	3	354.437
3		2	354.44
4		1	354.4
5		0	354
6		-1	350
7		-2	400
8		-3	0
9	-354.4367	3	-354.437
10		2	-354.44
11		1	-354.4
12		0	-354
13		-1	-350
14		-2	-400
15		-3	0

图 5-31　ROUND 函数应用举例

3. ROUND　四舍五入

格式：ROUND (number，num_digits)

功能：按指定的位数对数值进行四舍五入，舍去 4 以下的数字，入 5 以上的数字。

参数：number 为需要四舍五入的数值。

num_digits 四舍五入的小数位数。如果为 0，不能省略。

说明：位数和四舍五入的位置见下表。

位数	四舍五入的位置
正数 *n*	对小数点后第 *n*+1 位进行四舍五入，保留 *n* 位小数
0	对小数点后第 1 位进行四舍五入
负数-*n*	对整数第 *n* 位四舍五入，用 0 替代舍去的部分

ROUND 四舍五入函数的应用举例如图 5-31 所示。

4. ROUNDUP　向上舍入，小数升位。

格式：ROUNDUP（number，num_digits）

功能：按指定的位数向上舍入数值（向上进 1 位），与数值大小无关。

参数：number 为需要向上舍入的任意实数。

num_digits 舍入后的数字位数。如果为 0，则将小数转换为最接近的整数。

说明：位数和舍入的位置见下表。

位数	向上舍入的位置
正数 n	小数点后第 n+1 位舍入（向上进 1 位），与数值大小无关
0	在小数点后第 1 位舍入
负数 -n	在整数第 n 位舍入

ROUNDUP 向上舍入函数的应用举例如图 5-32 所示。

	L	M	N
	数值	位数	ROUNDUP 向上舍入
2	354.1527	3	354.153
3		2	354.16
4		1	354.2
5		0	355
6		-1	360
7		-2	400
8		-3	1000
9	-354.1527	3	-354.153
10		2	-354.16
11		1	-354.2
12		0	-355
13		-1	-360
14		-2	-400
15		-3	-1000

	P	Q	R
	数值	位数	ROUNDDOWN 向下舍入
2	354.1527	3	354.152
3		2	354.15
4		1	354.1
5		0	354
6		-1	350
7		-2	300
8		-3	0
9	-354.1527	3	-354.152
10		2	-354.15
11		1	-354.1
12		0	-354
13		-1	-350
14		-2	-300
15		-3	0

图 5-32　ROUNDUP 函数应用举例　　图 5-33　ROUNDDOWN 函数应用举例

5. ROUNDDOWN　向下舍入，小数降位。

格式：ROUNDDOWN (number，num_digits)。

功能：按指定的位数向下舍入数值（截去尾数），与数值大小无关。

参数：number 为需要向下舍入的任意实数。

num_digits 舍入后的数字位数。如果为 0，则将小数转换为最接近的整数。

说明：位数和舍入的位置见下表。

位数	向下舍入的位置
正数 n	在小数点后第 $n+1$ 位向下舍入（从第 $n+1$ 位截去尾数），与数值大小无关
0	在小数点后第 1 位向下舍入
负数 $-n$	在整数第 n 位向下舍入

ROUNDDOWN 向下舍入函数的应用举例如图 5-33 所示。

三、零数处理函数的应用实例

1．质量统计表的"不合格率"零数处理

产品名称	编号	生产数量	不合格数量	不合格率千分比‰	保留3位小数	四舍五入3位小数 ROUND(E3,3)	去尾3位小数 TRUNC(E3,3)	小数升位3位小数 ROUNDUP(E3,3)	小数降位3位小数 ROUNDDOWN(E3,3)	取整 INT	四舍五入整数
UC两相插头	UC-121	3800	131	34.47368421	34.474	34.474	34.473	34.474	34.473	34	34
三相插头	CH-131	1890	45	23.80952381	23.810	23.81	23.809	23.81	23.809	23	24
两相插头	CH-121	1680	109	64.88095238	64.881	64.881	64.88	64.881	64.88	64	65
UC三相插座	UC-131	3000	14	4.666666667	4.667	4.667	4.666	4.667	4.666	4	5
音视频插头	YSP-131	2460	51	20.73170732	20.732	20.732	20.731	20.732	20.731	20	21
五位插座	CZ-5	3000	50	16.66666667	16.667	16.667	16.666	16.667	16.666	16	17
三位插座	CZ-3	3005	19	6.322795341	6.323	6.323	6.322	6.323	6.322	6	6
音视频插座	DCZ-6	2407	149	61.90278355	61.903	61.903	61.902	61.903	61.902	61	62
六位插座	CZ-6	25088	37	1.474808673	1.475	1.475	1.474	1.475	1.474	1	1
合计				234.9295886	234.929589 234.930	234.932	234.923	234.932	234.923	229	235

图 5-34 质量统计表的"不合格率"

图 5-34 所示的质量统计表的"不合格率"，利用几个零数函数处理后的结果如图所示，不同函数的处理结果是有差异的，对比关系如图 5-34 所示；计算"合计"后的结果也各不相同，与"合计"的实际计算值存在较大的误差。

任务 5 公式计算工资表

说明 在"数字格式"中设置的小数位数,只是显示效果上进行了四舍五入的处理,但数据的实际值并没有改变,随着小数位数的增加,数据能还原为实际值;在计算"合计"时,是按照实际值进行计算的。

由此可见,要想减小误差,或保证原数据与计算结果的一致性,就要合理、恰当运用零数函数。

2. 员工工资表的零数处理

图 5-35 所示员工的工资表,对出现小数的数据"失业险""应税所得额""个人所得税""实发工资"等项目,一般设置两位小数的格式显示,但这些数据仍是实际值,最后的计算结果,如"实发工资""合计"等,四舍五入两位小数,精确到"分"。

	H	I	J	K	L	M	N	O	P
1	单位		2018年12月		员工工资表				
2								2018年12月8日	
3	应发工资	住房公积金	养老保险	医疗保险	失业险	应税所得额	个人所得税	扣工会会费	实发工资
4	12100	1452	968	245	24.2	4410.8	231.08	50	9129.72
5	13400	1608	1072	271	26.8	5422.2	332.22	56	10033.98
6	23900	2868	1912	481	47.8	13591.2	1308.24	100	17182.96
7	7550	906	604	154	15.1	870.9	26.127	37.5	5807.273
8	10650	1278	852	216	21.3	3282.7	118.27	50	8114.43
22	12900	1548	1032	261	25.8	5033.2	293.32	56	9683.88
23	16800	2016	1344	339	33.6	8067.4	596.74	75	12395.66
24	273200	32784	21856	5524	546.4	112489.6	7495.262	1226	203768.338

图 5-35 员工工资表

思考:(1)对于这些有小数的数据,利用哪些函数进行零数处理,可以实现"实发工资"的最大值(分别精确到元、角、分的最大值)?

(2)经过上述零数处理,"实发工资"的最大值与四舍五入值相差多少元?各项的"合计"相差多少?

3. 超市称重购物的零数处理

在超市某些商品是称重购物（图 5-36），为了结账时不找零（金额中的"分"），称重台会提前设置金额的零数处理，保留到"角"，观察不同超市，不同称重台的金额零数处理结果。不同的零数处理结果有何差异？

	A	B	C	D	E
1	商品名称	单价（元/千克）	重量（千克）	金额(元)	实付款(元)
2	老姜	5.98	0.063	0.37674	
3	金橘	11.96	0.715	8.5514	
4	白萝卜	3.96	0.427	1.69092	
5	玫瑰花	198	0.05	9.9	
6	荷兰豆	27.96	0.313	8.75148	
7	草莓	39.98	0.413	16.51174	
8	车厘子	79.96	0.452	36.14192	
9	巴旦木	205	0.125	25.625	
10					
11	合计			107.5492	

图 5-36 超市称重购物的零数处理

4. 超市现金结账的零数处理

在某些大型超市结账时，如果是现金付款，不收金额中的"分"（直接抹去"分"），无论大小，保留到"角"。观察图 5-37 所示的"实收金额"，采用了什么零数处理？写出函数表达式。

	A	B	C	D	E	F	G	H
1	日期	时间	机号	单号	收银员	购买件数	应付金额	实收金额
2	2018/2/6	14:12	005	003541	0205	6	33.19	33.10
3	2018/2/7	13:36	003	002942	0203	4	21.43	21.40
4	2018/2/8	15:33	011	003225	0112	3	8.88	8.80
5	2018/2/13	16:55	080	000160	0500	5	30.14	30.10
6	2018/2/14	15:56	C060	003609	0067	15	68.88	68.80
7	2018/2/17	16:31	003	007309	0202	3	24.75	24.70
8	2018/2/18	17:02	012	007377	0203	2	67.17	67.10

图 5-37 超市现金结账的零数处理

任务 6 函数计算成绩单

 知识目标

1. 成绩单的组成部分，各部分格式；
2. 五个常用函数的名称、算法、计算功能；
3. 五个常用函数的数学含义、结构、语法格式、使用方法；
4. 函数计算的操作流程。

 能力目标

1. 能设计制作、美化成绩单；
2. 能说出五个常用函数的名称、算法、计算功能；
3. 能正确使用 SUM、AVERAGE、MAX、MIN、COUNT 函数计算总分、平均分、最高分、最低分、考试人数。

学习重点

五个常用函数的结构、语法格式及使用方法；函数计算的操作流程。

Excel 的数据运算功能很强大，除了可以使用公式进行四则运算外，还可以借助函数进行各种复杂的运算和统计分析。Excel 的函数非常丰富、详细，用途非常广泛，涉及各个领域，可以帮助用户解决各种各样的简单或疑难数学问题和统计分析问题。

本任务以"学生成绩单"为例，学习 Excel 的函数使用方法，感受 Excel 函数将复杂的数学问题和庞大的运算过程变得迎刃而解，体

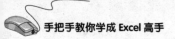

验轻松、精确、快速、高效的办公效率。

掌握了 Excel 的函数使用方法，可以使人们的思维更加灵活，解决数学问题的方法更加多样、更加科学化，灵活解决工作中、生活中及各领域的疑难、复杂数学问题对你不再是难事。

本任务分为两部分：

6.1 设计、制作、美化成绩单；

6.2 函数计算成绩单。

6.1 设计、制作、美化成绩单

成绩单是很常见、很典型的一种数据运算、统计分析工作任务，除了基本的设计制表、管理数据、美化格式外，成绩单中的很多运算、统计很具有代表性，掌握它们的函数运算方法，可以解决很多同类的报表运算、统计问题。

通过这个典型的工作任务，完整地操作整个过程，可以掌握数据报表的设计、制作、运算等一系列工作流程，顺利实现其他各类数据报表的全部工作。因此从简单、常见、实用的"成绩单"开始，进入 Excel 2010 函数的学习。

在 Excel 2010 中建立本班的学生成绩单工作簿（文件），包含"学期总评""统计分析""优秀生名单""补考名单""成绩图表"5 页工作表。

设计制作其中的第 1 页工作表"学期总评"成绩表。在表中录入标题、班级信息及本班所有学生的各单科成绩，如作品所示。设置成绩表各部分格式及页面格式。

任务 6 函数计算成绩单

学前教育专业2015-6班 学期总评成绩单

班主任：陈静		电话：13269880577				填表日期：2017年1月16日		
学号	姓名	语文	数学	英语	计算机	专业课	总分	名次
2015160601	张文珊	90	96	90	100	92		
2015160602	徐 茹	92	90	92	100	95		
2015160603	董媛媛	89	100	92	89	86		
2015160604	姜 珊	76	84	90	91	90		
2015160605	赵子佳	64	78	72	70	83		
2015160606	陈 鑫	91	92	99	85	100		
2015160607	王陈杰	84	57	79	82	85		
2015160608	张莉迎	69	76	85	75	88		
2015160609	秦秋萍	85	61	70	69	74		
2015160610	崔相籽滟	60	89	90	88	66		
2015160611	戴婷雅	71	75	80	85	80		
2015160612	佟静文	82	84	89	97	63		
2015160613	何研雅	97	100	100	100	99		
2015160614	王梓政	88	74	56	66	55		
2015160615	史雅文	65	88	75	82	82		
2015160616	张智聪	85	60	64	74	88		
2015160617	曾 欢	89	84	88	87	92		
2015160618	王 昱	90	88	86	85	87		
2015160619	秦梦妍	83	84	78	80	83		
2015160620	王 悦	76	79	81	80	85		
2015160621	张思杰	85	80	76	90	76		
2015160622	奇 慧	54	70	49	60	84		
2015160623	阿 茜	74	60	73	45	86		
2015160624	班利娟	57	65	70	55	50		
2015160625	秦怀旺	86	90	88	99	88		
2015160626	王一帆	85	58	79	95	90		
2015160627	徐荣慧	86	88	92	95	91		
2015160628	张 珍	90	84	88	78	85		

各科成绩统计分析

		语文	数学	英语	计算机	专业课
	平均分					
	最高分					
	最低分					
	考试人数					
59	0～59					
74	60～74					
84	75～84					
99	85～99					
100	100					
	优秀率					
	及格率					
	补考人数					

学期总评 统计分析 优秀生名单 补考名单 成绩图表

分析任务

1. 成绩表的组成

在"学期总评"工作表中有两个数据表"学期总评成绩单"和"各科成绩统计分析",各数据表由标题(说明是什么成绩)、班级信息、数据表组成。"各科成绩统计分析"表放在"学期总评成绩单"的下方,并且"各科成绩统计分析"表的课程与上方成绩单中的课程对应(同一列),是为了计算时选择数据方便,也为了观察、对照、分析方便。

2. 成绩表的数据

"学期总评成绩单"中各课程的分数是已知数据,其他为计算结果。"总分"是"名次"统计的依据。

"各科成绩统计分析"表中统计的项目有平均分、最高分、最低分、考试人数、各分数段人数、优秀率、及格率、补考人数。这些统计项目便于分析考试情况和学生学习效果。在各分数段单元格左边对应的数字是分段数的区间点,是为 FREQUENCY 函数统计不同分数段人数时使用的。

以上分析的是成绩表的基本组成部分、数据表结构和项目,下面按工作过程快速完成所有的操作。

完成任务

1. 另存、命名文件:将文件保存在 D 盘自己姓名的文件夹中,文件名为"成绩单.xlsx"。

2. 新建 2 页工作表,将工作表标签 Sheet1 更名为"学期总评",后面依次更名为"统计分析""优秀生名单""补考名单""成绩图表",共计 5 页工作表。

3. 按作品所示录入所有数据,"学号""姓名"字段可以参考"学前 2015-6 档案.xlsx"中的数据。朗读数据,检查核对,确保无误。

4. 标题格式为:合并居中、垂直居中,楷体 16 号加粗,行高 24(40 像素)。

5. 班级信息格式为：垂直居中，文本左对齐，宋体 10 号，行高 15（25 像素）。

6. 数据表文字格式

① 表头格式：楷体 10 号加粗，垂直居中，水平居中，自动换行，行高 22。

② 字段值格式：数据区域为，宋体 10 号，垂直居中；"学号"的字段值水平居中，"姓名"列宽 6.4（65 像素），字段值水平分散对齐；其他分数数值保持默认的水平右对齐。

③ 所有字段值的行高 18，调整适当的列宽。

7. 数据表边框线格式：内框 0.5 磅细线；外框 1.5 磅粗线；分隔线 0.5 磅细双线，如作品所示。

8. 数据表底纹格式：表头 A3:I3 设置浅黄色。

9. "各科成绩统计分析"表格式：标题格式为，楷体 14 号加粗，表头、所有字段值的行高 16，其他与"学期总评"格式相同。

10. 页面格式：A4 纸纵向，页边距为，上下 1.4 厘米，左右 1.8 厘米，页眉页脚 0.8 厘米；数据表在页面水平方向居中。页眉左侧为校名，页眉中部为学年学期名，宋体 12 号加粗；页脚插入页码"第 1 页，共 ? 页"。设置标题**至**表头（前 3 行）为打印标题行。

11. 根据预览效果，调整数据表整体布局，使成绩表在一页 A4 纸内完全显示。保存文件。

6.2 函数计算成绩单

成绩单是应用函数来解决数据运算、统计分析很典型的工作任务，在此任务中，将学到 Excel 2010 常用函数的基本操作和函数使用方法。利用函数计算数据，准确、快捷、高效；掌握函数运算方法，可以解决很多同类的报表运算、统计问题。

函数是 Excel 强大的数据处理功能中的重要部分，Excel 函数包括

"常用函数""财务函数""逻辑函数""文本函数""日期和时间函数""数学和三角函数"等，如图 6-1 所示。

图 6-1　Excel 的函数库

函数是预定义的计算公式或计算过程，按要求传递给函数一个或多个数据（每个数据称作参数），就能计算出一个唯一的结果。

函数的一般结构是：函数名（参数 1，参数 2，……）。如图 6-2 所示，函数名是函数的名称，参数可以是常量、单元格引用、表达式等。有的函数可以不带参数。

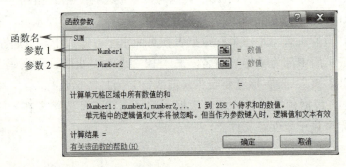

图 6-2　Excel 的函数名及参数

打开文件"成绩单.xlsx"的"学期总评"工作表，利用 Excel 函数计算"学期总评成绩单"中的总分，计算"各科成绩统计分析"表中的平均分、最高分、最低分、考试人数等项目，合理设置数据格式。

任务 6 函数计算成绩单

	A	B	C	D	E	F	G	H	I
1	学前教育专业2015-6班　　学期总评成绩单								
2	班主任：陈静		电话：13269880577			填表日期：2017年1月16日			
3	学号	姓名	语文	数学	英语	计算机	专业课	总分	名次
4	2015160601	张文珊	90	96	90	100	92		
5	2015160602	徐蕊	92	90	92	100	95		
31	2015160628	张珍	90	84	88	78	85		
32									
33			各科成绩统计分析						
34			语文	数学	英语	计算机	专业课		
35		平均分							
36		最高分							
37		最低分							
38		考试人数							
39	59	0～59							
40	74	60～74							
41	84	75～84							
42	99	85～99							
43	100	100							
44		优秀率							
45		及格率							
46		补考人数							

学期总评　统计分析　优秀生名单　补考名单　成绩图表

分析任务

成绩单中要计算的项目及其使用的函数：

总分　　→　　求和函数 SUM( )
平均分　→　　平均值函数 AVERAGE( )
最高分　→　　最大值函数 MAX( )
最低分　→　　最小值函数 MIN( )
考试人数→　　计数函数 COUNT( )

这五个函数是常用函数，它们有共同的特点，调用的方法也是一样的。每个计算项目的函数都确定好了，就从计算"总分"开始吧。

完成任务

一、使用求和函数 SUM( )计算"总分"

求和函数 SUM( )：（连加运算）计算连续单元格区域中所有数值

的和。计算"总分"方法如下。

★ 步骤1　算法分析：

总分＝语文＋数学＋英语＋计算机＋专业课

总分 H4　＝　C4＋D4＋E4＋F4＋G4

★ 步骤2　转化为 Excel 求和函数表达式：

总分 H4　＝　SUM（C4:G4）

　　　　　　　　　　　求和的数据区域

表示计算从 C4 语文开始到 G4 专业课为止的连续区域（所有课程成绩）的总和。函数 SUM(C4:G4)中的冒号"："表示从 C4 开始到 G4 为止的连续区域。

★ 步骤3　插入函数：如图 6-3 所示，单击 H4 选中→单击"公式"选项卡"函数库"中的"自动求和"按钮 Σ →在编辑栏中出现求和函数"＝SUM(C4:G4)"→检查函数及参数是否正确→回车确认。

提示　如果系统自动给出的参数或参数区域不正确，直接在编辑栏中修改，正确后再回车确认。

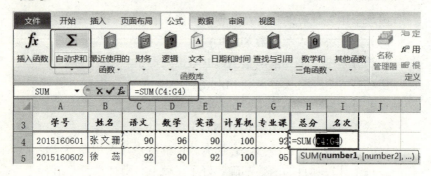

图 6-3　求和函数计算总分 H4

回车确认后，运算结果显示在 H4 单元格中，函数（公式）留在编辑栏中，便于检查校对。如图 6-4 所示。

图6-4 "总分"的求和函数及计算结果

★ 步骤4 复制函数。H列中其他同学的"总分"算法和规律与H4相同,所以可以复制函数。复制函数方法:双击H4右下角的"填充柄"(黑色小方块),将H4的函数复制到同一列的每一项。

提示　鼠标左键双击填充柄的复制方法,只适用于向下复制,对于水平方向的横向复制,此法无效,需要用鼠标左键按住填充柄,向右拖动复制。

★ 步骤5 检查核对。逐一检查复制的函数表达式是否正确。

H5 ＝ SUM（C5:G5）

H6 ＝ SUM（C6:G6）

H7 ＝ SUM（C7:G7）

……

注意　复制公式后,一定要逐个检查复制后的公式是否正确,尤其是参数或参数区域,避免产生错误。

求和函数的应用:求和函数可以计算"合计""小计""总计""总和"等数据。

"学期总评成绩单"中利用求和函数计算"总分"做完了,保存文件,下面计算"各科成绩统计分析"表中的"平均分"等项目。

二、使用平均值函数 AVERAGE( )计算"平均分"

平均值函数 AVERAGE( ):计算参数的算术平均值。计算语文的"平均分"方法如下。

★ 步骤1 算法分析:

语文平均分＝所有语文成绩的总和÷考试人数
语文平均分 C35 ＝(C4+C5+C6+…+C31)/人数
★ 步骤2 转化为 Excel 平均值函数表达式：
平均分 C35 ＝ AVERAGE(C4:C31)
                        求平均值的数据区域

表示计算所有语文成绩从 C4 开始到 C31 为止的连续区域的平均值。

★ 步骤3 插入函数：如图 6-5 所示，单击 C35 选中"平均分"结果的单元格→单击"公式"选项卡"自动求和"按钮的下箭头→在菜单中选择"平均值"函数→ 在单元格和编辑栏中出现平均值函数表达式"＝ AVERAGE( )"→在函数的括号内选择或输入计算区域"C4:C31"→检查函数及参数是否正确→回车确认或单击✓确认。

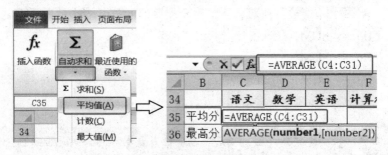

图 6-5 平均值函数计算语文平均分 C35

回车确认后，运算结果显示在 C35 单元格中，函数（公式）留在编辑栏中，便于检查校对。如图 6-6 所示。

图 6-6 "平均值"函数及计算结果

任务 6 函数计算成绩单

提示

这五个常用函数都集中放在"自动求和"按钮的下拉列表中,如图 6-7 所示,而且是中文名称,方便用户调用和选择。

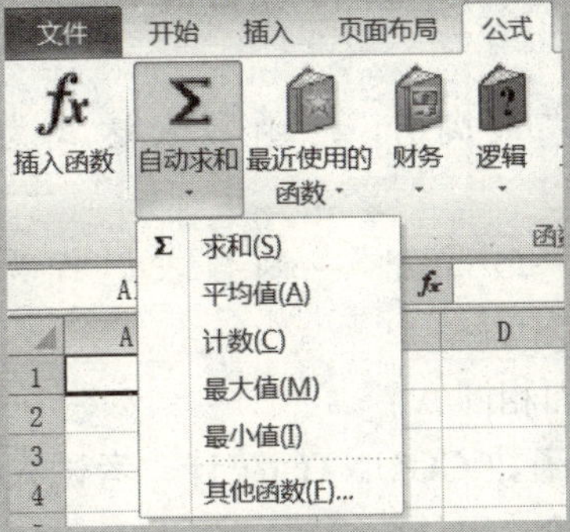

图 6-7 五个常用函数

★ 步骤 4 复制函数。其他课程的"平均分"算法和规律与 C35 相同,所以可以复制函数。

复制函数方法:用鼠标左键按住 C35 的填充柄,向右拖动到 G35 松手,将 C35 的函数复制到同一行的各个课程。

★ 步骤 5 检查核对。逐一检查复制后的函数表达式和参数区域是否正确。

D35 = AVERAGE(D4:D31), E35 = AVERAGE(E4:E31), F35 = AVERAGE(F4:F31),…

★ 步骤 6 设置数据格式。将计算结果中出现小数的单元格区域 C35:G35,设置数字格式为"数字 2 位小数"。

问题 如果数据区域中有空(无数据)的单元格,或者有"0"的单元格,例如 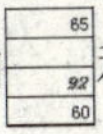 和 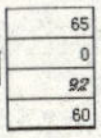 ,利用 AVERAGE( )函数计算平均分,两者结果是否相同?自己操作试试看。

利用平均值函数计算"平均分"做完了,保存文件,计算"最高分""最低分""考试人数"的方法也是一样的。

三、使用最大值、最小值函数计算"最高分""最低分"

最大值函数 MAX( )：返回一组数值中的最大值，忽略逻辑值及文本。

最小值函数 MIN( )：返回一组数值中的最小值，忽略逻辑值及文本。

计算语文的"最高分"：函数表达式为，最高分 C36＝MAX(C4:C31)。

计算语文的"最低分"：函数表达式为，最低分 C37＝MIN(C4:C31)。

操作方法与上面相同。

四、使用计数函数 COUNT( )统计"考试人数"

考试人数不用数，用计数函数 COUNT( )即可实现精确、高效的统计。

计数函数 COUNT( )：计算区域中包含数字的单元格的个数，忽略空值及文本。

统计语文的"考试人数"：函数表达式为，C38＝COUNT(C4:C31)。

操作方法与上面相同。

问题 如果有学生缺考，如何处理？是否影响统计考试人数？

思考 单元格中如果没有数据，是否统计其个数？单元格中如果是"0"，是否统计其个数？单元格中如果是文字，是否统计其个数？

分析 COUNT( )函数的功能是计算（统计）数据区域中包含数字的单元格的个数。因此，如果单元格中没有数据，则不计算此单元格的个数；如果单元格中是"0"，则计算此单元格的个数。如果单元格中是文字，则 COUNT( )函数不计算文字单元格的个数。

解决方法 如果学生缺考，单科成绩的单元格为空，则不影响考试人数的统计；而单元格内填写"0"，则表示单科成绩为 0 分，统计考试人数时，要将 0 分的个数计算在内；计算平均分也要将 0 分计算在内。

任务 6 函数计算成绩单

至此，五个常用函数：求和 SUM、均值 AVERAGE、最大值 MAX、最小值 MIN、计数 COUNT 的运算都学会应用了。保存文件。

Excel 函数计算的思维、分析过程和计算、操作流程：
① 算法分析；
② 确定 Excel 函数表达式；
③ 调用函数；检查参数区域或选择（录入）参数；
④ 复制函数【双击填充柄只能向下复制，不能横向复制】；
⑤ 检查核对；
⑥ 设置数据格式。

评价反馈

作品完成后，填写表 6-1 所示的评价表。

表 6-1 "函数计算成绩单"评价表

评价模块	学习目标	评价项目	自评
专业能力	1. 管理 Excel 文件：新建、另存、命名、关闭、打开、保存文件		
	2. 准确、快速录入数据	新建、更名工作表	
		录入所有数据，设置数据格式，填充序列	
		录入准确率，录入时间	
	3. 设置工作表各部分格式	设置标题、班级信息、数据表格式	
		设置页面、边距、打印标题行、页眉页脚、页码格式	
	4. 求和函数 SUM 计算"总分"	算法分析	
		确定 Excel 函数表达式	
		调用函数；检查参数区域或选择（录入）参数	
		复制函数	
		检查核对	
	5. 利用函数计算成绩表的各项数据	平均值函数 AVERAGE 计算"平均分"	
		设置单元格的数字格式：2 位小数	

续表

评价模块	学习目标	评价项目	自评
专业能力	5. 利用函数计算成绩表的各项数据	最大值函数 MAX 计算"最高分"	
		最小值函数 MIN 计算"最低分"	
		计数函数 COUNT 统计"考试人数"	
		能复制函数,并核对	
	6. 根据预览整体效果和页面布局,进行合理修改,调整各部分格式		
	7. 正确上传文件		

评价模块	评价项目	自我体验、感受、反思		
可持续发展能力	自主探究学习、自我提高、掌握新技术	□很感兴趣	□比较困难	□不感兴趣
	独立思考、分析问题、解决问题	□很感兴趣	□比较困难	□不感兴趣
	应用已学知识与技能	□熟练应用	□查阅资料	□已经遗忘
	遇到困难,查阅资料学习,请教他人解决	□主动学习	□比较困难	□不感兴趣
	总结规律,应用规律	□很感兴趣	□比较困难	□不感兴趣
	自我评价,听取他人建议,勇于改错、修正	□很愿意	□比较困难	□不愿意
	将知识技能迁移到新情境解决新问题,有创新	□很感兴趣	□比较困难	□不感兴趣
社会能力	能指导、帮助同伴,愿意协作、互助	□很感兴趣	□比较困难	□不感兴趣
	愿意交流、展示、讲解、示范、分享	□很感兴趣	□比较困难	□不感兴趣
	敢于发表不同见解	□敢于发表	□比较困难	□不感兴趣
	工作态度,工作习惯,责任感	□好	□正在养成	□很少
成果与收获	实施与完成任务	□☺独立完成	□☺合作完成	□☹不能完成
	体验与探索	□☺收获很大	□☺比较困难	□☹不感兴趣
	疑难问题与建议			
	努力方向			

复习思考

1. 什么是函数?函数的一般结构是什么?
2. 以"计算机课程的考试人数"为例,分析 Excel 函数语法格式。
3. 函数 SUM(C4:G4)中的冒号":"表示什么?
4. 鼠标左键双击填充柄也可以复制公式或函数,只适用于_____,水平方向的横向复制,此法_____。
5. 如果数据区域中有"空"(无数据)的单元格,或者有"0"

的单元格，利用 AVERAGE( )函数计算平均分以及利用计数函数COUNT( )统计"考试人数"，两者结果是否相同？为什么？

6. 插入函数后，编辑栏中系统自动给出参数或参数区域，回车确认，就能计算出正确结果，这样操作对吗？为什么？该如何正确操作？

拓展实训

1. 在 Excel 中制作【样文 1】"某大奖赛评分表"，事先计算表中的各项目，当比赛现场录入评委分数，所有结果都即时显示。

样文 1

[表格：某大奖赛现场评分表]

提示

① 表中的"最后得分"不是平均分，而是从所有得分中减去一个最高分，减去一个最低分，其余取平均值，P4=(SUM(D4:M4)-N4-O4)/(COUNT(D4:M4)-2)

【这种算法对应的函数是"修剪平均值"Trimmean(数据范围，去掉头尾的比重)，P4=TRIMMEAN(D4:M4,2/COUNT(D4:M4))】

② 表中的"名次"利用排名次函数 RANK 计算，并能自动更新（不要手工添加名次序列），Q4＝RANK(P4,$P$4:$P$13)

③ "获奖奖项"根据"名次"分段奖励。R4＝IF(Q4=1,"一等奖",IF(Q4<=3,"二等奖",IF(Q4<=6,"三等奖"," ")))

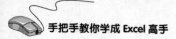

2. 在 Excel 中计算【样文2】"华光五店商品销售记录单""华光五店商品累计销售统计表"和"华光五店销售员业绩统计表"中的各项目（表中黄色底纹区域不计算）。

	A	B	C	D	E	F	G	H	I	J
1			华光五店商品销售记录单							
2	年月	商品名称	销售员姓名	数量	进价	零售价	销售额	利润	销售员奖金	
3	2015年10月	创新音箱	李世民	12	120.00	158.00				
4	2015年10月	七喜摄像头	李世民	9	110.00	138.00				
10	2015年11月	COMO小光盘	李世民	2	1.80	4.20				
11	2015年11月	COMO小光盘	萧峰	11	1.80	4.20				
18	2015年12月	戴尔1390笔记本电脑	杨过	3	3990.00	4099.00				
22	2015年12月	明基光盘	萧峰	20	1.50	3.50				
23		合计								
24		最大值								
25		最小值								
27			华光五店商品累计销售统计表							
28	年月	统计项目		商品数量			销售额	利润	销售员奖金	盈利排名
29	2015年10月	合计								
30	2015年11月	合计								
31	2015年12月	合计								
32			平均值							
33			最大值							
34			最小值							
36			华光五店销售员业绩统计表							
37	销售员姓名	统计项目		商品数量			销售额	利润	销售员奖金	业绩排名
38	李世民	合计								
39	萧峰	合计								
40	杨过	合计								
41			平均值							
42			最大值							
43			最小值							

操作要求：

（1）计算"销售额""利润"（保留2位小数）"销售员奖金"（利润的3%，4位小数）。

（2）计算销售"数量"的合计；"进价""零售价"的最大值、最小值；计算"销售额""利润""销售员奖金"的合计、最大值、最小值。

(3)计算"商品累计销售统计表"的各项,"盈利排名"是按"利润"排名次。

(4)计算"销售员业绩统计表"的各项,"业绩排名"是按"利润"排名次。

扩充提高

常用函数的用法

"学期总评成绩单"中总分 H4=SUM(C4:G4),表示计算从 C4 语文开始到 G4 专业课为止的连续区域(所有课程成绩)的总和。函数 SUM(C4:G4)中的冒号":"表示从 C4 开始到 G4 为止的连续区域。

如果要计算不连续区域的数据的总和,是否可以用 SUM 函数呢?

一、常用函数计算不连续区域

1. SUM 函数计算不连续区域数值的和

函数名	SUM
功能	计算单元格区域中所有数值的和
格式	SUM (number 1, number 2,…)
参数	number 1(必需参数)要相加的第一个数字。该数字可以是 "5"之类的数字,B6 之类的单元格引用或 B2:B8 之类的单元格范围。 number 2~255(可选)这是要相加的第二个数字。可以按照这种方式最多指定 255 个数字
说明	(1)参数中使用冒号":"指定连续单元格区域,如 H4=SUM(C4:G4); (2)参数为不连续区域,用英文逗号","隔开,如图 6-8 所示的"合计"O4=SUM (E4,H4,K4,N4),即 O4=E4+H4+K4+N4

例,居民消费表计算"合计",不连续区域数值的和,如图 6-8 所示。

图 6-8 居民消费表计算"合计"

操作时，选中 O4，输入"=SUM("，然后按住 Ctrl,选择不同区域，Excel 将在区域间自动添加逗号分隔符，完成后，补齐")"，按 Enter 确认。

2. AVERAGE 函数计算不连续区域数值的算术平均值

函数名	AVERAGE
功能	计算所有参数的算术平均值
格式	AVERAGE (number1，number 2，…)
参数	number 1（必需参数）要计算平均值的第一个数字、单元格引用或单元格区域。 number 2～255（可选）要计算平均值的其他数字、单元格引用或单元格区域，最多可包含 255 个
说明	（1）参数中使用冒号"："指定连续单元格区域，如 C35 ＝ AVERAGE(C4:C31)； （2）参数为不连续区域，用英文逗号","隔开，如图 6-9 所示的"正确速度"H4=AVERAGE(D4*E4,F4*G4)

例，如图 6-9 所示的"正确速度"H4=AVERAGE(D4*E4,F4*G4)，即 H4=(D4*E4+F4*G4)/2。

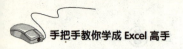

图 6-9　录入比赛成绩表计算"正确速度"

3. 其他函数计算不连续区域数值

格式：MAX(number 1，number 2,…)计算所有参数的最大值
　　　MIN(number 1，number 2,…)计算所有参数的最小值
　　　COUNT(number 1，number 2,…)计算所有数值数据的个数
参数说明与 SUM 函数相同。

例：MAX(2,3,6,9,15)=15
　　MIN(2,3,6,9,15)=2
　　COUNT(2,3,6,9,15)=5

二、根据指定条件计算的函数

根据指定条件计算，参考下列函数：

序号	函数及其格式	功能
1	SUMIF(range,criteria,sum_range)	对满足单一条件的单元格求和
2	AVERAGEIF(range,criteria,average_range)	对满足单一条件的单元格计算算术平均值
3	COUNTA(value1, [value2], …)	计算区域中非空的单元格个数
4	COUNTBLANK(range)	计算指定单元格区域中空白单元格的个数
5	COUNTIF(range, criteria)	计算区域中满足单一条件的单元格个数

1. SUMIF(range,criteria,sum_range)　条件求和

函数名	SUMIF	
功能	对满足单一条件的单元格求和	
格式	SUMIF(range,criteria,sum_range)	
参数	range 必需。要进行计算的单元格区域，忽略空值和文本。 criteria 必需。以数字、表达式或文本形式定义的条件。条件都必须使用英文双引号" "括起来。如果条件为数字，则无需使用双引号。 sum_range 可选。要求和的实际单元格区域。若省略，则使用 range	

应用举例，如图 6-10 所示。

	A	B	C	D
1	类别	食物	销售额	
2	蔬菜	西红柿	2300	
3	蔬菜	西芹	5500	
4	水果	橙子	800	
5		黄油	400	
6	蔬菜	胡萝卜	4200	
7	水果	苹果	1200	
8				
9	公式		结果	说明
10	=SUMIF(A2:A7,"水果",C2:C7)		2000	"水果"类别下所有食物的销售额之和
11	=SUMIF(A2:A7,"蔬菜",C2:C7)		12000	"蔬菜"类别下所有食物的销售额之和
12	=SUMIF(B2:B7,"西*",C2:C7)		7800	以"西"开头的所有食物（西红柿、西芹）的销售额之和
13	=SUMIF(A2:A7,"",C2:C7)		400	未指定类别的所有食物的销售额之和

图 6-10　SUMIF 计算符合条件的数据之和

> SUMIF 函数是对满足单一条件的区域求和,如果是多条件求和,参考 SUMIFS 函数。

2. AVERAGEIF(range,criteria,average_range) 条件求平均值

函数名	AVERAGEIF
功能	对满足单一条件的单元格计算算术平均值
格式	AVERAGEIF(range,criteria,average_range)
参数	range 必需。要计算平均值的单元格区域。 criteria 必需。以数字、表达式或文本形式定义的条件。条件都必须使用英文双引号" "括起来。如果条件为数字,则无需使用双引号。 average_range 可选。要计算平均值的实际单元格区域。若省略,则使用 range

应用举例,如图 6-11 所示。

	A	B
1	财产值	佣金
2	100,000	7,000
3	200,000	14,000
4	300,000	21,000
5	400,000	28,000
公式		说明 (结果)
=AVERAGEIF(B2:B5,"<23000")		求所有佣金小于 23,000 的平均值 (14,000)
=AVERAGEIF(A2:A5,"<95000")		求所有财产值小于 95,000 的平均值 (#DIV/0!)
=AVERAGEIF(A2:A5,">250000",B2:B5)		求所有财产值大于 250,000 的佣金的平均值 (24,500)

图 6-11 AVERAGEIF 计算符合条件的算术平均值

> AVERAGEIF 函数是对满足单一条件的区域求平均值,如果是多条件求平均值,参考 AVERAGEIFS 函数。

3. COUNTA(value1, [value2], …)   计数非空单元格

函数名	COUNTA
功能	计算区域中非空的单元格个数（对数值、逻辑值、文本或错误值进行计数）
格式	COUNTA(value1, [value2], …)
参数	value1 必需。表示要计数的值的第一个参数。 value2, …可选。表示要计数的值的其他参数，最多可包含 255 个参数

应用举例，如图 6-12 所示。

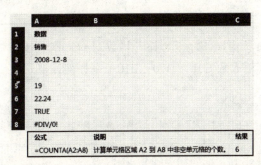

图 6-12　COUNTA 统计非空单元格个数

4. COUNTBLANK(range)计数空白单元格

函数名	COUNTBLANK
功能	计算指定单元格区域中空白单元格的个数
格式	COUNTBLANK(range)
参数	range 必需。需要计算其中空白单元格个数的区域

应用举例，如图 6-13 所示。

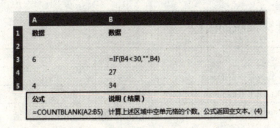

图 6-13　COUNTBLANK 统计空单元格个数

5. COUNTIF(range,criteria)条件计数函数

函数名	COUNTIF
功能	计算区域中满足单个指定条件的单元格个数
格式	COUNTIF(range, criteria)
参数	range 必需。要计数的非空单元格区域，忽略空值和文本。 criteria 必需。以数字、表达式、单元格引用或文本形式定义的条件。条件都必须使用英文双引号" "括起来。条件不区分大小写；例如，字符串 "apples" 和字符串 "APPLES"将匹配相同的单元格

应用举例，如图6-14所示。补考科数J4= COUNTIF(C4:G4, "<60")，每门课程的补考人数 C10，D10，E10……如何计算？

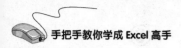

图 6-14　COUNTIF 统计不及格（<60）个数

COUNTIF 函数是计算满足单个条件的单元格个数，如果是多条件计数，参考 COUNTIFS 函数。

三、计算乘积的函数

函数名	PRODUCT
功能	计算所有参数的乘积
格式	PRODUCT(number1, [number2], …)
参数	number1 必需。要相乘的第一个数字或区域。 number2, … 可选。要相乘的其他数字或单元格区域，最多可以使用 255 个参数

应用举例，如图 6-15 所示。金额 G4=PRODUCT(D3:F3)，等同于 G4 =D3*E3*F3，数据连乘。

G3 =PRODUCT(D3:F3)

	A	B	C	D	E	F	G
1	平价超市销售表						
2	商品	单位	规格	单价	折扣率	销售数量	金额
3	五香煮瓜子	袋	1.25千克	¥17.00	80%	38	516.8
4	可口可乐	瓶	2.5升	¥6.00	70%	108	453.6
5	鲜橙多	瓶	2升	¥5.50	70%	120	462
6	伊利纯牛奶	袋	1升	¥4.00	95%	58	220.4
7	色拉油	壶	5升	¥47.00	90%	12	507.6

图 6-15 PRODUCT 计算“金额”

说明：（1）参数中的冒号“:”表示计算连续区域的乘积，如图 6-15 所示；

（2）参数为不连续区域，用英文逗号“,”隔开，如图 6-16 所示的“利润”G4 =PRODUCT(D3，F3-E3)，等同于 G4 =D3*(F3-E3)；

G3 =PRODUCT(D3,F3-E3)

	B	D	E	F	G
1	华光五店商品销售记录单				
2	商品名称	数量	进价	零售价	利润
3	创新音箱	12	120.00	158.00	456
4	七喜摄像头	9	110.00	138.00	
5	COMO小光盘	10	1.80	4.20	

图 6-16 PRODUCT 计算“利润”

（3）如果相乘的参数较少，直接用乘法计算比较方便；如果需要让许多单元格相乘，则使用 PRODUCT 函数简便、快捷、高效。

四、SUM 函数的巧妙用法

1. SUM 累计求和巧妙计算“余额”

图 6-17 所示的会员卡消费记录表中，每次余额的算法，通常的思

路是：

	A	B	C	D	E
1		会员卡消费记录			
2	序	日期	充值	消费	余额
3	1	2018/1/2	2000	500	
4	2	2018/1/14		850	
5	3	2018/1/22	2000	680	
6	4	2018/1/29		1280	
7	5	2018/2/4	2000	800	
8	6	2018/2/13		790	
9	7	2018/2/20	3000	1260	
10	8	2018/2/27		1550	
11	9	2018/3/10		980	
12					

图 6-17　SUM 累计求和计算"余额"

E3=C3-D3

E4=E3+C4-D4

E5=E4+C5-D5

……

E3 和 E4 的公式不通用，E4 以后的公式可以向下复制。

学了 SUM 求和函数后，可以换一种思路解决这个问题。

（1）算法分析：累积余额=累积充值-累积消费。

（2）怎样求出累积充值和累积消费呢？

★累积充值=SUM($C$3:C3)，第一个 C3 需要绝对引用确保公式在向下复制的过程中始终引用的是 C3 单元格，第二个 C3 无需锁定，确保公式向下复制时行号可以相对变化。

例如：公式复制到 C4 时，C4=SUM($C$3:C4)，求前两次累积充值，公式复制到 C5 时，C5=SUM($C$3:C5)，求出了前三次的累积充值，依此类推，就实现了利用 SUM 函数求累积充值的结果。

★同理，累积消费=SUM($D$3:D3)。

（3）最后，用累积充值减去累积消费就得出了每一次的累积余额。

★E3=SUM($C$3:C3)-SUM($D$3:D3)，如图 6-18 所示，可以向下复制，计算出每一次的余额。

E3 =SUM($C$3:C3)-SUM($D$3:D3)

会员卡消费记录

序	日期	充值	消费	余额
1	2018/1/2	2000	500	1500
2	2018/1/14		850	650
3	2018/1/22	2000	680	1970
4	2018/1/29		1280	690
5	2018/2/4	2000	800	1890
6	2018/2/13		790	1100
7	2018/2/20	3000	1260	2840
8	2018/2/27		1550	1290
9	2018/3/10		980	310

图 6-18 SUM 累计求和计算“余额”

2. SUM 累计求和巧妙计算合并单元格的和

图 6-19 所示的鲜花销售表中，计算每个花店的“销售汇总”，G 列的“销售汇总”是合并的单元格。

鲜花销售表

日期	经销商	品种	销售量	单价	销售额	销售额汇总
2016/5/1	西子花店	玫瑰	890	3.0	2670	
2016/5/2	西子花店	玫瑰	820	2.8	2296	
2016/5/3	西子花店	玫瑰	580	2.5	1450	
2018/5/3	西子花店	百合	420	4.6	1932	
2016/5/1	天仙花店	康乃馨	560	1.0	560	
2016/5/2	天仙花店	康乃馨	610	0.8	488	
2016/5/3	天仙花店	康乃馨	880	0.6	528	
2016/5/1	欣欣花店	百合	360	5.0	1800	
2016/5/2	欣欣花店	百合	480	4.0	1920	
2016/5/3	欣欣花店	百合	210	4.0	840	
2016/5/1	欣欣花店	泰国兰	680	2.0	1360	
2016/5/2	欣欣花店	泰国兰	700	2.0	1400	
2016/5/3	欣欣花店	泰国兰	660	1.8	1188	
2016/5/1	香兰花店	红掌	170	5.0	850	
2016/5/2	香兰花店	红掌	150	5.0	750	
2016/5/3	香兰花店	红掌	160	5.0	800	

图 6-19 计算合并单元格的和

首先想到的方法是分类汇总。但是为了方便观察、对比、分析，要将每个花店的销售汇总额保存在 G 列合并单元格中，如何实现呢？

另一种常规的计算思路是：G3 =SUM(F3:F6)，G7=SUM(F7:F9)，以此类推，如图 6-20 所示。

鲜花销售表

日期	经销商	品种	销售量	单价	销售额	销售额汇总
2016/5/1	西子花店	玫瑰	890	3.0	2670	=SUM(F3:F6)
2016/5/2	西子花店	玫瑰	820	2.8	2296	
2016/5/3	西子花店	玫瑰	580	2.5	1450	
2018/5/3	西子花店	百合	420	4.6	1932	
2016/5/1	天仙花店	康乃馨	560	1.0	560	=SUM(F7:F9)
2016/5/2	天仙花店	康乃馨	610	0.8	488	
2016/5/3	天仙花店	康乃馨	880	0.6	528	
2016/5/1	欣欣花店	百合	360	5.0	1800	=SUM(F10:F15)
2016/5/2	欣欣花店	百合	480	4.0	1920	
2016/5/3	欣欣花店	百合	210	4.0	840	
2016/5/1	欣欣花店	泰国兰	680	2.0	1360	
2016/5/2	欣欣花店	泰国兰	700	2.0	1400	
2016/5/3	欣欣花店	泰国兰	660	1.8	1188	
2016/5/1	香兰花店	红掌	170	5.0	850	=SUM(F16:F18)
2016/5/2	香兰花店	红掌	150	5.0	750	
2016/5/3	香兰花店	红掌	160	5.0	800	

图 6-20　分别用 SUM 函数求和

如果有上百个合并单元格要求和，该怎么办呢？由于合并单元格的存在，并且个数不规则，导致公式无法向下复制，合并单元格的求和变得非常棘手。

★按照 SUM 函数累计求和的思路来解决这个问题。选中 G3:G18 区域，在公式编辑栏输入公式 =SUM(F3:$F$18)-SUM(G4:$G$18)，然后按【Ctrl+Enter】键确认，如图 6-21 所示，即可实现计算合并单元格的和。由此可见 Excel 函数的魅力无处不在。

G3　fx　=SUM(F3:$F$18)-SUM(G4:$G$18)

鲜花销售表

日期	经销商	品种	销售量	单价	销售额	销售额汇总
2016/5/1	西子花店	玫瑰	890	3.0	2670	8348
2016/5/2	西子花店	玫瑰	820	2.8	2296	
2016/5/3	西子花店	玫瑰	580	2.5	1450	
2018/5/3	西子花店	百合	420	4.6	1932	
2016/5/1	天仙花店	康乃馨	560	1.0	560	1576
2016/5/2	天仙花店	康乃馨	610	0.8	488	
2016/5/3	天仙花店	康乃馨	880	0.6	528	
2016/5/1	欣欣花店	百合	360	5.0	1800	8508
2016/5/2	欣欣花店	百合	480	4.0	1920	
2016/5/3	欣欣花店	百合	210	4.0	840	
2016/5/1	欣欣花店	泰国兰	680	2.0	1360	
2016/5/2	欣欣花店	泰国兰	700	2.0	1400	
2016/5/3	欣欣花店	泰国兰	660	1.8	1188	
2016/5/1	香兰花店	红掌	170	5.0	850	2400
2016/5/2	香兰花店	红掌	150	5.0	750	
2016/5/3	香兰花店	红掌	160	5.0	800	

图 6-21　SUM 累计求和计算合并单元格的和

任务 7 统计分析成绩单

 知识目标

1. "条件格式"标记数据的方法;
2. 设置条件格式的方法;新建格式规则的方法;
3. FREQUENCY 函数的使用方法;
4. 排名次函数结构、使用方法;
5. 绝对地址引用的目的和切换方法;
6. "选择性粘贴"的操作方法;
7. "与"条件、"或"条件的录入方法;
8. 高级筛选的操作方法、工作流程及用途;
9. 条件计数函数 COUNTIF( ) 的使用方法。

能力目标

1. 能设置成绩单的各种条件格式;
2. 能使用 FREQUENCY 函数统计各分数段人数;
3. 能计算优秀率、及格率;
4. 能使用 RANK 函数排列名次;
5. 会正确切换绝对地址引用;
6. 会使用"选择性粘贴"粘贴计算结果;

7. 会录入"与"条件、"或"条件；
8. 能使用高级筛选选择优秀生和补考生；
9. 会使用条件计数函数COUNTIF( )计算"补考人数"。

学习重点

1. "条件格式"标记数据的方法；
2. FREQUENCY函数的使用方法；
3. 排名次函数结构、使用方法；绝对地址引用的目的及切换方法；
4. "选择性粘贴"的操作方法；
5. 设置高级筛选的条件；高级筛选的操作方法、工作流程及用途；
6. 条件计数函数COUNTIF( )的使用方法。

Excel除了可以使用公式、函数进行四则运算外，还可以借助函数进行各种复杂的运算和统计分析，实现数据计算、复杂统计的自动化、高效、精确、快速、省时省力，并且能自动更新。

本任务以"学生成绩单"为例，学习条件格式的设置、统计各分数段人数、计算名次、高级筛选等统计分析数据的方法，及统计、分析、筛选等一系列工作流程。

提出任务

打开文件"成绩单.xlsx"，在"学期总评"成绩表中，完成下列各项操作。

1. 标记单科不及格成绩为红色加粗字体格式，优秀成绩为蓝色加粗倾斜字体格式，单科最高分为浅黄色底纹；
2. 统计"各科成绩统计分析"表中的各分数段人数；

3. 计算优秀率、及格率、补考人数等项目，合理设置数据格式；

4. 利用 Excel 排名次函数 RANK 计算"学期总评"成绩单中的名次；

5. 选择性粘贴生成"统计分析"工作表；

6. 筛选"优秀生"，并生成"优秀生名单"工作表；筛选"补考名单"，并生成"补考名单"工作表。

作品展示

分析任务

1. Excel 统计、分析数据的方法

成绩表中的各项计算、统计、分析、筛选等数据运算工作，全部使用函数来完成，借助函数的强大运算功能，实现计算结果精确和自动更新，提高工作效率。

（1）标记不及格成绩时，用"条件格式"进行设置，不用手动一个个设置或标记。

(2) 统计各分数段人数时，使用 FREQUENCY( )函数自动计算，自动更新，不用人为计数；在各分数段单元格左边对应的数字是分段数的区间点（右临界点），是为 FREQUENCY 函数统计不同分数段人数时使用的。

(3) 排列名次时，"总分"是"名次"统计的依据，使用 RANK( )函数自动计算，自动更新，不用手工添加名次序列。

(4) 筛选优秀生名单时，用高级筛选，设置好优秀生条件，一次筛选完成，并能自动更新，不用手工从工作表中一个个挑选；补考生名单也是如此。

(5) 统计各科的补考人数和每人的补考科数，使用 COUNTIF( )函数自动统计，自动更新，不用手动一个一个数。

2. 本任务统计的项目及其使用的函数或命令

标记特殊数据　　　　　→　　条件格式
统计"各分数段人数"　　→　　频率分布函数 FREQUENCY( )
计算"名次"　　　　　　→　　排名次函数 RANK( )
粘贴计算结果　　　　　→　　选择性粘贴
筛选"优秀生、补考"名单→　　高级筛选
统计"补考人数、科目"　→　　条件计数函数 COUNTIF( )

完成任务

一、利用"条件格式"标记特殊数据（不及格成绩、优秀成绩、单科最高分）

条件格式：给满足某些条件的单元格，设定特殊样式来突出显示。例如，每门课程的不及格成绩用红色加粗字体标记，最高分用浅黄色底纹标记等。

条件格式是一种格式，复制条件格式可以用格式刷。

1. 标记不及格成绩

对于不及格成绩，希望用醒目的颜色或底纹将不及格成绩进行标记，以示区分和提醒，Excel 提供了"条件格式"，可以实现这个功能。

一般情况会将不及格成绩用红色加粗字体显示,与其他成绩对比效果明显,容易区分。

将所有单科成绩中＜60 的不及格数据进行标记,标记的字体格式为"红色加粗",设置"条件格式"的操作步骤如下。

★ **步骤 1**　选择 C4:G31 的数据区域(全部的单科成绩)。

★ **步骤 2**　单击"开始"选项卡"样式"组的"条件格式"按钮→在菜单中选择"突出显示单元格规则"→"小于",打开"小于"对话框,如图 7-1 所示。

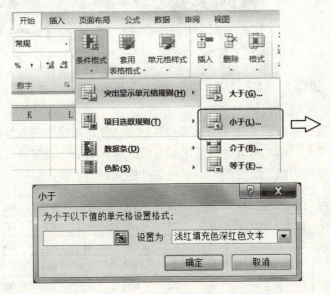

图 7-1　设置条件格式→打开"小于"对话框

★ **步骤 3**　在"小于"对话框的"小于值"框中输入"60",在"设置为"列表中选择需要设置的格式,如果这些格式都不符合需要,单击"自定义格式",打开"设置单元格格式"对话框,如图 7-2 所示。

★ **步骤 4**　在"设置单元格格式"对话框"字体"选项中,设置字形为"加粗",颜色为"红色",如图 7-2 所示。

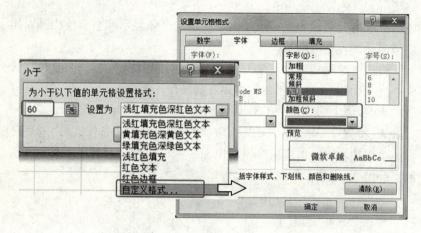

图 7-2 设置"自定义格式"→ "红色加粗"

★ **步骤5** 设置完成,单击"确定"按钮;在"小于"对话框中,再单击"确定"按钮。

设置各科成绩<60(不及格)数据为"红色加粗"的条件格式效果如图 7-3 所示,与其他成绩区别非常醒目、明显,很容易区分、查找。当单科成绩发生更改时,这种条件格式自动更新。

25	2015160622	奇　慧	54	70	49	60	84
26	2015160623	阿　丽	74	60	73	45	86
27	2015160624	班利娟	57	65	70	55	50
28	2015160625	秦怀旺	86	90	88	99	88
29	2015160626	王一帆	85	58	79	95	90

图 7-3 不及格成绩"条件格式"效果

2. 标记优秀成绩

对于所有单科成绩中≥85 的优秀数据也可以进行标记,标记的字体格式应有别于其他格式,例如标记为"蓝色加粗斜体",操作方法如下。

★ **步骤6** 选择 C4:G31 的数据区域(全部的单科成绩)。

任务 7 统计分析成绩单

★ **步骤** 7　单击"开始"选项卡"样式"组的"条件格式"按钮→在菜单中选择"新建规则",打开"新建格式规则"对话框,如图 7-4 所示。

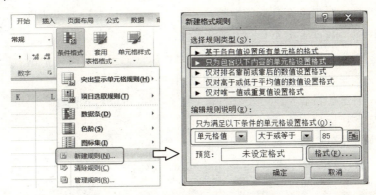

图 7-4　条件格式→新建格式规则

★ **步骤** 8　在"新建格式规则"对话框的"选择规则类型"列表中选择"只为包含以下内容的单元格设置格式",在"设置格式"中选择运算符为"大于或等于",数值框中输入"85",如图 7-4 所示。

★ **步骤** 9　单击"格式"按钮,在"设置单元格格式"对话框中,设置字形为"加粗倾斜",颜色为"蓝色",设置完成,单击"确定"按钮;在"新建格式规则"对话框中,再单击"确定"按钮。

25	2015160622	奇 慧	54	70	49	60	84
26	2015160623	阿 丽	74	60	73	45	*86*
27	2015160624	班利娟	57	65	70	55	50
28	2015160625	秦怀旺	*86*	*90*	*88*	*99*	*88*
29	2015160626	王一帆	*85*	58	79	*95*	*90*

图 7-5　优秀成绩"条件格式"效果

设置各科成绩≥85(优秀)数据为"蓝色加粗倾斜"的条件格式效果如图 7-5 所示,与之前设置的红色不及格成绩同时显示,与其他成绩区别非常醒目、明显，很容易区分。当单科成绩发生更改时，两种条件格式都会自动更新。

3. 标记单科最高分

已经标记了两种特殊数据，还能不能标记第三种、第四种……更多种呢？数据表会不会很乱呢？

在数据表中做特殊标记要适可而止，标记多了肯定会很乱，而且也没必要。最好特殊标记不要超过四种。

为了一目了然地看出哪些同学是学霸，可以对各门课程的单科最高分进行标记，为了不引起混乱，就不能再标记字体格式了，可以标记为浅黄色底纹，操作方法如下。

★ 步骤10　选中 C4:C31 单元格区域（语文单科的成绩区域）。

不能选择 C4:G31，这是五门课程的所有成绩区域，而不是单科成绩区域。

★ 步骤11　单击"开始"选项卡"样式"组的"条件格式"按钮→在菜单中选择"新建规则"，打开"新建格式规则"对话框，如图7-6所示。

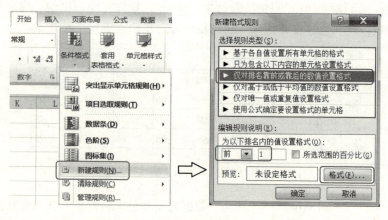

图7-6　条件格式→新建格式规则→排名前1

★ 步骤 12 在"新建格式规则"对话框的"选择规则类型"列表中选择"仅对排名靠前或靠后的数值设置格式",在"为以下排名内的值设置格式:"中选择"前",数值框中输入"1"(排名前1即最高分),如图 7-6 所示。

★ 步骤 13 单击图 7-6 的"格式"按钮,在"设置单元格格式"对话框中,选择"填充"选项卡,设置背景色为"浅黄色",如图 7-7 所示,在对话框中下部可以看到示例的颜色,单击"确定"按钮;在"新建格式规则"对话框中,再单击"确定"按钮。

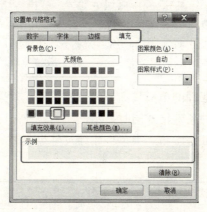

图 7-7 设置单元格格式→填充→背景色

3	学号	姓名	语文	数学	英语	计算机	专业课
4	2015160601	张文珊	90	96	90	100	92
5	2015160602	徐 蕊	92	90	92	100	95
13	2015160610	崔相籽湿	60	89	90	88	66
14	2015160611	戴婷雅	71	75	80	85	80
15	2015160612	佟静文	82	84	89	97	63
16	2015160613	何研雅	97	100	100	100	99
17	2015160614	王梓政	88	74	56	66	55
18	2015160615	史雅文	65	88	75	82	82
19	2015160616	张智聪	85	60	64	74	88

图 7-8 语文单科最高分"条件格式"效果

设置语文单科成绩最高分数据为"浅黄色底纹"的条件格式效果如图 7-8 所示。

★ **步骤 14** 其余各科成绩的最高分,可以依次选择各个单科的数据区域,分别设置各自的最高分条件格式。千万不能把所有成绩区域一起选中,否则设置的就是五科所有成绩中的最高分(只有 1 个),而不是每一个单科成绩的最高分。

提示

条件格式是一种格式,可以用格式刷复制条件格式。步骤:①选中已设置好最高分条件格式的语文数据区域 C4:C31;②双击格式刷(可以复制多次);③分别刷数学成绩区域;④再刷英语成绩区域;……依次分别刷每门课的成绩区域;⑤条件格式复制完,单击格式刷,撤销格式。

设置完所有课程的单科最高分条件格式后,效果如图 7-9 所示。与之前设置的两种条件格式同时显示,与其他成绩区别非常醒目、明显,很容易发现谁是学霸。当单科成绩发生更改时,这几种条件格式都会自动更新。

	学号	姓名	语文	数学	英语	计算机	专业课	总分	名次
3									
4	2015160601	张文珊	90	96	90	100	92	468	3
5	2015160602	徐蕊	92	90	92	100	95	469	2
6	2015160603	董媛媛	89	100	92	89	86	456	5
7	2015160604	姜珊	76	84	90	91	90	431	10
8	2015160605	赵子佳	64	78	72	70	83	367	23
9	2015160606	陈鑫	91	92	99	85	100	467	4
10	2015160607	王陈杰	84	57	79	82	85	387	21
15	2015160612	佟静文	82	84	89	97	63	415	12
16	2015160613	何研雅	97	100	100	100	99	496	1
17	2015160614	王梓政	88	74	56	66	55	339	25
18	2015160615	史雅文	65	88	75	82	82	392	19

图 7-9 各科最高分"条件格式"效果

提示

为保护学生的自尊心和个人隐私,最低分就不要设置特殊格式了。

★ **步骤15** 在图7-10所示的"条件格式规则管理器"中,每一门课程最高分的条件区域都不一样,是各自的单科成绩区域,才能标记出本课程的最高分。

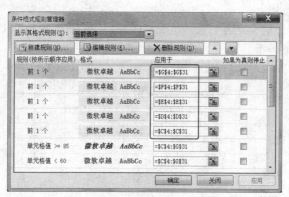

图7-10 条件格式规则管理器

利用"条件格式"标记特殊数据操作完成了,保存文件。

二、使用频率分布函数FREQUENCY()统计"各分数段人数"

各分数段人数不用数,用频率分布函数FREQUENCY()即可实现频率统计,精确、高效、省时省力,能自动更新。

1. FREQUENCY()函数结构

频率分布函数FREQUENCY():函数以一列垂直数组的形式,返回某个区域中数据的频率分布。

函数表达式为:FREQUENCY (data_array, bins_array)

① data_array:用来计算频率的数组,或对数组单元区域的引用(空格及字符串忽略)。

② bins_array:设定对data_array进行频率计算的分段点,为一数组或对数组区域的引用。

2. 统计"各分数段人数"

(1)算法分析

① 本任务统计频率的数据区域为C4:C31(语文单科成绩)。

② 各分数段如图 7-11 所示，分为 0～59、60～74、75～84、85～99、100 五个档次，每个分数段的分段点区域为 A39:A43（59、74、84、99、100）（即每个分段区间的右临界点），放在分数段左侧的单元格内（备用）。

③ 统计语文"各分数段人数"(频率分布)的结果放在 C39:C43 区域内（结果为垂直数组）。

	A	B	C	D	E	F	G
34			语文	数学	英语	计算机	专业课
39	59	0～59					
40	74	60～74					
41	84	75～84					
42	99	85～99					
43	100	100					

图 7-11　各分数段及分段点

（2）函数表达式

C39:C43 ＝ FREQUENCY(C4:C31 , $A$39:$A$43)
　结果区域　　函数名　　语文统计区域　分段点区域

函数特点： 频率分布函数 FREQUENCY ( )是数组函数，计算结果、两个参数都是数据区域；不能用回车确认，必须同时按下"Ctrl + Shift + Enter"组合键确认；函数的参数"$A$39:$A$43"表示绝对引用；数组函数可以复制。

（3）插入（调用）频率函数

★ **步骤 16**　选中 C39:C43 单元格区域（结果区域）。

图 7-12　选择语文分数段区域，输入函数表达式

★ **步骤 17** 在编辑栏中输入或插入函数表达式"=FREQUENCY（C4:C31,$A$39:$A$43）",如图 7-12 所示。

★ **步骤 18** 同时按下"Ctrl + Shift + Enter"组合键确认,得到"语文"各分数段人数的统计结果,显示在单元格 C39:C43 区域中,如图 7-13 所示,频率分布的数组函数 FREQUENCY（）表达式留在编辑栏中,便于检查校对。

C39			fx	{=FREQUENCY(C4:C31, $A$39:$A$43)}			
	A	B	C	D	E	F	G
33			各科成绩统计分析				
34			语文	数学	英语	计算机	专业
39	59	0～59	2				
40	74	60～74	6				
41	84	75～84	5				
42	99	85～99	15				
43	100	100	0				

图 7-13 "语文"各分数段人数的统计结果

（4）复制频率函数 其他课程的"各分数段人数"统计方法和规则与语文相同,统计区域是各课程的分数区域,分段点区域 $A$39:$A$43 不变,可以复制频率函数。

★ **步骤 19** 选中 C39:C43 单元格区域,用鼠标左键按住右下角的填充柄,向右拖动到 G39:G43 松手,将频率函数复制到各个课程的分数段区域。

（5）检查核对复制结果

★ **步骤 20** 逐个选中各课程的"分数段区域",检查复制的频率函数表达式是否正确。

如统计数学的"各分数段人数":

D39:D43=FREQUENCY(D4:D31,$A$39:$A$43)

统计计算机的"各分数段人数":

F39:F43＝FREQUENCY(F4:F31,$A$39:$A$43)

★ 步骤 21　改变各科成绩的分数值，观察频率分布结果（各分数段的人数），发现能自动更新，总是与数据表保持一致。

三、使用除法公式计算"优秀率"和"及格率"

1. 除法公式计算"优秀率"

（1）算法分析　优秀率 ＝ 优秀成绩的人数（≥85 的人数）/考试总人数，表示优秀成绩人数占考试人数的百分比。

优秀成绩的人数包含 85～99 和 100 两个档次的人数之和，即 C42+C43。

（2）转化为 Excel 公式表达式　语文优秀率 C44＝(C42+C43)/C38

（3）输入公式

★ 步骤 22　单击 C44 选中→输入"＝(C42+C43)/C38"→回车确认或单击✓确认，计算结果如图 7-14 所示。

C44		ƒx	=(C42+C43)/C38	
	A	B	C	D	E
34			语文	数学	英语
38		考试人数	28	28	28
41	84	75～84	5	10	7
42	99	85～99	15	8	13
43	100	100	0	2	1
44		优秀率	0.5357		

图 7-14　语文"优秀率"计算公式及结果

（4）复制公式，检查核对

★ 步骤 23　将 C44 的除法公式复制到同一行的各个课程，如图 7-15 所示。

★ 步骤 24　逐一检查复制的公式表达式是否正确，得到所有课程的"优秀率"。

（5）设置"百分比"格式　各课程的优秀率计算完成之后，单元格内都是小数，应设置为百分比格式，操作方法如下。

任务 7 统计分析成绩单

	B	C	D	E	F	G
34		语文	数学	英语	计算机	专业课
38	考试人数	28	28	28	28	28
41	75～84	5	10	7	6	6
42	85～99	15	8	13	12	16
43	100	0	2	1	3	1
44	优秀率	0.5357	0.3571	0.5	0.5357	0.6071

图 7-15 "优秀率"复制结果

★ **步骤 25** 选中 C44:G44 单元格区域→单击"开始"选项卡"数字"组数字格式按钮 常规 右边的箭头→选"百分比"格式（2 位小数），得到优秀率的百分比格式，如图 7-16 所示。

	B	C	D	E	F	G
43	100	0	2	1	3	1
44	优秀率	53.57%	35.71%	50.00%	53.57%	60.71%
45	及格率					
46	补考人数					

图 7-16 设置单元格"百分比"格式

2. 除法公式计算"及格率"

（1）算法分析 及格率 = 所有及格的人数（≥60 的人数）/考试总人数，表示及格成绩人数占考试人数的百分比。

及格成绩的人数包含 60～74、75～84、85～99 和 100 四个档次的人数之和，即 C40+C41+C42+C43，或用求和函数表示为 SUM(C40:C43)。

（2）转化为 Excel 公式表达式：

语文及格率 C45 =(C40+C41+C42+C43)/C38

或者

C45=SUM(C40:C43)/C38

也可以用另一种方式表达：C45=1-C39/C38，其中 C39/C38 表示不及格率，"1-不及格率"就是及格率。

所以,计算"及格率"有三种表达式:
$$C45=(C40+C41+C42+C43)/C38$$
$$C45=SUM(C40:C43)/C38$$
$$C45=1-C39/C38$$

三种表达式都可以计算出及格率,结果相同,用哪一种都可以,自己选最简便的方式。

(3)输入公式的方法与上面相同。

(4)复制公式、检查核对与上面相同,得到所有课程的"及格率"。

(5)设置"及格率"为"百分比"格式。

3. 计算"补考人数"

(1)分析 "补考人数"就是不及格的人数,即 0~59 分数段的人数。

(2)表达式 语文补考人数 C46=C39,即补考人数等于 0~59 分数段的人数。

(3)输入公式的方法与上面相同。

(4)复制公式、检查核对与上面相同,得到所有课程的"补考人数"。

至此,"各科成绩统计分析"表中需要计算和统计的各项目全部计算完成,如图 7-17 所示。保存文件。下面计算"学期总评"成绩单中的名次。

图 7-17 "各科成绩统计分析"表计算完成

四、使用排名次函数 RANK( )计算"名次"

如何对总分排名次?先排序再填充序列吗?如果个别人的单科成绩发生变化怎么办?重新排序吗?

不是的,在 Excel 中有一个非常高效、有用的办法可以解决这类问题——名次排序函数。

所以,学生总分的名次不用排序后再输入序列的人为、手工方法,用排名次函数 RANK( )即可实现排列名次,精确、高效、省时省力,而且能自动更新。

1. 排名次函数结构

排名次函数 RANK( ):返回某一个数字在一列数字列表中相对于其他数值的大小排名。

函数表达式为:RANK(number, ref, order)

number 为需要排名次的数字;ref 为排名次的数据范围,或对数字列表的引用(非数字值将被忽略);order 为一数字,指明排位的方式,如果为 0 (零)或省略,降序;非零值,升序。

函数 RANK( )对重复数的排位相同,后续的排位顺延。

例如:学生 1 的名次　I4 = RANK (H4, $H$4:$H$31)

　　　　　　　　　　　名次结果　函数名　学生1的总分　所有学生的总分区域

函数表示学生 1 的总分在所有学生总分区域中的排名。

2. 单元格引用的类型(绝对引用,相对引用)

函数表达式中出现的"所有学生的总分"数据区域"$H$4:$H$31",与前面的单元格表示法"H4"不一样,这种表示法称为"绝对引用"。

(1)绝对引用　在复制公式时,公式中始终保持不变的引用单元格地址,称为"绝对引用",需要使用绝对引用方式"$列标$行号"。

① 绝对引用的表示方法　在单元格的列标、行号前加"$"符号,如$H$4 表示绝对引用单元格,$H$4:$H$31 表示绝对引用区域。

② 作用　使用绝对引用时,复制公式后,公式中的单元格引用地址始终不发生变化(保持不变)。

③ 绝对引用的切换方法　在编辑栏中，选中需要设置绝对引用的单元格，按 F4 键进行切换。

例如，I4＝RANK(H4, $H$4:$H$31)，表示在复制函数时，每一位学生总分排名次，总分范围 H4:H31 不管复制到哪都不会改变，都在同一个数据范围内排名，保证排名次的同一性，准确性。复制后函数表达式如下：

I5＝RANK(H5, $H$4:$H$31)

I6＝RANK(H6, $H$4:$H$31)

I7＝RANK(H7, $H$4:$H$31)

……

（2）相对引用　相对引用是 Excel 默认的引用方式。相对引用是指将一个含有单元格地址的公式复制到一个新位置时，公式中的单元格地址会随着一起改变，称为相对地址。如上例 I4＝RANK(H4, $H$4:$H$31)中的 H4。

3．排名次函数 RANK 统计 "名次"

（1）算法分析　学生 1 的总分 H4 在所有学生总分区域 H4:H31 中的排名或名次。

（2）函数表达式　I4 ＝ RANK(H4, $H$4:$H$31)

（3）插入（调用）函数

★ **步骤** 26　单击 I4 单元格选中。

★ **步骤** 27　在编辑栏中输入或插入函数表达式"＝ RANK(H4, $H$4:$H$31)"。

★ **步骤** 28　切换绝对引用。在函数表达式的数据区域"H4:H31"的单元格 H4 前单击鼠标，按 F4，变成绝对引用$H$4，再单击 H31 前，按 F4，变成绝对引用$H$31。

★ **步骤** 29　回车确认或单击✓确认，排名次结果显示在 I4 单元格，RANK( )函数表达式留在编辑栏，便于检查校对，如图 7-18 所示。

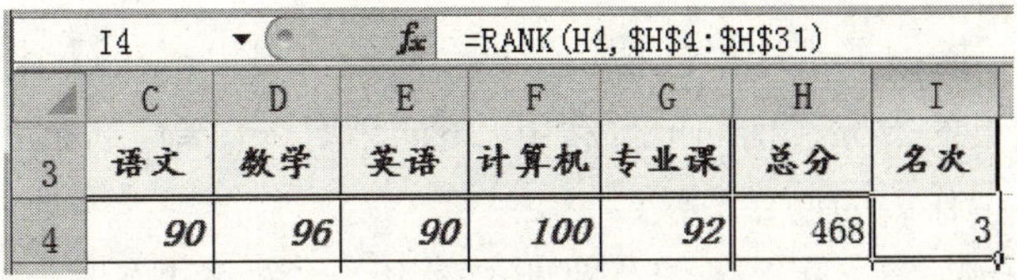

任务 7 统计分析成绩单

图 7-18 "名次"排列函数及结果

（4）复制函数 其他学生的"名次"算法和规律与 I4 相同，并且表达式中所有学生的总分区域不变，设置为绝对引用$H$4:$H$31，所以可以复制排名次函数。

★ **步骤 30** 选中 I4 单元格，双击 I4 右下角的"填充柄"（黑色小方块），将 I4 的函数复制到同一列的每一项。

（5）检查核对 逐个选中复制后的单元格，检查复制的排名次函数表达式是否正确。

（6）分析总结 RANK( )函数的特点

① 观察利用函数 RANK( )排列名次的结果，发现有重复数据时，则排位相同，并且后续的排位顺延。

② 改变各科成绩的分数值，观察"名次"结果，发现名次能自动更新。

至此，"学期总评"工作表中需要计算和统计的项目全部计算、统计完毕，利用函数实现了数据计算、复杂统计的自动化、高效、精确、快速。保存文件。

五、选择性粘贴生成"统计分析"工作表

"学期总评"中的统计分析数据可以复制、粘贴到新的工作表中吗？

"统计分析"结果，直接复制、粘贴操作是不成功的，因为"统计分析"中的数据都是函数、公式计算得到的，粘贴到别的位置后，公式、函数都失效了，因此不能直接粘贴。有什么办法可以利用这些数据呢？

Excel 提供了"选择性粘贴"这个功能，可以解决这个问题，能将计算结果的数据在别的地方利用。下面学习"选择性粘贴"生成"统计分析"工作表的操作方法。

★ 步骤 31　在"学期总评"工作表中，选择"各科成绩统计分析"的标题及数据区域 B33:G46。

★ 步骤 32　单击"复制"按钮 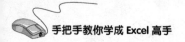。

★ 步骤 33　在"统计分析"工作表中，单击 A3 单元格（A3 是粘贴的目标位置）选中。

★ 步骤 34　单击"开始"选项卡"剪贴板"组的"粘贴"按钮的下箭头，在列表中选择"值和数字格式"按钮，如图 7-19 所示。

或者，在"粘贴"按钮的列表中单击"选择性粘贴"命令，在"选择性粘贴"对话框中，选择"值和数字格式"选项，单击"确定"按钮，如图 7-20 所示。

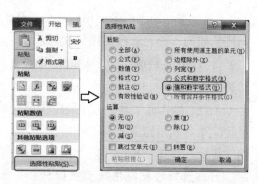

图 7-19　"值和数字格式"按钮　　图 7-20　选择性粘贴 → "值和数字格式"

★ 步骤 35　选择性粘贴的结果，如图 7-21 所示，所有的单元格中都是数值（计算结果的值），而不是公式或函数。

★ 步骤 36　添加标题、班级信息，设置工作表各部分格式后的"统计分析"工作表，如图 7-22 所示，保存文件。

任务 7　统计分析成绩单

	A	B	C	D	E	F
1						
2						
3	各科成绩统计分析					
4		语文	数学	英语	计算机	专业课
5	平均分	80.11	79.79	81.11	82.21	82.96
6	最高分	97	100	100	100	100
7	最低分	54	57	49	45	50
8	考试人数	28	28	28	28	28
9	0～59	2	2	2	2	2
10	60～74	6	6	5	5	3
11	75～84	5	10	7	6	6
12	85～99	15	8	13	12	16
13	100	0	2	1	3	1
14	优秀率	53.57%	35.71%	50.00%	53.57%	60.71%
15	及格率	92.86%	92.86%	92.86%	92.86%	92.86%
16	补考人数	2	2	2	2	2

图 7-21　"选择性粘贴"结果

	A	B	C	D	E	F
1	学前教育专业2015-6班　　学期总评					
2	班主任：陈静　　电话：13269880577　　2017/1/16					
3	各科成绩统计分析					
4		语文	数学	英语	计算机	专业课
5	平均分	80.11	79.79	81.11	82.21	82.96
6	最高分	97	100	100	100	100
7	最低分	54	57	49	45	50
8	考试人数	28	28	28	28	28
9	0～59	2	2	2	2	2
10	60～74	6	6	5	5	3
11	75～84	5	10	7	6	6
12	85～99	15	8	13	12	16
13	100	0	2	1	3	1
14	优秀率	53.57%	35.71%	50.00%	53.57%	60.71%
15	及格率	92.86%	92.86%	92.86%	92.86%	92.86%
16	补考人数	2	2	2	2	2

图 7-22　设置格式后的工作表

补充　"粘贴"的下拉列表中"粘贴值"和"选择性粘贴"的区别："粘贴值"只粘贴计算的结果，而数字格式如"2 位小数""百分比"格式等不会粘贴，需要重新设置；"选择性粘贴"可以选择各种粘贴的项目，如选"值和数字格式"，就将"2 位小数""百分比"格式自动跟随，不用重新设置这些格式。

下面讲解如何筛选优秀生名单和补考名单。

六、使用高级筛选功能筛选"优秀生名单"和"补考名单"

1. 筛选"优秀生名单"

符合优秀生的条件是：各门功课的成绩必须都在 85 分以上（同时满足的条件，称为"与"条件）。如何筛选呢？用自动筛选功能虽然可以，但操作繁琐，用 Excel 的高级筛选功能来实现，既快又准。

先做准备工作：单击"学期总评"工作表，在"学期总评成绩单"数据表外侧录入优秀生条件，如图 7-23 所示。

	I	J	K	L	M	N	O
3	名次						
4	3		优秀生条件				
5	2		语文	数学	英语	计算机	专业课
6	5		>=85	>=85	>=85	>=85	>=85
7	10						

图 7-23　优秀生条件

215

> ☑ 高级筛选的条件区域与数据表至少留一个空白行或空白列；
> ☑ 条件区域要包含所有课程的字段名，并且必须与数据表中的字段名完全相同；
> ☑ 多列上具有的优秀生条件">=85"写在同一行内，表示同时满足这些条件，即所有课程的成绩都必须同时满足>=85分（"与"条件的写法）。

筛选"优秀生名单"操作方法如下。

★ **步骤37** 单击数据表中的任意单元格。

★ **步骤38** 单击"数据"选项卡"排序和筛选"组中的"高级"筛选按钮 ，打开"高级筛选"对话框，如图7-24所示。

图7-24 设置优秀生名单的"高级筛选"

★ **步骤39** 在对话框中"列表区域"选择 A3:I31，条件区域选择 K5:O6。

★ **步骤40** 单击"确定"按钮，得到如图 7-25 所示的高级筛选结果。

从图7-25看出，高级筛选结果的记录中各门功课都在85分以上，均符合优秀生条件，高级筛选准确、快速、高效。

任务 7 统计分析成绩单

	A	B	C	D	E	F	G	H	I
3	学号	姓名	语文	数学	英语	计算机	专业课	总分	名次
4	2015160601	张文珊	90	96	90	100	92	468	3
5	2015160602	徐 蕊	92	90	92	100	95	469	2
6	2015160603	董媛媛	89	100	92	89	86	456	5
9	2015160606	陈 鑫	91	92	99	85	100	467	4
16	2015160613	何研雅	97	100	100	100	99	496	1
21	2015160618	王 昱	90	88	86	85	87	436	9
28	2015160625	秦怀旺	86	90	88	99	88	451	7
30	2015160627	徐荣慧	86	88	92	95	91	452	6

图 7-25 "优秀生"高级筛选结果

2. 生成"优秀生名单"工作表

高级筛选的结果能不能直接复制、粘贴到新的工作表中？也是不行的，因为"名次"是函数计算的结果，粘贴到新的位置后，函数结果是错误的，所以也需要用"选择性粘贴"来生成新的工作表。

★ **步骤 41** 将图 7-25 所示的"学期总评"成绩表中"优秀生"高级筛选的结果，复制，选择性粘贴【值和数字格式】到"优秀生名单"工作表 A3 中，添加标题"学前教育专业 2015-6 班　优秀生名单"、班级信息，如图 7-26 所示，并补充相应字段和项目。

	A	B	C	D	E	F	G	H	I	J
1	学前教育专业2015-6班　优秀生名单									
2	班主任：陈静		电话：13269880577				填表日期：2017年1月16日			
3	学号	姓名	语文	数学	英语	计算机	专业课	总分	名次	平均分
4	2015160601	张文珊	90	96	90	100	92	468	3	
5	2015160602	徐 蕊	92	90	92	100	95	469	2	
6	2015160603	董媛媛	89	100	92	89	86	456	5	
7	2015160606	陈 鑫	91	92	99	85	100	467	4	
8	2015160613	何研雅	97	100	100	100	99	496	1	
9	2015160618	王 昱	90	88	86	85	87	436	9	
10	2015160625	秦怀旺	86	90	88	99	88	451	7	
11	2015160627	徐荣慧	86	88	92	95	91	452	6	
12	优秀生人数									

图 7-26 "优秀生名单"工作表

★ 步骤 42 设置工作表各部分格式与"学期总评"工作表相同，如图 7-26 所示。

★ 步骤 43 计算每名优秀生的平均分，统计优秀生人数，保存文件。【优秀生人数 C12=COUNT(C4:C11)】

★ 步骤 44 撤销"学期总评"成绩表中的高级筛选结果。单击"数据"选项卡"排序和筛选"组中的"清除"按钮 ，即可将高级筛选撤销，恢复所有数据。保存文件。

至此，"优秀生名单"工作表制作完成。

3. 筛选"补考名单"

需要补考的条件是：各门功课的成绩只要有 60 分以下的，就必须要补考（"或"条件）。如何筛选呢？用自动筛选功能根本无法实现，用 Excel 的高级筛选功能来实现，既快又准。

先做准备工作：在"学期总评成绩单"数据表外侧录入补考条件，如图 7-27 所示。

	I	J	K	L	M	N	O
8	23						
9	4		补考条件				
10	21		语文	数学	英语	计算机	专业课
11	17		<60				
12	24			<60			
13	17				<60		
14	20					<60	
15	12						<60

图 7-27 补考条件

提示

☑ 高级筛选的条件区域与数据表至少留一个空白行或空白列；

☑ 补考条件区域要包含所有课程的字段名，并且必须与数据表中的字段名完全相同；

☑ 多列上具有的补考条件"<60"不能写在同一行内，必须隔行写在多行，表示语文<60，或数学<60，或英语<

60，或计算机<60，或专业课<60，只要有一科成绩<60 就需要补考（"或"条件的写法）。

筛选"补考名单"操作方法如下。

★ 步骤45 单击数据表中的任意单元格。

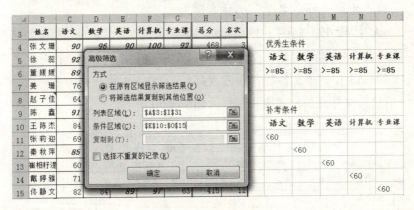

图7-28 设置补考名单的"高级筛选"

★ 步骤46 单击"数据"选项卡"排序和筛选"组中的"高级"筛选按钮 高级，打开"高级筛选"对话框，如图7-28所示。

★ 步骤47 在对话框中"列表区域"选择 A3:I31，条件区域选择 K10:O15。

★ 步骤48 单击"确定"按钮，得到如图7-29所示的高级筛选结果。

	A	B	C	D	E	F	G	H	I
3	学号	姓名	语文	数学	英语	计算机	专业课	总分	名次
10	2015160607	王陈杰	84	57	79	82	85	387	21
17	2015160614	王梓政	88	74	56	66	55	339	25
25	2015160622	奇 慧	54	70	49	60	84	317	27
26	2015160623	阿 丽	74	60	73	45	86	338	26
27	2015160624	班利娟	57	65	70	55	50	297	28
29	2015160626	王一帆	85	58	79	95	90	407	14

图7-29 "补考名单"高级筛选结果

从图 7-29 看出，高级筛选结果的记录中只要单科成绩在 60 分以下，就符合补考条件，共计 10 人次补考。所以高级筛选准确、快速、高效，可以实现自动筛选不能筛选的条件（"或"条件），高级筛选对数据统计、分析有很大的作用。

4. 生成"补考名单"工作表

★ **步骤 49** 将图 7-29 所示的"学期总评"成绩表中"补考名单"高级筛选的结果，复制，选择性粘贴【值和数字格式】到"补考名单"工作表 A3 中，添加标题"学前教育专业 2015-6 班　补考名单"、班级信息，并补充相应字段和项目，如图 7-30 所示。

	A	B	C	D	E	F	G	H	I	J
1			学前教育专业2015-6班　补考名单							
2	班主任：陈静		电话：13269880577				填表日期：2017年1月16日			
3	学号	姓名	语文	数学	英语	计算机	专业课	总分	名次	补考科数
4	2015160607	王陈杰		57				387	21	
5	2015160614	王梓政			56		55	339	25	
6	2015160622	奇 慧	54		49			317	27	
7	2015160623	阿 丽				45		338	26	
8	2015160624	班利娟	57			55	50	297	28	
9	2015160626	王一帆		58				407	14	
10	各科补考人数									
11	补考总人次									

图 7-30　"补考名单"工作表

★ **步骤 50** 在"补考名单"数据表中，将所有及格成绩用条件格式设置为"白色"字体（只留下红色加粗显示的不及格成绩）。

★ **步骤 51** 设置工作表各部分格式与"学期总评"工作表相同，如图 7-30 所示，保存文件。

★ **步骤 52** 撤销"学期总评"成绩表中的"补考名单"高级筛选结果，恢复所有数据。保存文件。

七、使用条件计数函数 COUNTIF( ) 计算"各科补考人数"、每人"补考科数"

1. 条件计数函数结构

条件计数函数 COUNTIF( )：计算某个区域中满足给定条件的单元格的数目。

函数表达式为：COUNTIF(Range,Criteria)

Range 表示要计数的非空单元格区域，忽略空值和文本。Criteria 表示以数字、表达式、单元格引用或文本形式定义的条件。例如，补考条件（不及格）可以表示为 "<60"。

2. 统计"各科补考人数"、每人"补考科数"、"补考总人次"

（1）算法分析　在"补考名单"工作表中，统计从 C4 开始到 C9 为止的连续区域中，语文成绩 <60（不及格）的人数。

（2）Excel 条件计数函数表达式　语文补考人数：

C10＝COUNTIF（C4:C9，"<60"）

统计结果　函数名　统计区域　补考条件

其中补考条件 <60 用英文定界符 " " 标记，即"<60"。

（3）插入（调用）函数

★ 步骤 53　在"补考名单"工作表中，单击 C10 单元格选中。

★ 步骤 54　单击编辑栏左侧的"插入函数 f_x"按钮，打开"插入函数"对话框，如图 7-31 所示，在"类别"列表中选择"统计"，在"函数"列表中选择"COUNTIF"，单击"确定"。

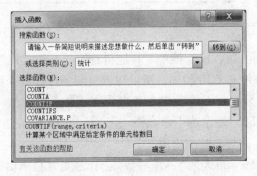

图 7-31　"插入函数"对话框

★ **步骤 55** 打开 COUNTIF "函数参数"对话框,如图 7-32 所示,在 Range 框中选择 C4:C9 区域,在 Criteria 框中输入 "<60",单击"确定"。

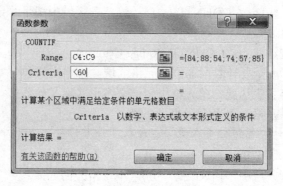

图 7-32 COUNTIF "函数参数"对话框

★ **步骤 56** 单击"确定"后,条件计数结果显示在单元格 C10 中,函数表达式留在编辑栏中,如图 7-33 所示。

图 7-33 "语文补考人数"条件计数结果

(4) 复制函数、检查核对 其他科目的"补考人数"(不及格人数)的统计方法与 C10 相同,所以可以复制条件计数函数。

★ **步骤 57** 将 C10 复制到各个课程,至 G10。

★ **步骤 58** 逐个选中单元格,检查复制的函数表达式是否正确。

(5) 条件计数函数的应用

★ **步骤 59** 每人的"补考科数"会计算吗?自己试试。如图 7-34

所示。【J4= COUNTIF(C4:G4, "<60")】

	C	D	E	F	G	H	I	J
3	语文	数学	英语	计算机	专业课	总分	名次	补考科数
4		57				387	21	1
5			56		55	339	25	2
6	54		49			317	27	2
7				45		338	26	1
8	57			55	50	297	28	3
9		58				407	14	1

图 7-34 "补考科数"条件计数结果

★ **步骤 60** "补考总人次"的算法用求和函数计算, 自己试试。【C11=SUM(C10:G10)】

至此,"补考名单"工作表制作完成。成绩单的数据计算、统计、分析、筛选、生成其他各工作表等的工作全部完成,得到了成绩单的所有数据和结果, 保存文件。下次将根据统计分析结果绘制各种图表。

归纳总结

在"统计分析成绩单"任务中,应用了 Excel 的函数完成数据的复杂运算、统计、分析、筛选等工作,总结如下:

1. 利用"条件格式"标记特殊数据(优秀、不及格、最高分)。
2. 使用频率分布函数 FREQUENCY( )统计"各分数段人数"(同时按"Ctrl + Shift + Enter"组合键确认)。
3. 使用排名次函数 RANK( )计算"名次"(函数中运用绝对引用,如$H$4:$H$31)。
4. 利用"选择性粘贴"将函数、公式计算结果的数据粘贴在别的地方利用。
5. 使用高级筛选功能筛选"优秀生名单"(多个"与"条件)和"补考名单"(多个"或"条件)。
(1)"与"条件、"或"条件的录入方法如下:

项目	"与"条件	"或"条件
图例		
说明	多列上具有的优秀生条件">=85"写在同一行内,表示同时满足这些条件,即所有课程的成绩都必须同时满足>=85分("与"条件的写法)	多列上具有的补考条件"<60"必须隔行写在多行,表示语文<60,或数学<60,或英语<60,或计算机<60,或专业课<60,只要有一科成绩<60 就需要补考("或"条件的写法)

（2）高级筛选的工作流程

① 正确分析筛选条件；

② 准确录入筛选条件；

③ 进行高级筛选操作；

④ 检查筛选结果，复制筛选结果；

⑤ 撤销筛选。

（3）高级筛选的用途　用于各种复杂或简单的数据检索：自动筛选无法实现的多条件的复杂筛选；多个"与"条件的筛选；多个"或"条件的筛选；多个"与"条件和"或"条件混合的筛选。

6. 利用条件计数函数 COUNTIF( )统计符合条件的记录数目。

 评价反馈

作品完成后，填写表 7-1 所示的评价表。

表 7-1 "统计分析成绩单"评价表

评价模块	学习目标	评价项目	自评
专业能力	1. 管理 Excel 文件：新建、另存、命名、关闭、打开、保存文件		
	2. 条件格式标记数据	标记不及格成绩，设置条件格式	
		新建格式规则，标记优秀成绩	
		新建格式规则，标记单科最高分	
	3. FREQUENCY( )统计各分数段人数	设置各分数段的分段点	

任务 7　统计分析成绩单

续表

评价模块	学习目标	评价项目	自评
专业能力	3. FREQUENCY( )统计各分数段人数	选择统计频率的数据区域（结果区域）	
		频率分布函数 FREQUENCY( )表达式	
		同时按下"Ctrl + Shift + Enter"组合键确认	
		复制 FREQUENCY( )函数	
	4. 计算"优秀率""及格率"	除法公式计算"优秀率"，设置数据格式	
		除法公式计算"及格率"，设置数据格式	
		计算"补考人数"	
	5. 排名函数 RANK( )计算"名次"	排名函数 RANK( )表达式	
		切换绝对地址	
		复制排名函数 RANK( )	
	6. 选择性粘贴生成"统计分析"数据表	"选择性粘贴"生成"统计分析"表	
		添加标题、班级信息，设置工作表各部分格式	
	7. 高级筛选，并生成新工作表，计算数据	正确录入"优秀生"条件（"与"条件）	
		高级筛选"优秀生名单"	
		"选择性粘贴"生成"优秀生名单"工作表	
		平均值函数 AVERAGE（）计算优秀生"平均分"	
		计数函数 COUNT（）统计"优秀生人数"	
		正确录入"补考"条件（"或"条件）	
		高级筛选"补考名单"	
		"选择性粘贴"生成"补考名单"工作表	
		条件计数函数 COUNTIF（）统计"各科补考人数"、每人"补考科数"	
		求和函数 SUM 计算"补考总人数"	
	8. 根据预览整体效果和页面布局，进行合理修改、调整各部分格式		
	9. 正确上传文件		

评价模块	评价项目	自我体验、感受、反思		
可持续发展能力	自主探究学习、自我提高、掌握新技术	□很感兴趣	□比较困难	□不感兴趣
	独立思考、分析问题、解决问题	□很感兴趣	□比较困难	□不感兴趣
	应用已学知识与技能	□熟练应用	□查阅资料	□已经遗忘
	遇到困难，查阅资料学习，请教他人解决	□主动学习	□查阅资料	□不感兴趣
	总结规律，应用规律	□很感兴趣	□比较困难	□不感兴趣

续表

评价模块	评价项目	自我体验、感受、反思		
可持续发展能力	自我评价，听取他人建议，勇于改错、修正	□很愿意	□比较困难	□不愿意
	将知识技能迁移到新情境解决新问题，有创新	□很感兴趣	□比较困难	□不感兴趣
社会能力	能指导、帮助同伴，愿意协作、互助	□很愿意	□比较困难	□不感兴趣
	愿意交流、展示、讲解、示范、分享	□很愿意	□比较困难	□不感兴趣
	敢于发表不同见解	□敢于发表	□比较困难	□不感兴趣
	工作态度，工作习惯，责任感	□好	□正在养成	□很少
成果与收获	实施与完成任务	□☺独立完成	□☺合作完成	□☹不能完成
	体验与探索	□☺收获很大	□比较困难	□☹不感兴趣
	疑难问题与建议			
	努力方向			

复习思考

1. 统计各分数段人数使用哪个函数？函数名称及格式是什么？如何使用？用什么组合键确认？

2. 给数据排列名次使用什么函数？函数名称及格式是什么？如何使用？

3. 举例说明什么是绝对引用。如何表示绝对引用？如何设置为绝对引用？

4. 如何将含有统计分析的函数运算结果的数据表复制到其他的工作表中？

5. 如何筛选优秀生名单？如何筛选补考名单？

6. 举例说明什么是"与"条件。什么是"或"条件。

7. 高级筛选的用途是什么？

8. 如何统计符合条件的记录数目？

拓展实训

1. 在 Excel 中计算【样文1】"汉字录入速度成绩表"和"统计分析表"中的各项。操作要求：

（1）按照样文，录入原始数据，设置所有格式（"日期"为当天日期，数据行高为 17）。

（2）计算"录入速度成绩表"中的正确速度，保留 2 位小数(测试时长不足 10 分钟的按 0.8 倍计算）。

（3）在"正确速度"列中标记合格成绩（≥60 字/分钟）为蓝色加粗；标记优秀成绩（≥100 字/分钟）为橙色加粗，浅绿色底纹。

（4）按"正确速度"计算"名次"，只显示前 15 名的名次。

（5）在"录入速度成绩表"的"备注"列，为合格成绩添加"★"；为优秀成绩添加"★★"。

提示

H4=REPT("★",IF(F4<60,0,IF(F4<100,1,2)))

（6）计算"录入速度统计分析表"中的各项目，保留 2 位小数（注："录入速度统计分析表"中黄色底纹区域不计算）。

（7）统计各速度段的人数。

（8）统计"正确速度"的合格人数、优秀人数；计算正确速度的合格率、优秀率，保留 2 位小数。

2. 在 Excel 中计算【样文 2】各统计表中的所有项目（保留两位小数，"占总人数比例"格式为"百分比 2 位小数"）。

样文 2

	A	B	C	D	E	F	G	H	I	J	K	L	M	N	O	P
1	某公司人力资源表							年龄工龄统计表					性别比例统计表			
2	编号	姓名	性别	部门	年龄	工龄		项目	年龄	工龄			性别	人数	占总人数比例	
3	001	赵大春	女	培训部	44	20		平均值					总人数			
4	002	欧阳发	男	培训部	38	15		最大值					男			
5	003	孙小刚	男	董事会	31	7		最小值					女			
6	004	马晶晶	女	办公室	50	27										
7	005	慕容雯静	女	办公室	49	28		年龄比例统计表					工龄比例统计表			
8	006	陈金龙	男	营销部	43	20		年龄段	人数	占总人数比例			工龄	人数	占总人数比例	
9	007	李华强	男	营销部	32	9		总人数					总人数			
10	008	汪敬如	女	工程部	31	8		25岁以下					3年以内			
11	009	牛蕾蕾	男	工程部	33	8		26至35岁					4至9年			
12	010	白莉莉	女	后勤部	33	8		36至45岁					10至19年			
13	011	马金龙	男	研发部	31	8		46至55岁					20至29年			
14	012	黄亮	男	工程部	31	8		56岁以上					30年以上			

任务 8 绘制美化成绩图表

  知识目标

1. 图表的概念、组成部分；
2. 图表的类型及适用场合；
3. 不同类型图表对应的数据区域；
4. 插入不同类型图表的方法；
5. 美化不同类型图表的方法；
6. 绘制、美化其他类型组合图表的设计思路和方法。

  能力目标

1. 能识别图表的各组成部分；
2. 能根据需求选用合适的图表类型；
3. 能正确选择绘制不同类型图表的数据区域；
4. 能正确插入不同类型图表；
5. 能正确美化不同类型图表；
6. 能绘制、美化其他类型的组合图表。

学习重点

1. 图表的组成部分、类型及适用场合；
2. 正确选择数据、绘制、美化不同图表的方法；
3. 绘制、美化其他类型组合图表的设计思路和方法。

数据分析还可以通过数字到图表的转换，从生动形象的图表中得出更加清晰的结论。

图表就是将数据表中的数据以各种图的形式显示出来,使数据更加直观。Excel 2010 的图表类型很丰富,可以满足用户的多种需求。图表具有较好的视觉效果,它可以更加清晰地显示数据之间的关系,使数据结果更加直观明了,可方便用户比较数据,预测趋势。Excel 2010 提供了方便快捷的图表工具,利用它可以方便地创建图表。建立好图表后,还可以对其进行美化(设置图表各种格式),使其更适合阅读、对比、分析,更加美观。

本任务以"学生成绩单"中"各科成绩统计分析"数据表为例,绘制各种数据对应的图表,学习 Excel 数据图表的绘制过程和方法,学习设置图表格式的方法,学会图表选项卡的使用方法。

提出任务

打开文件"成绩单.xlsx",在"成绩图表"工作表中,绘制以下图表,并按作品效果设置图表各部分格式。
(1)各科成绩"平均分""最低分""各分数段人数"迷你图;
(2)"各科成绩平均分、最高分、最低分"雷达图;
(3)"各科成绩人数分布"簇状柱形图;
(4)"各科成绩优秀率、及格率"折线图;
(5)"计算机成绩各分数段人数分布"饼图;
(6)"各科成绩优秀人数对比"圆环图。

作品展示

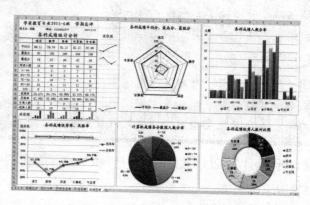

分析任务

1. 图表的概念

图表，是"数据可视化"的常用手段，以各种几何图形的形式显示工作表中的数值数据系列，使用户更容易理解大量数据以及不同数据系列之间的关系。

迷你图，简单地以一个图表的样子在一个单元格内显示出指定单元格内的一组数据的变化，是实现数据快速分析的好帮手。

2. 图表的组成部分（图表元素）

图表由图表区、图表标题、绘图区、垂直（值）轴、水平（类别）轴、数据点、数据标签和图例等部分（图表元素）组成，如图8-1所示。

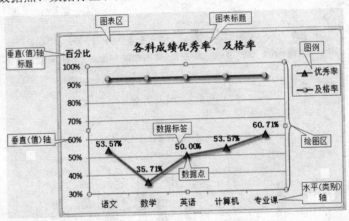

图 8-1 图表组成部分（图表元素）

（1）图表区　整个图表的画布，包含图表所有组成部分（图表元素）的区域，单击可激活图表，边框有控制点，可缩放、可移动。

（2）图表标题　在图表的顶端，用来说明图表的名称、种类或性质。

（3）绘图区　是图表中数据的图形显示区，包括网格线和数据图示。

（4）垂直轴　用来区分数据的大小，包括垂直轴标题和刻度值。
　　水平轴　用来区分数据的类别，包括水平轴标题和分类名称。

（5）数据点　以图形显示的数据系列。
（6）数据标签　用来标识数据系列中数据点数值大小的说明文本。
（7）图例　用于区分数据各系列的彩色小方块和名称。

图表的以上这些组成部分，有的是在图表绘制过程中自动生成的，如图表区、绘图区、图例、垂直轴、水平轴等；有的组成部分在图表绘制完成后需要添加或设置，如图表标题、垂直轴标题、水平轴标题、类别名称等。所有组成部分都可以在图表绘制完成后进行修改或设置格式。

3. 图表、迷你图类型及常用图表适用场合

（1）图表的类型很多，每一种类型又有若干子类型，如图 8-2 所示；还可以使用多种图表类型来创建组合图，如图 8-3 所示为组合的柱线图。

图 8-2　图表类型

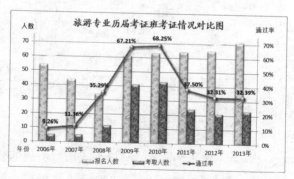

图 8-3　柱线图

（2）常用图表的适用场合

① 柱形图和条形图　用于比较相交于类别轴上的数值大小。
② 折线图　显示数据随时间变化的趋势和起伏。
③ 饼图　显示各部分数据占整体的比例。

④ 雷达图　多指标体系比较分析的专业图表，显示相对于中心点的数值，指标的实际值与参照值的偏离程度。

⑤ 柱线图　同一图表中同时显示较多数据间的比较和另一相关数据的变化趋势和起伏。

(3) 迷你图类型及适用场合　迷你图：显示基于相邻数据的趋势，简单地表现数据的变化。目前 Excel 提供的迷你图类型只有三种，如图 8-2 所示。

① 折线图　展示数据发展趋势；

② 柱形图　进行数据之间的对比；

③ 盈亏图　显示盈利和亏损状况。

(4) 迷你图与图表的区别　迷你图是嵌入在单元格内部的微型图表，迷你图类型只有三种，数据源只能是某行或某列，图表的设置项较少。

迷你图占用空间非常小，镶嵌在单元格内，数据变化时，迷你图跟着迅速变化，打印的时候可以直接打印出来。

图表是浮于工作表上方的图形对象，可同时对多组数据进行分析，图表类型多，且设置项多。

认识了图表的组成部分、图表类型及适用场合，可以开始绘制图表了。绘制时，要正确选择数据区域；美化图表格式时，要选择对应的图表组成部分分别美化。

完成任务

准备工作：将保存的"成绩单.xlsx"文件打开，将"统计分析"工作表的内容复制到"成绩图表"工作表中，作为绘制各种类型图表的数据源。在"补考人数"下面添加一行"优秀人数"，计算各科的优秀人数，如作品所示。按照下面的工作流程开始操作。

一、绘制各科成绩"平均分""最低分""各分数段人数"的迷你图

1. 选择数据

迷你图的数据源只能是某行或某列，必须正确选择需要的数据。

★ **步骤1** 绘制各科成绩"平均分"（B5:F5）的迷你折线图。选择"成绩图表"工作表中"平均分"的数据区域 B5:F5。

2. 插入迷你图

★ **步骤2** 单击"插入"选项卡，在"迷你图"组中选择"折线图"，打开"创建迷你图"对话框，如图 8-4 所示。

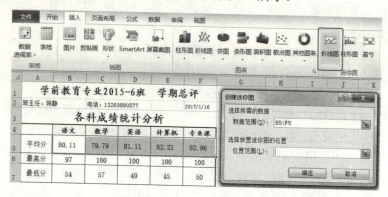

图 8-4　插入迷你图——折线图

★ **步骤3** 在对话框的"迷你图位置"框中选择 G5 单元格，单击"确定"按钮，迷你折线图出现在 G5 单元格中，如图 8-5 所示。设置 G5 单元格的行高为 26，列宽为 13。

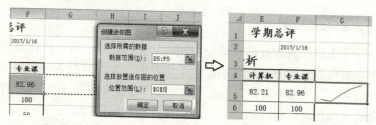

图 8-5　迷你折线图

3. 美化迷你图（设置迷你图的各部分格式）

插入迷你图后，自动打开"迷你图工具/设计"选项卡，如图 8-6 所示，迷你图的所有格式都在这个选项卡中设置。

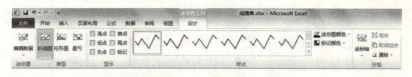

图 8-6 "迷你图工具/设计"选项卡

★ 步骤 4 设置迷你图样式。选中迷你图,单击"迷你图工具/设计"选项卡"样式"按钮 ，在列表中选择一种样式,如图 8-7 所示。

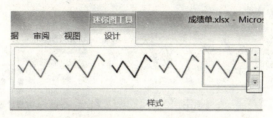

图 8-7 选择迷你图样式

★ 步骤 5 设置迷你图颜色。在"迷你图工具/设计"选项卡中单击"迷你图颜色 迷你图颜色 "按钮,选择一种深颜色。

★ 步骤 6 设置迷你图粗细。在"迷你图颜色"列表中,单击"粗细 粗细(W) "按钮,选择一种权重(粗细),取 1.5～2.25 磅之间(1 磅约等于 0.03527 厘米)。

★ 步骤 7 设置迷你图标记点及标记颜色。迷你图最常见的设置就是各数据点的显示方式。

(1)迷你折线图 首点就是第一个数据系列点,尾点就是最后一个数据系列点,高点是指值最大的数据点,低点是指值最小的数据点,如图 8-8 所示。

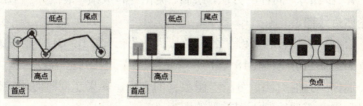

图 8-8 迷你图数据点显示方式

（2）迷你柱形图　首点就是第一个柱形，尾点就是最后一个柱形，高点是指值最大的柱形，低点是指值最小的柱形，如图8-8所示。

（3）迷你盈亏图　负点就是值为负数的数据点，如图8-8所示。

在"迷你图工具/设计"选项卡的"显示"组中，选择"高点"和"低点"两个标记点。单击"标记颜色"按钮，分别设置"高点"颜色和"低点"颜色，如图8-9所示。

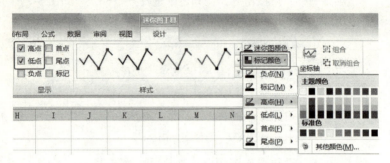

图8-9　选择标记点，设置标记颜色

至此，各科成绩"平均分"的迷你折线图绘制、美化完成，如图8-10所示。从迷你折线图可以对比、分析各科成绩的平均分大小，高点是专业课的平均分，低点是数学的平均分。保存文件。

	A	B	C	D	E	F	G
4		语文	数学	英语	计算机	专业课	
5	平均分	80.11	79.79	81.11	82.21	82.96	

图8-10　各科成绩"平均分"的迷你折线图

★ **步骤8**　同样的方法，绘制、美化各科成绩"最低分"（B7:F7）的迷你折线图。

绘制、美化各科成绩"各分数段人数"（语文 B9:B13）迷你柱形图，如图8-11所示（B18至F18单元格行高30，列宽7.5）。

迷你图只能对比、分析一组数据的大小，如果想同时对比、分析多组数据，需要绘制不同类型的图表。

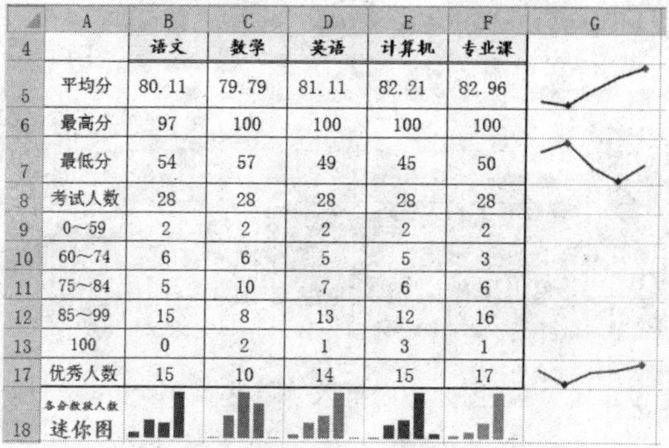

任务 8 绘制美化成绩图表

	A	B	C	D	E	F	G
4		语文	数学	英语	计算机	专业课	
5	平均分	80.11	79.79	81.11	82.21	82.96	
6	最高分	97	100	100	100	100	
7	最低分	54	57	49	45	50	
8	考试人数	28	28	28	28	28	
9	0~59	2	2	2	2	2	
10	60~74	6	6	5	5	3	
11	75~84	5	10	7	6	6	
12	85~99	15	8	13	12	16	
13	100	0	2	1	3	1	
17	优秀人数	15	10	14	15	17	
18	各分数段人数迷你图						

图 8-11 迷你折线图、迷你柱形图

二、绘制"各科成绩平均分、最高分、最低分"雷达图

1. 选择数据区域

要绘制各科成绩的平均分、最高分、最低分图表，必须正确选择需要的数据。

★ **步骤 1** 选择"成绩图表"工作表中的数据区域 A4:F7，如图 8-12 所示。

	A	B	C	D	E	F
1	学前教育专业2015-6班				学期总评	
2	班主任：陈静	电话:13269880577				2017/1/16
3	各科成绩统计分析					
4		语文	数学	英语	计算机	专业课
5	平均分	80.11	79.79	81.11	82.21	82.96
6	最高分	97	100	100	100	100
7	最低分	54	57	49	45	50
8	考试人数	28	28	28	28	28

图 8-12 选择雷达图的数据区域

2. 插入图表

★ **步骤 2** 单击"插入"选项卡，在"图表"组中没有雷达图的按钮，所以单击"其他图表"按钮，从下拉列表中选择"雷达图"的第 1 种，如图 8-13 所示。雷达图出现在工作表中。

237

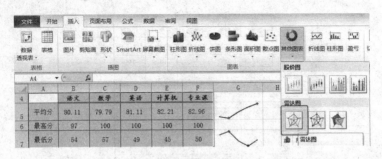

图 8-13 插入"雷达图"

3. 美化图表(设置雷达图的各部分格式)

插入图表后,自动打开"图表工具/设计"选项卡,如图 8-14 所示,图表的所有格式都在"图表工具"选项卡(设计、布局、格式)中设置。

图 8-14 "图表工具/设计"选项卡

(1)移动图表位置,设置图表区大小。

★ **步骤 3** 选择图表,移动到数据表右侧,与数据表等高,调整图表区域大小,如图 8-15 所示。

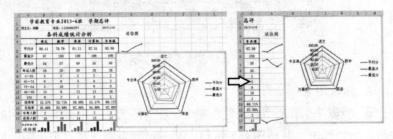

图 8-15 移动图表位置,调整图表大小

图表不能遮住数据表或其他图表,最好放在数据表的正下方或右侧,大小与数据表等宽或等高,比较整齐。

★ **步骤 4** 设置图表区大小。选择雷达图,单击"图表工具/格式"选项卡,在"大小"组中,设置图表区的高度 10.5 厘米,宽度 10 厘米,如图 8-16 所示。

图 8-16 设置图表大小

(2)选择图表布局,添加图表标题,设置标题格式。

★ **步骤 5** 选择雷达图,单击"图表工具/设计"选项卡"图表布局"按钮,在列表中选择"布局 1",在图表区上方出现"图表标题",如图 8-17 所示。

★ **步骤 6** 单击"图表标题",在标题编辑框中输入图表的标题文字"各科成绩平均分、最高分、最低分",将标题文字设置为楷体 14 号加粗,如图 8-18 所示。

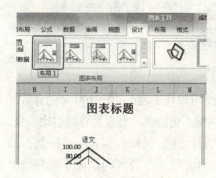

图 8-17 选择图表布局

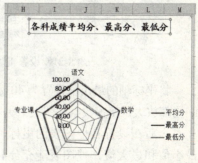

图 8-18 录入标题文字,设置标题格式

(3) 设置雷达轴（值）轴格式。

★ **步骤 7** 选择图表中的雷达轴，在"图表工具/布局"选项卡中，单击"设置所选内容格式"，如图 8-19 所示。

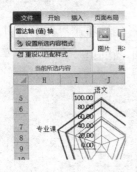

图 8-19 设置雷达轴格式

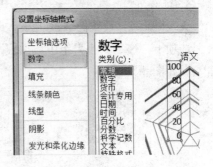

图 8-20 设置坐标轴"数字"格式

★ **步骤 8** 在打开的"设置坐标轴格式"对话框中，选择"数字"选项，在"类别"中选择"常规"，去掉小数部分，如图 8-20 所示。

★ **步骤 9** 在对话框中，选择"坐标轴选项"，因为数据表中所有课程的最低分没有低于 40 分的，所以设置坐标轴的最小值为：固定40；最大值为：固定 100，如图 8-21 所示。

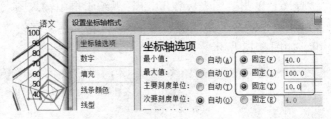

图 8-21 设置雷达轴"坐标轴选项"

将坐标轴的最小值设置为 40 分，可以使图表的 40～100 分的有效区间局部放大，使各数据在图表中更明显、更清晰，更容易看出对比关系。

今后在设置其他图表的坐标轴时，注意观察数据表中对应数据的最小值和最大值，使图表能充分利用、放大有效区间，便于观察数据的细微变化。

（4）设置系列"最高分"格式。

★ **步骤** 10　选择图表中的系列"最高分"，单击"设置所选内容格式"，如图 8-22 所示。

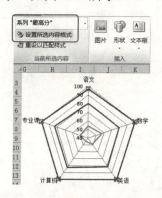

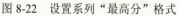

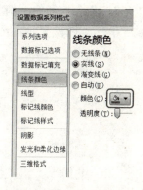

图 8-22　设置系列"最高分"格式　　　　图 8-23　设置线条颜色

★ **步骤** 11　在打开的"设置数据系列格式"对话框中，选择"线条颜色"选项，可以改变图表中最高分图形线条的颜色，如"红色"，如图 8-23 所示。

★ **步骤** 12　在对话框中，选择"线型"选项，可以改变图表中最高分图形线条的宽度为 3 磅（一般设为 2.5~4 磅之间），如图 8-24 所示。

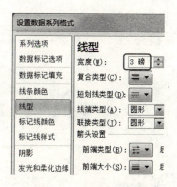

图 8-24　设置线型宽度

241

★ **步骤 13**　其他系列如"平均分""最低分"的格式也同样设置。

（5）改变图例位置，将图例显示在图表底部。

★ **步骤 14**　选中图例，单击"图表工具/布局"选项卡"标签"组中的"图例"按钮的下箭头，在菜单中选择"在底部显示图例"，如图 8-25 所示。图例显示在图表的底部，如图 8-26 所示。

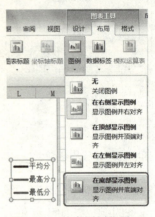

图 8-25　改变图例位置

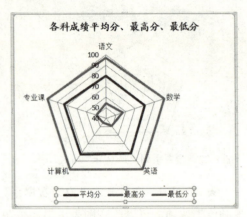

图 8-26　图例位置：在图表底部

（6）改变绘图区大小。

★ **步骤 15**　将图例放在图表底部后，选择绘图区，如图 8-27 所示。

★ **步骤 16**　将绘图区扩大如图 8-28 所示，移动到合适的位置，使图表更清晰。

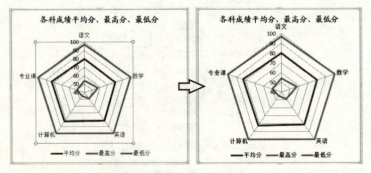

图 8-27　选择绘图区　　　　　　　图 8-28　设置绘图区大小

至此，雷达图绘制、美化完成。从雷达图可以看出各科成绩的平均分、最高分、最低分的对比情况，比较各课程的三种分数。保存文件。

三、绘制"各科成绩人数分布"簇状柱形图

1. 选择数据

★ **步骤1** 在"成绩图表"中选择"各科成绩人数分布"柱形图需要的数据区域 A4:F4、A9:F13，如图 8-29 所示。

2. 插入图表

★ **步骤2** 单击"插入"选项卡，在"图表"组中选择"柱形图"的第 1 种"簇状柱形图"，如图 8-30 所示。

簇状柱形图出现在工作表中，如图 8-31 所示。此柱形图不能体现各分数段——各科成绩人数的对比关系，因此要切换图表的行和列。

	A	B	C	D	E	F
3			各科成绩统计分析			
4		语文	数学	英语	计算机	专业课
5	平均分	80.11	79.79	81.11	82.21	82.96
6	最高分	97	100	100	100	100
7	最低分	54	57	49	45	50
8	考试人数	28	28	28	28	28
9	0～59	2	2	2	2	2
10	60～74	6	6	5	5	3
11	75～84	5	10	7	6	6
12	85～99	15	8	13	12	16
13	100	0	2	1	3	1
14	优秀率	53.57%	35.71%	50.00%	53.57%	60.71%

图 8-29 选择柱形图的数据区域

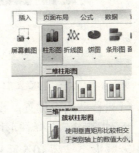

图 8-30 插入"簇状柱形图"

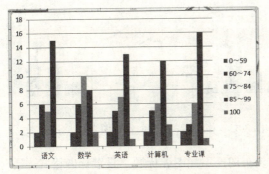

图 8-31 插入的"簇状柱形图"

★ **步骤 3**　切换图表行列。选择柱形图，单击"图表工具/设计"选项卡"数据"组的"切换行/列"按钮，切换行/列后的柱形图如图 8-32 所示，以各分数段分组，显示各科成绩人数的对比关系。

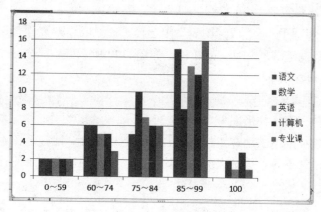

图 8-32　切换行/列后的柱形图

3. 美化图表（设置柱形图的各部分格式）

（1）移动图表位置，设置图表区大小。

★ **步骤 4**　选择柱形图，移动到雷达图右侧，与雷达图等高，设置图表区大小（高 10.5 厘米，宽 12 厘米），如图 8-33 所示。

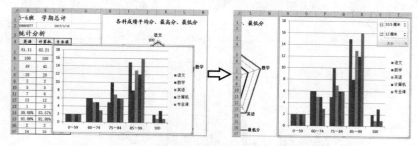

图 8-33　移动图表位置，设置图表区大小

（2）选择图表布局，添加图表标题，设置标题格式。

★ **步骤 5**　选择簇状柱形图，单击"图表工具/设计"选项卡"图表布局"按钮,在列表中选择"布局3",在图表区上方出现"图表标题",图例在图表底部显示。

★ 步骤6　单击"图表标题",在标题编辑框中输入簇状柱形图的标题文字"各科成绩人数分布",设置标题格式为:楷体14号加粗,如图8-34所示。

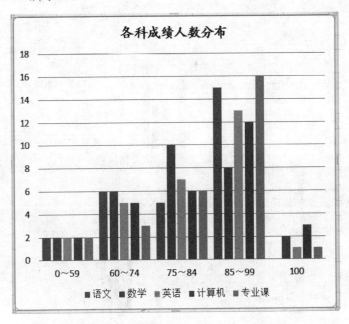

图8-34　选择图表布局,设置标题格式

(3) 添加垂直(值)轴标题。

★ 步骤7　选中图表元素"垂直(值)轴",单击"图表工具/布局"选项卡"标签"组的"坐标轴标题"→"主要纵坐标轴标题"按钮的右箭头,如图8-35所示,在菜单中选择"横排标题",纵坐标轴标题编辑框出现在图表中,如图8-36所示。

★ 步骤8　在纵坐标轴标题编辑框中输入标题文字"人数",将标题移到图表垂直(值)轴的上方,如图8-37所示。

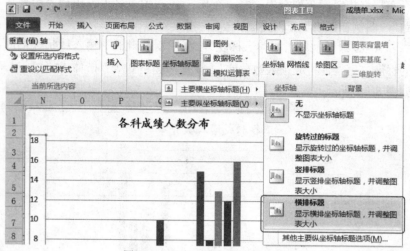

图 8-35 添加垂直(值)轴标题

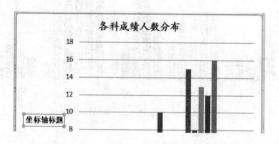

图 8-36 纵坐标轴标题编辑框

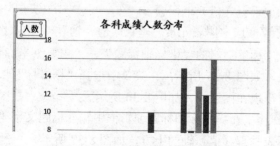

图 8-37 移动垂直(值)轴标题位置

(4) 设置垂直（值）轴格式。

因为数据表中所有课程各分数段的人数最多为 16 人，所以设置垂直（值）轴的最大值为 16。

★ **步骤 9**　选中"垂直（值）轴"，在"设置坐标轴格式"对话框中，设置"坐标轴选项"的"最大值"为"⊙固定 16.0"。

(5) 改变绘图区大小。

★ **步骤 10**　选中绘图区，将绘图区适当扩大，使图表更清晰，使水平（分类）轴的类别名称显示完整，如图 8-38 所示。

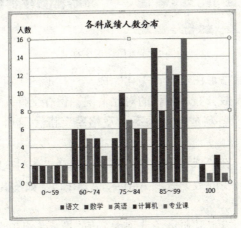

图 8-38　改变绘图区大小

(6) 改变图表样式。

★ **步骤 11**　选中绘图区，单击"图表工具/设计"选项卡"图表样式"的快翻按钮 ，如图 8-39 所示。

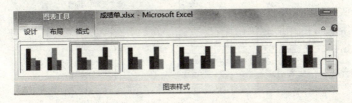

图 8-39　单击"图表样式"的快翻按钮

★ **步骤 12** 在打开的柱形图表样式库中,选择样式 26,设置样式后的簇状柱形图的立体、三维效果如图 8-40 所示。

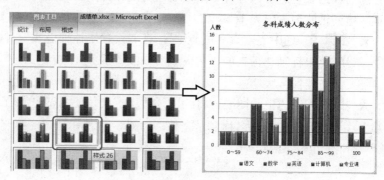

图 8-40 选择柱形图样式

至此,簇状柱形图绘制、美化完成。从柱形图中可以看出各分数段的各科成绩人数分布和各科的对比情况。保存文件。

四、绘制"各科成绩优秀率、及格率"折线图

1. 选择数据

★ **步骤 1** 在"成绩图表"工作表中选择"各科成绩优秀率、及格率"折线图需要的数据区域 A4:F4、A14:F15,如图 8-41 所示。

2. 插入图表

★ **步骤 2** 单击"插入"选项卡,在"图表"组中选择"折线图"的"带数据标记的折线图",如图 8-42 所示。折线图出现在工作表中。

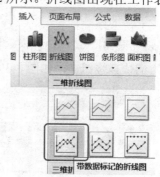

图 8-41 选择折线图的数据区域   图 8-42 插入折线图

3. 美化图表（设置折线图的各部分格式）

（1）移动图表位置，设置图表区大小。

★ **步骤 3** 选择折线图，移动到数据表下方，宽度与数据表等宽，设置图表区大小（高 7.6 厘米，宽 12 厘米），如作品图所示。

图表不能遮住数据表或别的图表，在工作表中摆放整齐。

（2）选择图表布局，添加图表标题，设置标题格式。

★ **步骤 4** 选择折线图，在"图表工具/设计"选项卡中选择"布局 1"，图表区上方出现"图表标题"，垂直（值）轴左侧显示"坐标轴标题"。

★ **步骤 5** 输入图表标题"各科成绩优秀率、及格率"，设置标题格式为：楷体 14 号加粗。

（3）修改垂直（值）轴标题，设置垂直（值）轴格式。

★ **步骤 6** 修改垂直（值）轴标题为"百分比"，设置为"横排标题"，移到图表垂直（值）轴上方。

★ **步骤 7** 选中垂直（值）轴，单击"设置所选内容格式"按钮，在打开的"设置坐标轴格式"对话框中选择"数字"选项，设置数字类别为"百分比"，小数位数为 0，如图 8-43 所示。

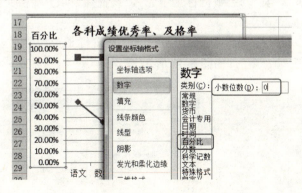

图 8-43 设置垂直（值）轴"数字"格式

★ 步骤 8　在对话框中选择"坐标轴选项",因为数据表中优秀率都在 30%以上,所以设置垂直(值)轴的最小值为"0.3";及格率都在 100%以下,设置垂直(值)轴的最大值为"1.0",如图 8-44 所示。这样可以使图表的有效显示区域扩大,图表更清晰,每个数据点的位置更精确。

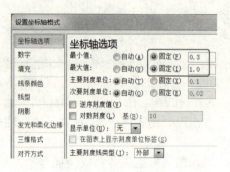

图 8-44　设置垂直(值)轴"坐标轴选项"

(4)设置系列"及格率"的格式。

★ 步骤 9　选中系列"及格率",单击"设置所选内容格式"按钮,打开"设置数据系列格式"对话框,在对话框中设置各部分格式。

★ 步骤 10　在对话框中选"线条颜色",设置线条"◉实线"的颜色,如"红色"。

★ 步骤 11　选"数据标记填充",设置标记填充"◉纯色填充"的颜色,如"黄色"。

★ 步骤 12　选"数据标记选项",设置标记类型"◉内置",选择"类型"如"○",如图 8-45 所示。

图 8-45　设置"及格率"系列格式

★ **步骤** 13 选"标记线颜色",设置标记线颜色为"◉无线条"。

★ **步骤** 14 选"三维格式",设置棱台顶端样式,如"柔圆"效果,如图 8-46 所示。

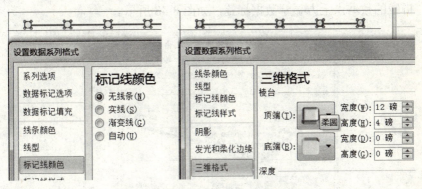

图 8-46 设置标记线颜色、三维格式

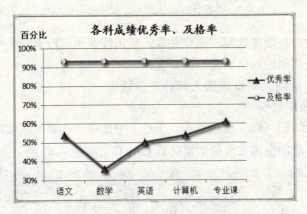

图 8-47 各系列设置格式后的效果

★ **步骤** 15 系列"及格率"设置格式后的效果如图 8-47 所示。同样的方法设置系列"优秀率"格式,如图 8-47 所示。

★ **步骤** 16 适当扩大绘图区,合理调整图例位置如图 8-47 所示,使图表更清晰。

(5) 添加"优秀率"的数据标签。

★ **步骤 17** 选中系列"优秀率",单击"图表工具/布局"选项卡,在"标签"组中单击"数据标签"按钮,选择"上方",则在"优秀率"折线的数据点上方显示数据标签,如图 8-48 所示。

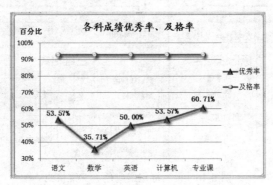

图 8-48 "各科成绩优秀率、及格率"折线图

至此,折线图绘制、美化完成。从折线图中可以看出各科成绩优秀率、及格率的对比情况。保存文件。

五、绘制"单科成绩人数分布"饼图

1. 选择数据

★ **步骤 1** 在"成绩图表"工作表中选择"计算机成绩的各分数段人数"绘制饼图需要的数据区域 E9:E13,如图 8-49 所示。

> 绘制饼图,只能选一列(部分)数据,不选字段名,不选对应的行名(表中的"分数段")。

2. 插入图表

★ **步骤 2** 单击"插入"选项卡,在"图表"组选择"饼图"的第 1 种"饼图",如图 8-50 所示。饼图出现在工作表中。

任务 8 绘制美化成绩图表

	A	B	C	D	E	F
3		各科成绩统计分析				
4		语文	数学	英语	计算机	专业课
5	平均分	80.11	79.79	81.11	82.21	82.96
6	最高分	97	100	100	100	100
7	最低分	54	57	49	45	50
8	考试人数	28	28	28	28	28
9	0~59	2	2	2	2	2
10	60~74	6	6	5	5	3
11	75~84	5	10	4	6	6
12	85~99	15	8	15	12	16
13	100	0	2	2	3	1
14	优秀率	53.57%	35.71%	50.00%	53.57%	60.71%
15	及格率	92.86%	92.86%	92.86%	92.86%	92.86%
16	补考人数	2	2	2	2	2

图 8-49 选择饼图的数据区域

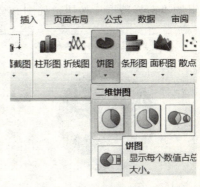

图 8-50 插入饼图

3. 美化图表（设置饼图的各部分格式）

（1）移动图表位置，设置图表区大小。

★ **步骤 3** 选择饼图，移动到折线图右侧，高度和折线图等高，与雷达图等宽。设置图表区大小（高 7.6 厘米，宽 10 厘米）如作品图所示。

（2）选择图表布局，添加图表标题，设置标题格式

★ **步骤 4** 选择饼图，在"图表工具/设计"选项卡"图表布局"按钮中选择"布局 6"，图表区上方出现"图表标题"，图例在图表右侧显示，饼图中显示数据标签"百分比"。

★ **步骤 5** 输入饼图标题"计算机成绩各分数段人数分布"，设置标题格式为：楷体 14 号加粗，如图 8-51 所示。

（3）添加系列名称，设置系列名称格式。

从图 8-51 可以看出，饼图的图例没有名称，与图例对应的饼图中各颜色不知道对应什么数据，看不出图表表达的意图和对比关系，所以，图例应该显示名称。那么图例的名称如何才能显示出来呢？

图例的名称也是分类名称，在 Excel 图表中可以设置分类的名称，设置方法如下。

★ **步骤 6** 选中饼图，单击"图表工具/设计"选项卡"数据"

组的"选择数据"按钮,如图 8-52 所示。

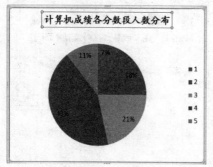

图 8-51　饼图标题

图 8-52　选择饼图的数据

★ 步骤7　在打开的"选择数据源"对话框中,单击"水平(分类)轴标签"的"编辑"按钮,如图 8-53 所示。

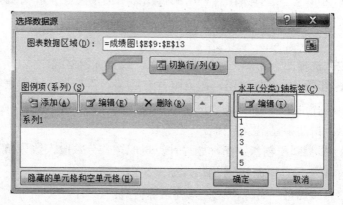

图 8-53　编辑"水平(分类)轴标签"

★ 步骤8　在打开的"轴标签"对话框中,选择数据表中"分数段"对应的数据 A9:A13,如图 8-54 所示,单击"确定"按钮。

★ 步骤9　分数段对应的数据 0~59,60~74,75~84,85~99,100 出现在"水平(分类)轴标签"的列表中,如图 8-55 所示。

图 8-54 选择轴标签区域

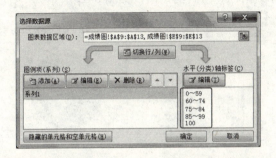

图 8-55 数据出现在"水平（分类）轴标签"的列表中

★ 步骤 10 单击"确定"按钮，即可得到图 8-56 所示的图例名称。

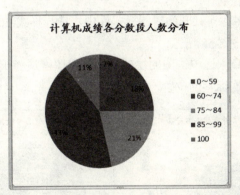

图 8-56 饼图中显示图例名称

（4）编辑饼图的数据标签，设置数据标签格式。

★ 步骤 11 单击饼图的数据标签（百分比），或在"图表工具/布局"选项卡中，选择"系列 1 数据标签"，单击"设置所选内容格式"

按钮。

★ **步骤 12** 在打开的"设置数据标签格式"对话框中,选"标签选项",在"标签包括"中选择"☑类别名称""☑百分比",在"标签位置"中选择"◉数据标签外",在"分隔符"列表中选择"分行符",设置好数据标签格式的饼图,如图 8-57 所示。

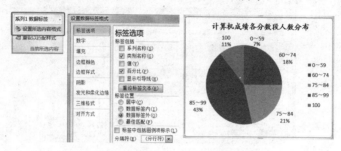

图 8-57 设置饼图的数据标签格式

(5)设置饼图样式,调整绘图区大小。

★ **步骤 13** 选中饼图,单击"图表工具/设计"选项卡"图表样式"组的快翻按钮。

★ **步骤 14** 在打开的饼图样式库中,选择样式 26,设置样式后的饼图效果如图 8-58 所示。

★ **步骤 15** 选中饼图的绘图区,将绘图区适当扩大,使饼图更清晰,调整数据标签的位置,如图 8-59 所示。

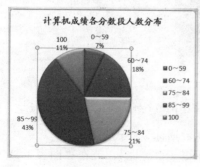

图 8-58 饼图样式

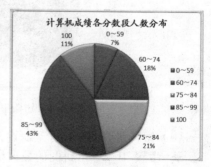

图 8-59 调整绘图区和数据标签

至此，饼图绘制、美化完成。从饼图中可以看出计算机成绩中，各分数段的人数占考试人数的百分比情况。保存文件。其他各科的不同分数段人数分布的饼图也可以同样绘制。

六、绘制"各科成绩优秀人数"圆环图

绘制、美化圆环图与绘制、美化饼图的操作方法、步骤都相同（包括图表布局、设置系列名称、设置数据标签、设置图表样式等）。绘制、美化完成的圆环图如图 8-60 所示。

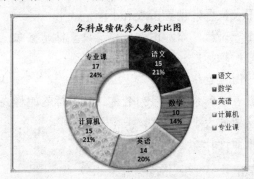

图 8-60 "各科成绩优秀人数"圆环图

七、图表版面设计

图表和数据表可以在同一张工作表内，方便查询和对比；也可以将图表放在另一张工作表内。

工作表内的数据表和不同图表，应该摆放整齐，行列有序，同一行的图表或数据表应该等高；同一列的图表或数据表应该等宽，如作品图所示。

图表区的范围和大小可以在"图表工具/格式"选项卡的"大小"组中设置，如图 8-16 所示。调整各图表的高度和宽度，使所有图表行列对齐、整齐分布，版面美观。

总结绘制图表、美化图表格式的工作流程如下。

通过这个任务，绘制、美化了成绩表中"统计分析"的各种图表（迷你图、雷达图、柱形图、折线图、饼图、圆环图），学习了绘制图表的方法，以及使用"图表工具"设置图表各部分格式的操作步骤，明白了不同数据绘制相应图表的目的和数据对比分析的方法，回顾整个工作过程，将此任务的工作流程总结如下。

① 正确选择数据区域；
② 插入相应的图表；
③ 移动图表位置，设置图表大小；
④ 选择图表布局，添加图表标题，设置标题格式；
⑤ 添加坐标轴标题，设置坐标轴格式；
⑥ 设置图例位置；
⑦ 设置图表中各系列、系列名称、数据标签的格式和样式；
⑧ 调整绘图区大小和位置；
⑨ 图表版面设计。

评价反馈

作品完成后，填写表 8-1 所示的评价表。

表 8-1 "绘制美化成绩图表"评价表

评价模块	学习目标	评价项目	自评
专业能力	1. 管理 Excel 文件：新建、另存、命名、关闭、打开、保存文件		
	2. 绘制、美化迷你图	正确选择数据	
		插入迷你图，设置单元格行高、列宽	
		美化迷你图各部分格式	
		绘制其他迷你折线图、迷你柱形图	
		美化迷你图格式	
	3. 绘制、美化雷达图	正确选择数据区域，插入雷达图	
		移动图表位置，设置图表大小	
		选择图表布局，设置标题格式	

续表

评价模块	学习目标	评价项目	自评
专业能力	3. 绘制、美化雷达图	添加坐标轴标题，设置坐标轴格式	
		设置图例位置	
		设置图表中各系列的格式和样式	
		调整绘图区大小和位置	
	4. 绘制、美化柱形图	正确选择数据区域，插入柱形图	
		移动图表位置，设置图表大小	
		设置柱形图各部分格式	
		调整绘图区大小和位置	
	5. 绘制、美化折线图	正确选择数据区域，插入折线图	
		移动图表位置，设置图表大小	
		设置折线图各部分格式	
		调整绘图区大小和位置	
	6. 绘制、美化饼图	正确选择数据区域，插入饼图	
		移动图表位置，设置图表大小	
		设置饼图各部分格式	
		调整绘图区大小和位置	
	7. 绘制、美化圆环图		
	8. 图表版面设计，合理修改、调整各部分格式		
	9. 正确上传文件		

评价模块	评价项目	自我体验、感受、反思		
可持续发展能力	自主探究学习、自我提高、掌握新技术	□很感兴趣	□比较困难	□不感兴趣
	独立思考、分析问题、解决问题	□很感兴趣	□比较困难	□不感兴趣
	应用已学知识与技能	□熟练应用	□查阅资料	□已经遗忘
	遇到困难，查资料学习，请他人解决	□主动学习	□比较困难	□不感兴趣
	总结规律，应用规律	□很感兴趣	□比较困难	□不感兴趣
	自我评价，听取他人建议，勇于改错、修正	□很愿意	□比较困难	□不愿意
	将知识技能迁移到新情境解决新问题，有创新	□很感兴趣	□比较困难	□不感兴趣
社会能力	能指导、帮助同伴，愿意协作、互助	□很感兴趣	□比较困难	□不感兴趣
	愿意交流、展示、讲解、示范、分享	□很感兴趣	□比较困难	□不感兴趣
	敢于发表不同见解	□敢于发表	□比较困难	□不感兴趣
	工作态度，工作习惯，责任感	□好	□正在养成	□很少

续表

评价模块	评价项目	自我体验、感受、反思
成果与收获	实施与完成任务	□☺独立完成　□☺合作完成　□☹不能完成
	体验与探索	□☺收获很大　□☺比较困难　□☹不感兴趣
	疑难问题与建议	
	努力方向	

复习思考

1. 图表包含哪些组成部分（图表元素）？
2. 图表有哪些类型？分别适用于什么场合？
3. 什么是迷你图？迷你图与图表有何区别？迷你图有哪几种？
4. 绘制、美化图表的工作流程是什么？
5. 绘制饼图怎样选数据？怎样设置图例？

拓展实训

1. 使用【样文1】的各"地区"对应的不同年度收入数据绘制迷你图（折线图）；显示高点标记和低点标记。使用各年度对应的不同地区收入数据绘制迷你图（柱形图）。

样文1

	A	B	C	D	E	F	G
1			各地财政收入统计表				迷你图
2	地区	2011年	2012年	2013年	2014年	2015年	
3	银川	298.96	332.76	599.86	602.00	687.83	
4	吴忠	276.24	258.00	306.00	382.42	398.60	
5	中卫	209.54	186.47	224.00	327.15	275.20	
6	石嘴山	196.40	214.60	253.66	185.07	280.95	
7	迷你图						

2. 使用【样文2】五月份的"钢材"销售额数据，绘制圆环图。显示销售地区名称和比例。

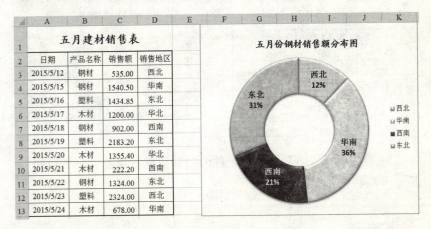

3. 使用【样文3】"单位""物业费""卫生费""水费"和"电费"五列数据绘制堆积面积图。

4. 使用【样文4】各水果四个季度的销售数据，绘制簇状柱形图。

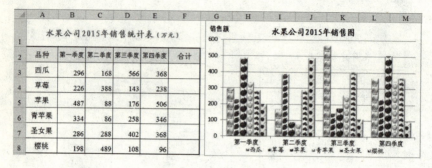

5. 使用【样文5】电脑和配件的销量数据，绘制"复合饼图"。显示产品名称和比例。

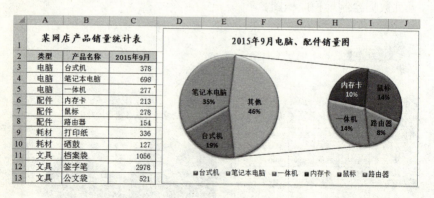

6. 使用【样文6】"项目""预算支出""实际支出"的各项数据绘制柱形图。显示项目名称和实际支出的数据。

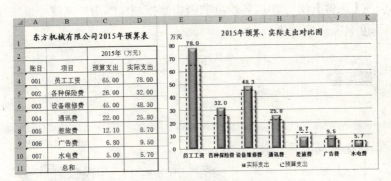

7. 使用【样文7】"年份""报名人数""考取人数""通过率"的所有数据绘制柱线图。显示"通过率"的数据。

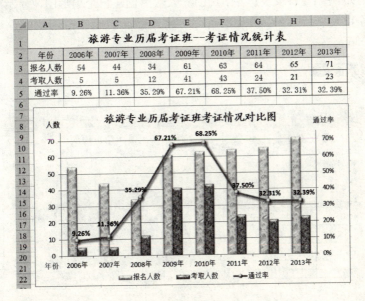

8. 使用【样文8】各连锁店对应的不同季度销售数据绘制圆环图。显示店名和百分比。

*【选做】使用A店各季度的销售数据制作饼图（完整背景）。显示季度名称和数据值。

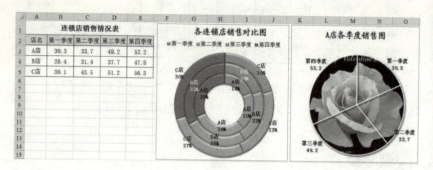

9. 使用【样文9】各学历的"人数"创建一个扇形图。显示学历名称和人数。

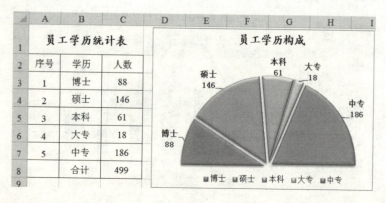

10. 使用【样文10】各年龄段的不同性别人数绘制条形图。显示年龄段、性别和人数。

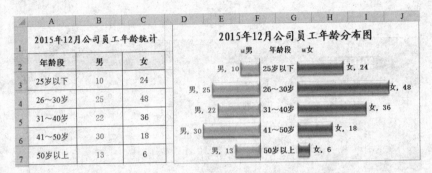

11. 使用【样文11】表中"销售额"绘制复合条饼图。显示类别名称、其他用品的商品名称、百分比,图表效果如图所示。

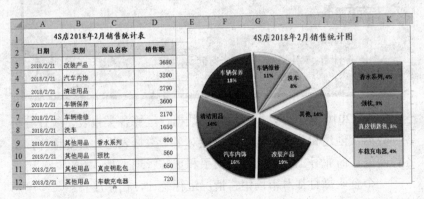

任务 9 合并计算多个数据表

> **知识目标**
> 1. 合并计算的数据表结构；
> 2. 合并计算的功能、类型；
> 3. 数据表合并计算的方法；
> 4. 合并计算的操作流程。
>
> **能力目标**
> 1. 能正确设计制作合并计算的数据表结构；
> 2. 能合理选择合并计算的类型；
> 3. 能合并计算多个数据表；
> 4. 能正确引用多个数据表。
>
> **学习重点**
> 1. 合并计算的注意事项；
> 2. 合并计算、引用多个数据表的方法；
> 3. 合并计算的操作流程。

Excel 2010 除了可以很好地管理数据，运算各类报表，统计分析各种数据，创建和分析图表外，还能对多个数据表进行合并运算，是各种商务、商业等工作中的得力助手和重要管理工具。

一个企业每月都对市场销售情况进行统计，在季度总结、年度总结时，需要把各月的情况累计在一起；另一个企业可能有很多的销售

任务 9 合并计算多个数据表

地区或者分公司,各个分公司具有各自的销售报表和会计报表。为汇总公司的整体市场运作情况,就要将这些分散的数据进行合并。针对这些需求,Excel 提供了合并计算功能。

本任务以"鲜花销售表"为例,学习 Excel 合并计算的基本方法。

提出任务

某鲜花公司在不同的地区分别有 4 个销售商,在五一假日期间,各销售商分别作了各自的销量统计表,如作品展示所示,公司总部想知道这四个销售商在五一假日期间的所有销量情况。

在 Excel 中设计制作"鲜花销售量统计表",包含 5 页工作表,在各工作表中录入对应的数据,设置各部分格式。

请将 4 个销售商的销量统计表进行合并计算,计算各种花卉品种在假日期间每天的总销量。

作品展示

	A	B	C	D
1	鲜花销售量统计表			
2	经销商	西子花店		
3	品种	2016/5/1	2016/5/2	2016/5/3
4	玫瑰	890	820	580
5	康乃馨	480	440	680
6	满天星	580	630	710
7	百合	640	580	610

1西子花店 2天仙花店 3欣欣花店

	A	B	C	D
1	鲜花销售量统计表			
2	经销商	天仙花店		
3	品种	2016/5/1	2016/5/2	2016/5/3
4	玫瑰	780	890	810
5	康乃馨	560	610	880
6	满天星	430	360	260
7				

1西子花店 2天仙花店 3欣欣花店 4

	A	B	C	D
1	鲜花销售量统计表			
2	经销商	欣欣花店		
3	品种	2016/5/1	2016/5/2	2016/5/3
4	玫瑰	980	960	610
5	月季	620	360	230
6	百合	360	480	210
7	非洲菊	800	830	890
8	泰国兰	680	700	660

2天仙花店 3欣欣花店 4香兰花店

	A	B	C	D
1	鲜花销售量统计表			
2	经销商	香兰花店		
3	品种	2016/5/1	2016/5/2	2016/5/3
4	菊花	210	103	310
5	君子兰	360	210	480
6	月季	480	560	320
7	红掌	170	150	160

2天仙花店 3欣欣花店 4香兰花店

分析任务

1. 鲜花销量统计表的组成

本任务的四个经销商的销量统计表分别在四页工作表中，工作表名称以销售商命名。

2. 销量表结构

每个销量表的表头结构完全相同，包含"品种""2016/5/1""2016/5/2""2016/5/3"字段；每个销售商经销的花卉品种各不相同，每个品种每天的销量也不一样。

3. 合并计算的功能

Excel 的合并计算功能，能将多个工作表的数据合并到一张工作表上计算。在合并计算时，首先要为计算结果定义一个目标区域，此目标区域可位于与数据源相同的工作表或位于另一个工作表、工作簿内；其次，需要选择合并计算的数据源，此数据源可以来自单个工作表、多个工作表或多个工作簿中。

本任务在同一个工作簿内，新建一个工作表，表结构（表头）与数据源表结构（表头）完全相同，作为合并计算的目标区域，如图 9-1 所示。

图 9-1 合并计算的目标区域

4. 合并计算的类型

Excel 提供了两种合并计算的方法：一种是按位置合并计算，即数据源位置相同数据合并计算；另一种是按分类合并计算，即源区域位置或分类不同的数据的合并计算。

本任务的四个数据源区域包含的数据（鲜花的品种）及其排列位置（顺序）各不相同，所以需要按照分类进行合并计算。

以上分析的是销量表的基本组成部分、数据源表结构、合并计算的目标区域、合并计算的类型，下面按工作过程学习合并计算具体的操作步骤和操作方法。

1. 准备工作

（1）另存、命名文件：将文件保存在D盘自己姓名的文件夹中，文件名为"鲜花销量表.xlsx"。

（2）新建工作表，将工作表标签Sheet1更名为"1 西子花店"，后面依次更名为"2 天仙花店""3 欣欣花店""4 香兰花店""5 总销量"，共计5页工作表。

（3）按作品所示，分别在每个工作表内录入四个经销商对应的销量统计数据。

（4）设置每张工作表的各部分格式：标题、表头、数据、表边框等。

2. 合并计算多个销量表

（1）在"5 总销量"工作表内，设计目标区域的标题、表头结构。如图9-1所示。

> 合并计算前，要保证各表的结构和引用区域都是一样的。合并计算的目标区域的表头结构与数据源表头结构相同。

（2）合并计算。按任务要求，需要计算4个销售商的各种花卉品种在假日期间每天的总销量。合并计算的操作方法、步骤如下。

★ 步骤1　单击合并计算的目标位置——"5 总销量"工作表的

A4 单元格,单击"数据"选项卡"数据工具"组的"合并计算"按钮,如图 9-2 所示。

★ **步骤 2** 打开"合并计算"对话框。因为要计算总销量,所以在对话框的"函数"框中选择"求和",如图 9-3 所示。

图 9-2　合并计算按钮　　　　图 9-3　选择"求和"函数

★ **步骤 3** 在"合并计算"对话框中,单击"引用位置"右侧的工作表缩略图按钮,如图 9-3 所示,选"1 西子花店"数据表的 A4:D7 数据区域,如图 9-4 所示。

★ **步骤 4** 单击"引用位置"右侧的工作表缩略图按钮,如图 9-4 所示,返回到"合并计算"对话框,单击" 添加(A) "按钮,则第 1 个数据区域"'1 西子花店'!$A$4:$D$7"添加在"所有引用位置"的列表框中,如图 9-5 所示。

图 9-4　选择数据区域　　　　图 9-5　添加引用位置

任务 9 合并计算多个数据表

引用位置说明：'1 西子花店'!　$A$4:$D$7

工作表名称
"!"是工作表名称的标记

数据区域 A4:D7 的绝对引用
"$"是绝对引用的标记

★ **步骤 5**　重复步骤 3、步骤 4，依次选择其余 3 个数据表的数据区域，并"添加"，则在"所有引用位置"的列表框中添加了四个数据表的不同数据区域，如图 9-6 所示。

★ **步骤 6**　选择合并计算的分类项目。在图 9-6 所示的对话框的"标签位置"中勾选"☑ 最左列(L)"，因为目标表中有首行（表头）。

★ **步骤 7**　单击"确定"按钮，得到如图 9-7 所示的合并计算的结果：所有花卉品种每天的总销量。

图 9-6　选择"最左列"　　　　图 9-7　合并计算结果

提示　合并计算时，在"合并计算"对话框中，如果不勾选"☐ 最左列(L)"，则是另外一种合并计算的类型——按位置合并计算，即数据源位置相同数据合并计算。

至此，多个销量表的合并计算操作完成，得到图 9-7 所示的计算结果。从结果可以看出：合并计算时，汇总了所有的花卉品种，尽管

四个销售表中的花卉品种不一样,使用分类的方法合并数据,即可汇总所有的花卉品种;所有品种每天的销量进行了"求和"汇总计算,得到了公司内所有经销商五一假日期间的总销量数据结果。保存文件。

同样的方法,还可以进行"平均值""最大值""最小值""计数"等的合并计算。

(1)在合并计算时,数据的种类可以不同,但目标区域和数据源区域的表头必须相同。
(2)"合并计算"对话框中,是否勾选"☐最左列(L)",决定了合并计算的类型:
　　勾选"☑最左列(L)"——按分类合并计算;
　　不勾选"☐最左列(L)"——按位置合并计算。

合并计算的操作流程总结如下。

① 设计制作"合并计算"目标区域的标题、表头结构,与数据源表头结构相同;

② 单击合并计算的目标位置;

③ 单击"数据"选项卡"数据工具"组的"合并计算"按钮 ;

④ 在"合并计算"对话框中的"函数"框中选择需要计算的函数;

⑤ 在"合并计算"对话框中选择"引用位置";

⑥ 单击"添加"按钮;

⑦ 依次继续选择其他引用位置,并添加;

⑧ 在"合并计算"对话框中选择分类项目"最左列";

⑨ 单击"确定"按钮,得到合并计算的结果。

任务 9 合并计算多个数据表

评价反馈

完成各项操作后，填写表 9-1 所示的评价表。

表 9-1 "合并计算多个数据表"评价表

评价模块	学习目标	评价项目	自评
专业能力	1. 管理 Excel 文件：新建、另存、命名、关闭、打开、保存文件		
	2. 制作、美化工作表	新建、更名工作表；录入数据，设置格式	
		设置工作表各部分格式	
	3. 合并计算多个数据表	设计"合并计算"目标区域的表头结构	
		选择合并计算的目标位置	
		选择合并计算的函数	
		正确选择合并计算的引用位置	
		继续添加其他引用位置	
		选择合并计算的分类项目"最左列"	
		合并计算的结果	
	4. 合并计算工作表的各部分格式，整体效果，页面布局		
	5. 正确上传文件		

评价模块	评价项目	自我体验、感受、反思		
可持续发展能力	自主探究学习、自我提高、掌握新技术	□很感兴趣	□比较困难	□不感兴趣
	独立思考、分析问题、解决问题	□很感兴趣	□比较困难	□不感兴趣
	应用已学知识与技能	□熟练应用	□查阅资料	□已经遗忘
	遇到困难，查阅资料学习，请教他人解决	□主动学习	□比较困难	□不感兴趣
	总结规律，应用规律	□很感兴趣	□比较困难	□不感兴趣
	自我评价，听取他人建议，勇于改错、修正	□很愿意	□比较困难	□不愿意
	将知识技能迁移到新情境解决新问题，有创新	□很感兴趣	□比较困难	□不感兴趣
社会能力	能指导、帮助同伴，愿意协作、互助	□很感兴趣	□比较困难	□不感兴趣
	愿意交流、展示、讲解、示范、分享	□很感兴趣	□比较困难	□不感兴趣
	敢于发表不同见解	□敢于发表	□比较困难	□不感兴趣
	工作态度，工作习惯，责任感	□好	□正在养成	□很少
成果与收获	实施与完成任务	□☺独立完成	□☻合作完成	□☹不能完成
	体验与探索	□☺收获很大	□☻比较困难	□☹不感兴趣
	疑难问题与建议			
	努力方向			

复习思考

1. 如何设计制作“合并计算”目标数据表（结构）？
2. 如何引用多个数据表进行合并计算？
3. 如何选择合并计算的类型？
4. 合并计算与分类汇总的区别是什么？
5. 如何引用其他工作簿中的数据源？

拓展实训

1. 迪信通手机连锁公司在某地有多家分店，分别为政府街分店、鼓楼分店、西街分店、府学路分店，每家分店 2016 年 7～12 月期间，每月销售的手机品牌、型号和销量都各不相同，每月的单价也不一样。

在 Excel 中设计制作每家分店的销量统计表，并录入数据；设置各部分格式；合并计算迪信通手机连锁公司每月各品牌手机的销售总量。各分店销售统计表的表头结构如图 9-8 所示。

	A	B	C	D	E	F	G	H
1	迪信通手机连锁公司销售统计表							
2	经销商：	政府街分店						
3	品牌	型号	2016年7月	2016年8月	2016年9月	2016年10月	2016年11月	2016年12月
4								

1政府街店 / 2鼓楼店 / 3西街店 / 4府学路店 / 5总销量

图 9-8　各分店销售统计表的表头结构

2. 万达国际影城在北京有多家影院，分别为 CBD 万达广场店、怀柔万达广场店、槐房万达广场店、丰台万达广场店、西铁营万达广场等，每家影院 2018 年春节期间都放映多部国产贺岁片，每天的排期、场次、票房等都各不相同。

在 Excel 中设计制作每家影院的票房统计表，并录入数据；设置各部分格式；合并计算万达国际影城 2018 春节七天各电影的票房总量。各影院票房统计表的表头结构如图 9-9 所示。

任务 9 合并计算多个数据表

	A	B	C	D	E	F	G	H
1	万达国际影城——2018春节国产贺岁片票房统计表							
2	影院：北京CBD万达广场							
3	片名	2月15日	2月16日	2月17日	2月18日	2月19日	2月20日	2月21日
4	唐人街探案2							
5	红海行动							
6	捉妖记2							
7	西游记女儿国							
8	熊出没·变形记							
9	祖宗十九代							

1CBD影院 / 2怀柔 / 3槐房 / 4丰台 / 5西铁营 / 6石景山 / 7天通苑龙德 / 8通州

图 9-9 万达各影院票房统计表的表头结构

3. 某公司每月都有详细的员工出勤记录表，全年 12 个月的出勤情况分别记录在 12 页工作表中，如图 9-10 所示，每月每位员工的出勤状况都各不相同。年底需要对全年的出勤状况进行汇总，计算员工的年终奖等级。

在 Excel 中设计制作每月的出勤记录表，并录入数据；设置各部分格式；合并计算公司全年的出勤汇总。每月出勤记录表的表头结构如图 9-10 所示。

	A	B	C	D	E	F	G	H	I	J	K
1	某公司员工出勤记录表										
2	月份：	2018年1月									
3	编号	姓名	迟到	病假	事假	婚假	产假	丧假	培训	年假	调休
4	001	赵大春	2		3						1
5	002	欧阳发		1					5		
6	003	孙小刚			5					5	
7	004	马晶晶	4	5							2
8	005	慕容雯静								15	
9	006	陈金龙	3		2				3		2

1月 / 2月 / 3月 / 4月 / 5月 / 6月 / 7月 / …… 月 / 12月 / 全年汇总

图 9-10 公司员工出勤记录表的表头结构

任务 10 透视分析销售表

知识目标

1. 数据透视表及其特点、优势；
2. 建立数据透视表的方法；
3. 编辑数据透视表的方法；
4. 建立数据透视图、编辑数据透视图的方法。

能力目标

1. 能建立数据透视表；
2. 能编辑数据透视表；
3. 能建立数据透视图。

学习重点

1. 创建数据透视表的注意事项；
2. 数据透视表的建立及编辑方法；
3. 数据透视图的使用方法。

Excel 数据透视表、数据透视图是一种强大的数据管理、数据分析工具，具有三维查询功能，可以从多角度进行数据分析，在透视图中观察数据动向，帮助企业在各种商业活动中有效地、更好地进行各种关键数据信息的决策。想要成为专业的数据分析处理人员，一定要学会使用数据透视表。

本任务以鲜花公司的"销售表"为例，学习数据透视表和数据透视图的建立方法、编辑方法、使用方法等内容。

提出任务

在 Excel 中设计制作"销售表",录入作品所示的鲜花销售表各部分数据,计算"销售额",设置各部分格式。

对作品所示的鲜花销售表,创建数据透视表和数据透视图;并对透视表和透视图进行编辑,改变字段进行数据分析。

作品展示

	A	B	C	D	E	F
1			鲜花销售表			
2	日期	经销商	品种	销售量	单价	销售额
3	2016/5/1	西子花店	玫瑰	890	3.0	
4	2016/5/2	西子花店	玫瑰	820	2.8	
5	2016/5/3	西子花店	玫瑰	580	2.5	
6	2016/5/1	西子花店	康乃馨	480	1.0	
7	2016/5/2	西子花店	康乃馨	440	0.8	
8	2016/5/3	西子花店	康乃馨	680	0.5	
9	2016/5/1	西子花店	满天星	580	0.5	
10	2016/5/2	西子花店	满天星	630	0.5	
11	2016/5/3	西子花店	满天星	710	0.5	
12	2016/5/1	西子花店	百合	640	5.0	
13	2016/5/2	西子花店	百合	580	5.0	
14	2016/5/3	西子花店	百合	610	5.0	
15	2016/5/1	天仙花店	玫瑰	780	2.8	
16	2016/5/2	天仙花店	玫瑰	890	2.5	
17	2016/5/1	天仙花店	百合	810	2.0	
18	2016/5/1	天仙花店	康乃馨	560	1.0	
19	2016/5/2	天仙花店	康乃馨	610	0.8	
20	2016/5/3	天仙花店	康乃馨	880	0.6	
21	2016/5/1	天仙花店	满天星	430	0.6	
22	2016/5/2	天仙花店	满天星	360	0.6	
23	2016/5/3	天仙花店	满天星	260	0.6	
24	2016/5/1	欣欣花店	玫瑰	980	3.5	
25	2016/5/2	欣欣花店	玫瑰	960	3.5	
26	2016/5/3	欣欣花店	玫瑰	610	3.0	
27	2016/5/1	欣欣花店	月季	620	1.0	
28	2016/5/2	欣欣花店	月季	360	1.0	
29	2016/5/3	欣欣花店	月季	230	1.0	
30	2016/5/1	欣欣花店	百合	360	5.0	
31	2016/5/2	欣欣花店	百合	480	4.0	
32	2016/5/3	欣欣花店	百合	210	4.0	
33	2016/5/1	欣欣花店	非洲菊	800	2.0	
34	2016/5/2	欣欣花店	非洲菊	830	2.0	
35	2016/5/3	欣欣花店	非洲菊	890	1.5	
36	2016/5/1	欣欣花店	泰国兰	680	2.0	
37	2016/5/2	欣欣花店	泰国兰	700	2.0	
38	2016/5/3	欣欣花店	泰国兰	660	1.8	
39	2016/5/1	香兰花店	菊花	210	1.2	
40	2016/5/2	香兰花店	菊花	103	1.2	
41	2016/5/3	香兰花店	菊花	310	1.0	
42	2016/5/1	香兰花店	君子兰	360	3.0	
43	2016/5/2	香兰花店	君子兰	210	3.0	
44	2016/5/3	香兰花店	君子兰	480	3.0	
45	2016/5/1	香兰花店	月季	480	1.5	
46	2016/5/2	香兰花店	月季	560	1.2	
47	2016/5/3	香兰花店	月季	320	1.0	
48	2016/5/1	香兰花店	红掌	170	5.0	
49	2016/5/2	香兰花店	红掌	250	5.0	
50	2016/5/3	香兰花店	红掌	160	5.0	

分析任务

1. 鲜花销售表的组成

鲜花销售表中,包含日期、经销售、品种、销售量、单价、销售额等字段,数据记录有各个经销商的各种花卉品种在五一假日三天的销量、单价和销售额,每天的单价不一样,每个经销商的销售品种也不一样,每天都有销售额的结算。

这是一个数据量大、复杂的、多维的数据表。如何对它进行分类、

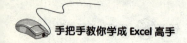

观察内在的规律呢？

使用 Excel 提供的数据透视表可以实现这些功能。

2. 数据透视表

数据透视表是一个经过重新组织的表，是一种动态报表，具有三维查询功能。

数据透视表是指对表（数据库）的指定字段赋予特定的条件，再据此将表（数据库）加以组织整理，对大量数据进行快速汇总、分析，建立交叉列表的交互式表格，它能帮助用户快速分析、组织和大批量浏览数据。利用它可以很快地从不同角度对数据进行分类汇总，也可以将数据的一些内在规律显示出来。因此在数据量大、工作表繁多的情况下，用户可以使用简单的数据透视表快速分类，提供数据信息。

并不是所有的数据都可以作为数据源用来创建数据透视表，创建数据透视表的数据必须以数据库的形式存在，在工作表中必须以列表的形式存在。

3. 数据透视表的特点和优势

数据透视表之所以获得数据分析人士的青睐，是因为其具有很多优势：

① 动态更新，可以时时跟随数据源的变化来实现动态的更新。

② 布局灵活，通过对字段的简单拖动，即可实现布局的灵活调整。

③ 多样汇总，可以求和、求平均、求最大值、求最小值等多种汇总方式同时进行。

④ 智能分组，对于日期可以自动按年、按季度、按月份进行分组汇总。

4. 数据透视表对数据源的要求

用于创建数据透视表的数据源需要遵循以下的规则：

① 无论是表头还是内容，都不能有合并单元格。

② 标题、表头不能为空白。

③ 标题、表头尽量不要包含特殊字符，如#/$/&/@等。

5. 数据透视图

数据透视图可以在数据透视表中可视化这些数据，并且方便查看、筛选、比较。

以上分析的是销售表的组成部分、数据记录的复杂性，以及数据透视表的功能和特点，下面按工作过程学习具体的操作步骤和操作方法。

完成任务

一、准备工作

（1）另存、命名文件：将文件保存在 D 盘自己姓名的文件夹中，文件名为"销售表.xlsx"。

（2）将工作表标签 Sheet1 更名为"销售表"，录入作品所示的鲜花销售表各部分数据，计算"销售额"。

（3）设置工作表的各部分格式：标题、表头、数据、表边框等，如前面作品展示所示。

二、创建数据透视表

创建数据透视表的具体步骤如下：

① 选择数据源。数据源可以选择整列，这样数据向下增加的时候就不用重新选择数据源了。

② 插入数据透视表。数据透视表插入之后里面是没有任何内容的，需要将字段拖动到里面才能进行数据分析和汇总。

③ 选择放置位置。放置位置可以选择在当前工作表中的某个单元格为起点的位置，也可以选择在新工作表中创建。

④ 选择字段生成数据透视表。根据需要选择字段放置在区域列表中，即可得到需要的数据透视表，实现三维查询功能。

下面以鲜花公司"销售表"为例，学习创建数据透视表的方法和步骤。

1. 插入空白数据透视表

★ **步骤1** 单击销售表中的任意单元格，单击"插入"选项卡"表格"组的"数据透视表"按钮,选择"数据透视表",如图 10-1 所示。

★ **步骤 2** 打开"创建数据透视表"对话框,Excel 自动选择"销售表"的全部数据,并将"表 1"填入"表/区域"框中,如图 10-2 所示。

图 10-1 插入数据透视表

图 10-2 创建数据透视表

★ **步骤 3** "选择放置数据透视表的位置"是"新工作表",单击"确定"按钮。如图 10-2 所示。

空白数据透视表创建完成,在"销售表"左侧的新建工作表 Sheet1 内。如图 10-3 所示。在空白数据透视表右侧,有"数据透视表字段列表"窗格,各组成部分名称如图 10-3 所示。

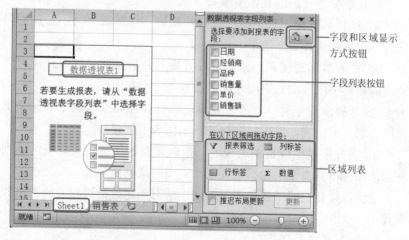

图 10-3 插入空白数据透视表,"数据透视表字段列表"窗格组成

2. 选择字段生成数据透视表

★ **步骤4** 在"数据透视表字段列表"中,将"经销商"字段和"日期"字段拖到"行标签"位置,将"品种"字段拖到"列标签"位置,将"销售量"字段拖到"数值"位置,得到图10-4所示的数据透视表。数据透视表右侧的"数据透视表字段列表"窗格及区域列表如图10-5所示。

在数据透视表中,分类汇总显示每个经销商、每天、每个品种的销量汇总值。例如,天仙花店,2016/5/1所有花卉的销量总计1770;天仙花店三天康乃馨的销量总计2050;所有经销商的康乃馨三天销量总计3650……

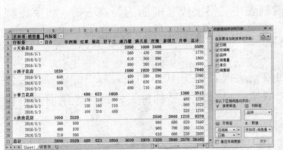

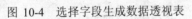

图10-4 选择字段生成数据透视表　　图10-5 "数据透视表字段列表"窗格及区域列表

从外观看,数据透视表与一般工作表没有两样,但事实上,并不能在它的单元格中直接输入数据或更改其内容。表中的求和单元格也是只读的,不能任意更改其公式内容。

数据透视表的显示方式可以跟字段列表的显示方式一一对应起来。

① 行字段可以让数据按行的方式显示,如图10-4所示的"经销商"和"日期"。

② 列字段可以让数据按列的方式显示，如图 10-4 所示的"品种"。
③ 筛选字段可以根据需要进行单项筛选或者复选。
④ 值字段有多种汇总方式可选，常用的有求和、求平均、求最大值、求最小值、计数等。

三、编辑数据透视表

数据透视表建立完成后，可视需要执行各类操作，例如，增删字段，组合字段，排序字段、筛选字段、展开或折叠明细数据等，进行数据分析。

1. 增删字段

★ 步骤 5　选择需要的字段名称→拖到需要的位置，调整其放置区域，例如将"日期"拖到"列标签"。

★ 步骤 6　单击字段名→选"上移"或"下移"，调整层级。

★ 步骤 7　在字段列表中，将字段名前面的勾选去掉，将字段删除；或在"区域列表"中，单击需要删除的字段名，选择"删除字段"。如删除"品种"。

重新调整字段后的数据透视表如图 10-6 所示，以"经销商"为行标签，以"日期"为列标签，显示所有品种每天、每个经销商的销售量求和项。

图 10-6　"经销商"为行标签，"日期"为列标签，显示"销售量"的求和项

2. 排序字段

数据透视表可以根据需要将行标签、列标签进行各种排序。

★ 步骤 8　单击"行标签"或"列标签"右侧的箭头，选择一种排序方式，如图 10-7 所示。得到排序后的数据透视表，如图 10-8 所示。

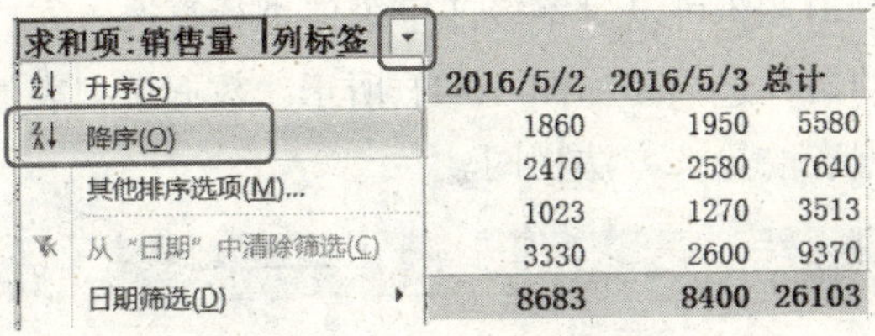

图 10-7 选择排序方式

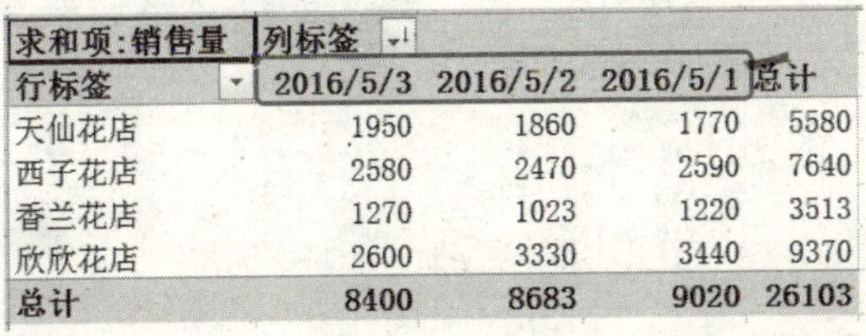

图 10-8 "经销商"升序、"日期"降序排列的数据透视表

3. 筛选字段

数据透视表可以根据需要在行标签、列标签的字段列表中，筛选所需字段。

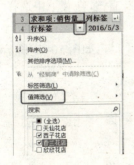

图 10-9 选择"值筛选"

图 10-10 数据透视表字段筛选

★ **步骤 9** 单击"行标签"或"列标签"右侧的箭头，在"值筛选"列表中，选择需要的字段，单击"确定"按钮，如图 10-9 所示。

得到筛选后的数据透视表，如图 10-10 所示。

★ 步骤 10　还可以对字段或字段值进行筛选，在"筛选"列表中选择需要的条件选项，如图 10-11 所示。数据透视表的字段筛选方法跟普通数据表的筛选方法相同。

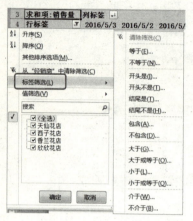 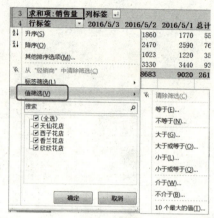

图 10-11　在数据透视表中对字段或字段值进行筛选

4. 组合字段

在数据透视表中，可以对字段进行组合，得到组合项。

★ 步骤 11　选中需要组合的单元格区域，右击，在菜单中选择"创建组"，如图 10-12 所示。

★ 步骤 12　生成组合项，名为"数据组 1"，如图 10-13 所示。

图 10-12　组合字段　　　　图 10-13　生成组合项"数据组 1"

★ 步骤 13　选中"数据组 1"，在编辑栏中修改组合名称，得到新的组名"市中心",如图10-14所示。

3	求和项:销售量	列标签			
4	行标签	2016/5/3	2016/5/2	2016/5/1	总计
5	⊟市中心				
6	天仙花店	1950	1860	1770	5580
7	西子花店	2580	2470	2590	7640
8	⊟香兰花店				
9	香兰花店	1270	1023	1220	3513
10	⊟欣欣花店				
11	欣欣花店	2600	3330	3440	9370
12	总计	8400	8683	9020	26103

图10-14 在数据透视表中更改组合字段名称

★ **步骤14** 撤销数据透视表中的组合字段。右击组合字段名称,在菜单中选择"取消组合",即可取消组合的字段。

5. 展开或折叠筛选数据

图10-15 在数据透视表中展开或折叠筛选数据

★ **步骤 15** 若"数据透视表字段列表"窗格的"行标签"中,包含两个字段,如"经销商"和"品种",在数据透视表的字段名前有展开⊟或折叠⊞按钮,如图10-15所示,单击按钮,即可展开或折叠明细数据。

6. 修改字段设置

数据透视表中的字段可以根据需要进行各种设置。

★ **步骤 16** 在区域列表中单击"求和项:销售量"字段,在菜单中选择"值字段设置",打开"值字段设置"对话框,如图10-16所示。

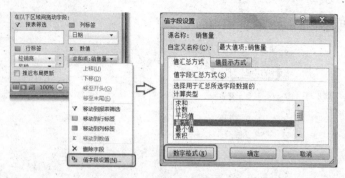

图 10-16 "值字段设置"对话框

★ **步骤 17** 在对话框的"值汇总方式"中选择"最大值"或其他的计算类型,如图 10-16 所示。

★ **步骤 18** 单击"数字格式"按钮,打开"设置单元格格式"对话框,选择一种数字格式类型,如图 10-17 所示。

★ **步骤 19** 单击"确定"按钮,返回到"值字段设置"对话框,再单击"确定"按钮。得到"销售量"最大值的数据透视表,如图 10-18 所示。

图 10-17 设置"数值"格式　　图 10-18 "销售量"最大值的数据透视表

四、设计"数据透视表"的显示格式

数据透视表的显示格式,可以利用"数据透视表工具"的"设计"选项卡进行设置,如图 10-19 所示,设置的项目有:布局;数据透视表样式选项;数据透视表样式等。

图 10-19 "数据透视表工具"的"设计"选项卡

"布局"的组中包含了设置数据透视表布局的所有控件,包括:

① 分类汇总 可以对数据透视表各分类字段进行汇总求和。

② 总计 可以对数据透视表中的行或者列进行启用或禁用总计求和功能。

③ 报表布局 有压缩形式、大纲形式、表格形式可供选择;还可以选择是否要重复项目标签。

④ 空行 可以在透视表中针对每个分类插入一个空行,方便区分。

用户可以根据需要设置数据透视表的各种显示格式或样式。

至此,销售表的数据透视表操作完成,得到各种数据透视结果,可以进行数据分析和市场决策。保存文件。

从图 10-18 中可以看出:建立数据透视表后,在"数据透视表字段列表"窗格中,改变行标签字段、列标签字段、数值字段就可以得到需要的三维查询结果,非常灵活好用,在数据透视表中还可以进行各种排序和筛选操作,便于数据的显示、分析。

五、创建数据透视图

数据透视图是以图形的形式展示数据透视表中的数据,是数据透视表的可视化形式。它相对于数据透视表的优势是可以选择不同的图形表示数据信息。Excel 将数据透视表与分析图充分结合,用户可以视需要直接用鼠标拖动来更改计算分析字段,以得到不同的显示图表。

数据透视图是交互式的,用户可以对其进行排序或筛选,来显示数据透视表数据的子集。创建数据透视图时,数据透视图筛选器会显示在图表区。

Excel 的数据透视图提供了动态的查看功能，用户在建立数据透视图的同时会与数据透视表的数据进行同步的更新，以保持数据的一致性与完整性。建立数据透视图的方法如下。

◆ **操作方法 1** 单击数据透视表的任意单元格，单击"插入"选项卡"图表"组的一种图表类型，如柱形图，选择子类型，如簇状柱形图，即可得到数据透视图。如图 10-20 所示。

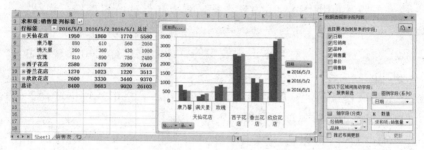

图 10-20 数据透视图

◆ **操作方法 2** 单击数据透视表的任意单元格，单击"数据透视表工具/选项"选项卡"工具"组的"数据透视图"命令，打开"插入图表"对话框，选择图表类型及子类型，即可得到数据透视图。如图 10-20 所示。

数据透视图建立完成，"数据透视表字段列表"中的区域名称也发生变化，如图 10-20 所示。

提示

① Excel 的数据透视图不支持散点图、气泡图和股价图。
② 数据透视图及其相关联的数据透视表必须始终位于同一个工作簿中。

六、编辑、设置数据透视图

数据透视图的编辑方法与普通图表编辑方法相似，但是，在"数据透视图"选项卡中多了一项"分析"选项卡，可以设置各种分析的格式。如图 10-21 所示。

编辑数据透视图的操作方法如下。

★ **步骤1** 修改数据透视图样式。选择数据透视图→数据透视图工具→设计→图表样式，选择要修改的样式命令。如图 10-22 所示。

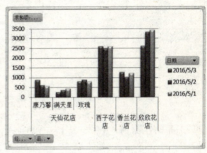

图 10-21 "数据透视图/分析"选项卡　　图 10-22 更改数据透视图样式

★ **步骤2** 筛选轴字段。在数据透视图筛选器的轴字段中，选择需要的字段，如图 10-23 所示。筛选后的数据透视表和数据透视图，同步显示"天仙花店""香兰花店"两个经销商每天不同品种的销售量，轴字段显示筛选标记，如图 10-24 所示。

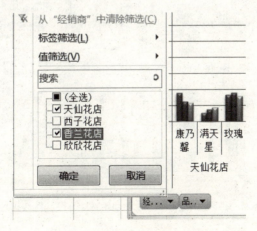

图 10-23　筛选轴字段

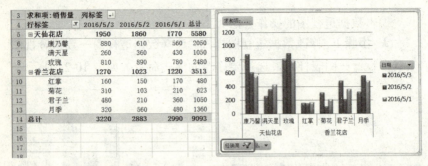

图 10-24 筛选后的数据透视表、数据透视图

★ **步骤 3** 改变字段项目。数据透视图可以动态地查看数据,当改变轴字段或图例字段、数值字段时,数据透视表与数据透视图同步更新,保持数据的一致性与完整性。如图 10-25 所示,"经销商"为轴字段,"品种"为图例字段,"求和项:销售量"为数值字段的数据透视图,显示每个经销商不同品种的销售量。

图 10-26 所示,"日期"为轴字段,"品种"为图例字段,"求和项:销售额"为数值字段的数据透视图,显示每天不同品种的销售额。

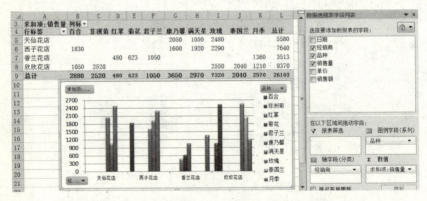

图 10-25 改变字段列表"经销商-品种-销售量"数据透视图

同样的方法可以根据需要改变各项字段,得到各种不同的数据透视图,以便观察、分析数据,进行决策。

任务 ⑩ 透视分析销售表

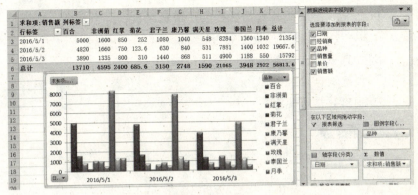

图 10-26 "日期-品种-销售额"数据透视图

至此,销售表的数据透视图建立、编辑完成。从图 10-26 中可以看出:建立数据透视图后,在"数据透视表字段列表"窗格中,改变轴字段、图例字段、数值字段,或在数据透视图中筛选轴字段,就可以得到需要的图形显示结果,数据透视表的数据显示和数据透视图的图形对比非常清晰、醒目,便于数据的对比、分析、决策。

由此可见,数据透视表和数据透视图是非常好用的数据管理工具,灵活、方便、快速、精确地解决了复杂数据表、大量数据的多维查询,使数据分析变得简单、容易。保存文件。

更新数据: 如果原始数据值或数据源表头结构更改时,建立的数据透视表也应随之更改。

◆ **操作方法** 单击数据透视表工具→选项→数据→"刷新"命令,即可更新数据透视表中的数据,数据透视图也会随之更新。

归纳总结

对数据进行透视分析的操作流程如下。
① 选择数据源;
② 插入空白数据透视表,选择放置位置;
③ 选择需要分析的字段生成数据透视表;

④ 根据需要,编辑数据透视表(增删字段、组合字段、排序字段、筛选字段、修改字段设置等);
⑤ 设置数据透视表格式;
⑥ 创建数据透视图;
⑦ 编辑数据透视图。

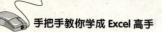
评价反馈

完成各项操作后,填写表 10-1 所示的评价表。

表 10-1 "透视分析销售表"评价表

评价模块	学习目标	评价项目	自评
专业能力	1. 管理 Excel 文件:新建、另存、命名、关闭、打开、保存文件		
	2. 创建数据透视表	选择数据源	
		插入空白数据透视表	
		选择放置位置	
		选择字段生成数据透视表	
	3. 编辑数据透视表	增删字段	
		排序字段	
		筛选字段	
		组合字段	
		修改字段设置	
	4. 设置数据透视表显示格式		
	5. 创建、编辑数据透视图	创建数据透视图	
		修改透视图样式	
		筛选轴字段	
		改变字段项目	
		分析数据透视图的结果	
	6. 更新数据	更新数据透视表	
		更新数据透视图	
	7. 根据预览整体效果和页面布局,进行合理修改、调整各部分格式		
	8. 正确上传文件		

续表

评价模块	评价项目	自我体验、感受、反思		
可持续发展能力	自主探究学习、自我提高、掌握新技术	□很感兴趣	□比较困难	□不感兴趣
	独立思考、分析问题、解决问题	□很感兴趣	□比较困难	□已感兴趣
	应用已学知识与技能	□熟练应用	□查阅资料	□已经遗忘
	遇到困难,查阅资料学习,请教他人解决	□主动学习	□比较困难	□不感兴趣
	总结规律,应用规律	□很感兴趣	□比较困难	□不感兴趣
	自我评价,听取他人建议,勇于改错、修正	□很愿意	□比较困难	□不愿意
	将知识技能迁移到新情境解决新问题,有创新	□很感兴趣	□比较困难	□不感兴趣
社会能力	能指导、帮助同伴,愿意协作、互助	□很感兴趣	□比较困难	□不感兴趣
	愿意交流、展示、讲解、示范、分享	□很感兴趣	□比较困难	□不感兴趣
	敢于发表不同见解	□敢于发表	□比较困难	□不感兴趣
	工作态度,工作习惯,责任感	□好	□正在养成	□很少
成果与收获	实施与完成任务	□☺独立完成	□☺合作完成	□☹不能完成
	体验与探索	□☺收获很大	□☺比较困难	□☹不感兴趣
	疑难问题与建议			
	努力方向			

复习思考

1. 任何一个数据表都可以创建数据透视表和透视图吗?
2. 什么是数据透视表?数据透视表的作用和功能是什么?
3. 数据透视表的特点和优势是什么?
4. 简述创建数据透视表的步骤。
5. 编辑数据透视表需要哪些操作?
6. 如何创建数据透试图?
7. 如何更新数据透视表、数据透视图?

拓展实训

1. 某公司人力资源表如【样文1】所示,录入数据并设置各部分格式。操作要求：

（1）建立人力资源数据透视表和数据透视图；
（2）分析"部门""学历""职称"之间的数据关系；
（3）分析"性别""年龄""工龄"之间的关系；
（4）分析"部门""学历""基本工资"之间的数据关系……

编号	姓名	性别	部门	学历	职称	年龄	工龄	基本工资
\multicolumn{9}{c}{某公司人力资源表}
001	孙 媛	女	培训部	本科	中级	32	10	6000
002	刘志翔	男	培训部	本科	中级	33	10	6500
003	桂 君	男	董事会	博士	高级	48	24	10000
004	阚媛媛	女	办公室	大专	初级	23	1	4000
005	肖 涛	女	办公室	本科	中级	30	8	6000
006	王李龙	男	营销部	本科	中级	31	8	7000
007	宣 喆	女	营销部	本科	中级	37	14	7500
008	杨志明	男	工程部	硕士	高级	32	7	8000
009	朱 丹	男	工程部	本科	中级	34	10	7000
010	尹雪飞	男	后勤部	大专	初级	25	3	4000
011	李 俊	男	研发部	博士	高级	45	17	8000
012	黄 锦	男	工程部	本科	中级	40	16	7500

2. 计算【样文 2】的"销售额""利润""销售员奖金"（利润的 3%，4 位小数），保留 2 位小数。建立商品销售的数据透视表和数据透视图。分别按商品名称、销售员姓名、年月分类，分析与销售数量、销售额、利润、销售员奖金之间的数据关系。

样文 2

	A	B	C	D	E	F	G	H	I
1				华光五店商品销售记录单					
2	年月	商品名称	销售员姓名	数量	进价	零售价	销售额	利润	销售员奖金
3	2015年10月	创新音箱	李世民	12	120.00	158.00			
4	2015年10月	七喜摄像头	李世民	9	110.00	138.00			
5	2015年10月	COMO小光盘	萧峰	10	1.80	4.20			
6	2015年10月	戴尔1442笔记本电脑	李世民	2	4380.00	4620.00			
7	2015年10月	电脑桌	萧峰	4	75.00	120.00			
8	2015年10月	COMO小光盘	杨过	2	1.80	4.10			
9	2015年10月	明基光盘	杨过	5	1.50	3.50			
10	2015年11月	COMO小光盘	李世民	2	1.80	4.20			
11	2015年11月	COMO小光盘	萧峰	11	1.80	4.20			
12	2015年11月	电脑桌	萧峰	4	75.00	120.00			
13	2015年11月	方正MP4	萧峰	5	320.00	380.00			
14	2015年11月	COMO小光盘	李世民	10	1.80	4.20			
15	2015年11月	电脑桌	萧峰	2	75.00	120.00			
16	2015年11月	COMO小光盘	李世民	5	1.80	4.10			
17	2015年11月	光鼠	杨过	6	29.00	48.00			

3. 计算【样文 3】"金额",保留 2 位小数。建立商品销售的数据透视表和数据透视图。分别按商品名称、类别、销售日期分类,分析与销售数量、金额之间的数据关系。

样文 3

	A	B	C	D	E	F	G	H
1			4S店 2016年1月 销售记录表					
2	流水号	商品名称	类别	单位	销售日期	单价	数量	金额
3	1	汽车方向盘套	内饰	个	2016/1/15	¥120.00	2	
4	2	真皮钥匙包	用品	个	2016/1/15	¥88.00	3	
5	3	脚垫	内饰	套	2016/1/15	¥150.00	2	
6	4	真皮钥匙包	用品	个	2016/1/16	¥88.00	5	
7	5	颈枕	用品	个	2016/1/16	¥99.00	4	
8	6	门腕	改装产品	个	2016/1/16	¥25.00	6	
9	7	汽车方向盘套	内饰	个	2016/1/17	¥120.00	3	
10	8	颈枕	用品	个	2016/1/17	¥99.00	2	
11	9	装饰条	改装产品	个	2016/1/17	¥26.00	8	
12	10	擦车拖把	清洁用品	个	2016/1/17	¥25.00	3	
13	11	真皮钥匙包	用品	个	2016/1/17	¥88.00	1	
14	12	汽车方向盘套	内饰	个	2016/1/18	¥120.00	1	
15	13	擦车毛巾	清洁用品	条	2016/1/18	¥10.00	2	

任务 11 管理人力资源表

知识目标

1. 身份证号码结构；
2. 人力资源表的各数据表结构；
3. 文本、数学、逻辑、日期时间、查找函数的名称、功能、语法格式、使用方法；
4. 管理人力资源表的基本方法。

能力目标

1. 能正确设计制作人力资源表的各数据表结构；
2. 能从身份证号码中提取各部分信息；
3. 能正确使用文本、数学、逻辑、日期时间、查找函数计算人力资源表各项数据。

学习重点

1. 从身份证号码中提取各部分信息；
2. 使用文本、数学、逻辑、日期时间、查找函数计算人力资源表各项数据。

  人力资源是一切资源中最宝贵的资源，是第一资源。人力资源，狭义讲就是企事业单位独立的经营团体所需人员具备的能力（资源）。从现实应用的状态来说，包括体质、智力、知识、技能四个方面。

  在管理人力资源过程中，制定企业人力资源战略，包括对员工的招募与选拔（选人）、培训与开发（育人）、绩效管理，薪酬管理（用人)、员工流动管理(调配)、员工关系管理(协调),员工安全与健康管理(留人)等,所有与人力资源相关的数据都可以收集,生成报表,进行有效管理、数据分析和信息共享,并对人的各种活动予以计划、组织、指挥和控制。

　　Excel 有各种函数,包括文本函数、逻辑、日期与时间函数、数学函数、统计函数、查找函数等,可以科学化、精细化、精准化、信息化管理各种人力资源数据,运算各类报表,统计分析各种数据,为人力资源管理工作提供强有力的工具和方法。

　　本任务以"某公司人力资源表"的部分数据为例,重点学习 Excel 文本函数、数学、逻辑、日期与时间、查找函数等在人力资源表中的应用,以及管理人力资源表的基本方法。

提出任务

　　打开文件"人力资源表.xlsx",在不同的工作表中,完成下列各项操作。

　　1. 在"基本信息"工作表中,利用身份证号码,提取员工的性别和出生日期信息,计算每位员工的年龄、工龄和退休日期。

　　2. 在"签合同"工作表中,根据合同签订日期,计算合同到期日期,并在合同到期前 30 天进行提醒。

　　3. 在"出勤管理"工作表中,根据上下班打卡时间,计算上下班状态及缺勤时长。

　　4. 在"工资标准"工作表中,根据员工的学历、职务、工龄对应的工资档次,分别填写不同的基本工资、岗位工资和工龄津贴。

　　5. 在"员工查询"工作表中,制作员工资料查询卡,并设置查询条件为员工姓名,计算查询结果。

作品展示

　　注:此任务中所有信息纯属虚构,请勿核查,如有雷同,纯属巧

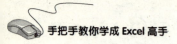

合，敬请原谅。

某公司人力资源表

编号	姓名	性别	部门	身份证号	出生日期	年龄	入职日期	工龄	退休日期
001	赵大春	女	培训部	35026119741031752x			1998/3/1		
002	欧阳发	男	培训部	210421198002263250			2003/3/1		
003	孙小刚	男	办公室	170571198709090918			2011/2/1		
004	马晶晶	女	办公室	640121196811169328			1991/2/1		
005	慕容雯静	女	监察部	216188196910212248			1990/3/1		

某公司员工合同管理

编号	姓名	性别	部门	身份证号	出生日期	年龄	入职日期	工龄	合同签订日期	合同到期日期
001	赵大春	女	培训部	35026119741031752x	1974/10/31	43	1998/3/1	20	2018/3/1	
002	欧阳发	男	培训部	210421198002263250	1980/02/26	38	2003/3/1	15	2017/3/1	
003	孙小刚	男	办公室	170571198709090918	1987/09/09	30	2011/2/1	7	2017/2/1	
004	马晶晶	女	办公室	640121196811169328	1968/11/16	49	1991/2/1	27	2017/2/1	
005	慕容雯静	女	监察部	216188196910212248	1969/10/21	48	1990/3/1	28	2018/3/1	

某公司员工出勤管理表

编号	姓名	性别	部门	日期	上班时间	下班时间	上班状态	迟到时间	下班状态	早退时间
001	赵大春	女	培训部	2018/4/9	8:05:10	17:30:00				
002	欧阳发	男	培训部	2018/4/9		17:42:20				
003	孙小刚	男	办公室	2018/4/9	7:55:20					
004	马晶晶	女	办公室	2018/4/9	8:10:25	17:26:10				
005	慕容雯静	女	监察部	2018/4/9	7:25:00	17:36:00				

某公司员工工资标准

编号	姓名	性别	部门	学历	职务	工龄	基本工资	岗位工资	工龄津贴
001	赵大春	女	培训部	本科	主管	20			
002	欧阳发	男	培训部	本科	职员	15			
003	孙小刚	男	办公室	本科	助理	7			
004	马晶晶	女	办公室	大专	主管	27			
005	慕容雯静	女	监察部	硕士	总监	28			

员工资料查询卡

员工姓名		性别		部门		职务	
出生日期		民族		政治面貌		婚姻状况	
入职日期		合同签订日期		工龄		退休日期	
身份证号							
学 历		毕业学校			专业		
联系电话		电子邮件			家庭住址		
基本工资		岗位工资		工龄津贴			

1. 身份证号码结构

公民身份号码（GB 11643—1999），是特征组合码，由十七位数字本体码和一位数字校验码组成，共十八位数字。排列顺序从左至右依次为：六位数字地址码，八位数字出生日期码，三位数字顺序码和一位数字校验码。使每个编码对象（中华人民共和国国籍的公民）获得一个唯一的、不变的法定身份号码，如图 11-1 所示。

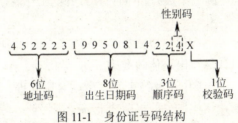

图 11-1　身份证号码结构

其中，顺序码（身份证号码第十五位到第十七位）表示在同一地址码所标识的区域范围内，对同年、同月、同日出生的人编定的顺序号，其中第十七位奇数分给男性，偶数分给女性。

校验码（第十八位），作为尾号的校验码，是由号码编制单位按统一的公式计算出来的，如果某人的尾号是 0~9，都不会出现 X，但如果尾号是 10，那么就得用 X（罗马数字的十）来代替。

2. 人力资源表的数据表及人力资源信息管理

本任务人力资源表由基本信息、签合同、出勤管理、工资标准、员工查询等工作表组成。每一张工作表管理不同的人力资源信息，每一类人力资源信息有已知数据，还有需要计算的数据；有静态数据，还有很多的动态变化的数据；有相互独立的数据，还有互相关联、相互引用的数据。通过对这些数据的计算、管理、分析，可以更好地统筹、制定企业人力资源战略。

（1）"基本信息"工作表及其管理　员工的身份证号是已知信息，其中包含性别、出生日期信息，因此可以通过身份证号码，提取员工的性别和出生日期。

年龄是动态变化的数据，可以通过出生日期准确计算出每名员工的真实年龄（周岁），计算出来的"年龄"值是真实的、准确的、动态变化的数据，可以精确到"天"（年龄是计算出生日期与电脑的当前日期时间的差，因此不同日期打开此工作表，计算的年龄是不同的动态值）。

同理，工龄也是动态变化的数据，可以通过入职日期准确计算出每名员工的工龄（满整年数）。不同日期打开此工作表，计算的工龄是不同的动态值。

退休日期是静态数据，根据员工的出生日期、性别和国家规定的退休年龄，可以计算得出退休的准确日期。

（2）"签合同"工作表及员工签订劳动合同管理　劳动者要与企业签订劳动合同，这样自己的权益才能够受到保护。劳动合同签订几年，法律并无规定，劳动者与用人单位协商即可。劳动合同的期限分为有固定期限、无固定期限和以完成一定的工作为期限。

本任务入职日期是已知数据，假设入职后，每两年签一次合同，上次合同签订日期同样也是已知数据；因此根据上次合同签订日期，可以计算合同到期日期，即距离上次合同签订日期两年后，就是合同到期日期，也是续签合同的日期。

同时，可以设置合同到期前30天进行提示、提醒的特殊格式效果，做好续签合同的准备。

（3）"出勤管理"工作表及考勤管理　考勤管理是企业事业单位对员工出勤进行考察管理的一种管理制度，包括是否迟到早退，有无旷工请假等。考勤管理是企业管理中最基本的管理，考勤管理人员月底需要向主管和财务提供员工的考勤数据，包括迟到、请假、加班、早退、旷工等，以备主管对员工打绩效，财务对员工做工资等条目。

本任务考勤规则为上班时间 8:00，下班时间为 17:30。员工每天上下班打卡的时间是已知数据，由此可以根据上下班打卡时间，计算上下班状态及缺勤时长。

超过 8:00 打卡签到记为迟到；打卡签退时间小于 17:30 记为早退；未签到、未签退，则上下班状态为"未打卡"。

（4）"工资标准"工作表及其管理　员工的学历、职务、工龄（"基本信息"表中的数据）都是已知数据，根据公司规定的工资标准，不同学历、职务、工龄都有对应的工资档次，因此可以分别填写每位员工不同的基本工资、岗位工资和工龄津贴。

同时，基本工资、岗位工资和工龄津贴是动态变化的数据，当员工的学历、职务、工龄发生变化时，这三项工资金额会相应产生动态变化。

（5）"员工查询"工作表及其管理　公司的人力资源信息包括很多方面，各种不同类型的信息数据分别放在不同的工作表中进行分类管理。如果公司想查询某位员工的全部信息，就需要在很多个不同的工作表中检索，这样的操作会很麻烦，不方便查询检索，不方便汇总和呈现个人信息。

鉴于此，可以制作一个包含员工全部个人信息的查询卡，借助查找函数 VLOOKUP，按照指定的查找值从工作表中查找相应的数据，实现对员工全部信息的精确查询和多数据表的信息调用，方便人力资源信息的管理、调用和汇总，提高信息查阅的效率。

VLOOKUP 函数是 Excel 中的一个纵向查找函数，在工作中应用广泛，例如可以用来核对数据，多个表格之间快速导入数据等。

3. 本任务用到的函数如下

（1）文本函数

① 提取指定文本字符串函数

函数	功能
LEFT( )	从字符串第一个字符开始返回指定个数的字符
MID( )	从字符串中指定的位置起返回指定长度的字符
RIGHT( )	从字符串最后一个字符开始返回指定个数的字符

② 将数值转换为文本的函数

函数	功能
Text( )	将数值转换为按指定数值格式表示的文本

（2）数学函数

函数	功能
MOD( )	计算两数相除的余数

（3）逻辑函数

① 分支条件判断函数

函数	功能
If( )	执行真假值判断，根据逻辑测试值返回不同结果

② 判定条件是否成立函数

函数	功能
AND( )	判定指定的多个条件是否全部成立

（4）日期时间函数

① 显示电脑当前日期、时间函数，此函数无参数

函数	功能	举例
Today( )	返回当前日期，无参数	Today( )=2018/4/12
Now( )	返回当前日期和时间，无参数	Now( )=2018/4/12　19:39

② 提取日期对应的"年""月""日"函数

函数	功能
Year( )	获取日期中的年份，括号内填写日期
Month( )	获取日期中的月份，括号内填写日期
Day( )	获取日期中的天数，括号内填写日期

③ 计算日期期间差函数

函数	功能
DATEDIF( )	返回两个日期之间的年\月\日间隔数【是 Excel 隐藏函数，在"帮助"和"插入公式"里面没有。使用此函数，必须在单元格内直接输入函数】

④ 重新构建日期、时间函数

函数	功能
Date( )	重新构建日期的函数，括号内要填写年、月、日
Time( )	返回特定时间的序列数，括号内要填写小时、分钟、秒

（5）查找函数

函数	功能
VLOOKUP( )	在首列查找数值，并返回当前行中指定列处的数值
HLOOKUP( )	在首行查找数值，并返回当前列中指定行处的数值

以上分析的是身份证号码结构、人力资源表的各数据表结构、人力资源信息管理等基本知识，以及本任务用到的各种类函数。下面按工作过程学习管理人力资源表、计算各项目的具体操作步骤和操作方法。

完成任务

一、利用身份证号，提取员工的性别和出生日期信息

1. 利用身份证号，提取员工的性别信息

十八位数字的公民身份号码结构，如图 11-1 所示。其中第十七位是性别码，奇数分给男性，偶数分给女性。

（1）提取员工的性别信息的原理及方法

① 利用文本函数 MID 从身份证号码中取出第 17 位数字，函数表达式为：MID(E3,17,1)。

➢ MID 从指定位置开始取出特定数目的字符函数

函数名	MID
功能	返回文本字符串中从指定位置开始的特定数目的字符
格式	MID(text, start_num, num_chars)
参数	text 必需。包含要提取字符的文本字符串。如果直接指定文本字符串，需用双引号引起来。 start_num 必需。文本中要提取的第一个字符的位置。文本中第一个字符的 start_num 为 1，依此类推。 num_chars 必需。指定希望 MID 从文本中返回字符的个数

② 利用 MOD 函数计算第 17 位数字÷2 的余数，即第 17 位数字÷2；函数表达式为：MOD(MID(E3,17,1),2)。

➢ MOD 计算余数函数

函数名	MOD
功能	计算两数相除的余数。结果的正负号与除数相同
格式	MOD(number, divisor)
参数	number 必需。被除数。 divisor 必需。除数。如果为零，返回错误值 #DIV/0!

③ 利用 IF 函数判断第 17 位数字的奇偶性，根据奇偶性确定性别，即第 17 位数字÷2，余数=1，为奇数，男性；反之余数=0，为偶数，女性；函数表达式为：IF(MOD(MID(E3,17,1),2)=1,"男","女")。

➢ IF 条件判断函数

函数名	IF
功能	执行真假值判断，根据逻辑测试值返回不同结果
格式	IF(logical_test, [value_if_true], [value_if_false])
参数	logical_test 必需。指定条件判定公式。计算结果可能为 TRUE 或 FALSE 的任意值或表达式。 value_if_true 可选。指定逻辑式成立时返回的值。可以是公式，函数，数值或文本。被显示的文本需加双引号。不进行任何处理时，则省略参数。 value_if_false 可选。指定逻辑式不成立时返回的值。可以是公式，函数，数值或文本。被显示的文本需加双引号。不进行任何处理时，则省略参数

④ 将判断结果"男"或"女"，写在"性别"单元格中。则编号为 001 的员工"性别"表达式为：

C3=IF(MOD(MID(E3,17,1),2)=1,"男","女")

或者，001 的员工"性别"表达式还可以表达为：

C3=IF(MOD(MID(E3,17,1),2)=0,"女","男")

（2）提取员工性别信息的操作步骤

★ 步骤1 打开"基本信息"工作表，单击编号为 001 的员工"性别"单元格 C3，选中。

★ **步骤2** 录入函数表达式，如图 11-2 所示。

=IF(MOD(MID (E3,17,1),2)=1,"男","女") →检查函数及参数是否正确→回车确认。

C3 fx =IF(MOD(MID(E3,17,1),2)=1,"男","女")

	A	B	C	D	E	F
2	编号	姓名	性别	部门	身份证号	出生日期
3	001	赵 大 春	女	培训部	35026119741031752x	
4	002	欧 阳 发		培训部	210421198002263250	
5	003	孙 小 刚		办公室	170571198709090918	

图 11-2　提取身份证号的“性别”

回车确认后，运算结果显示在 C3 单元格中，函数（公式）留在编辑栏中，便于检查校对。

★ **步骤3** 复制函数。其他员工的性别提取方法与 001 号员工相同，可以复制函数。选中 C3 单元格，用鼠标左键按住右下角的填充柄，向下拖动到 C27 松手，将函数复制到每一位员工的性别单元格。

★ **步骤4** 检查核对复制结果。逐个选中每一位员工的性别单元格，检查复制的函数表达式是否正确。

至此，利用身份证号，提取员工的性别信息操作完成，检查无误后，保存文件。

2. 利用身份证号，提取员工的出生日期

如图 11-1 所示，十八位数字的公民身份号码结构，其中第七位至第十四位是八位数字的出生日期码（YYYYMMDD）。

（1）提取员工的出生日期信息的原理及方法

① 利用文本函数 MID 从身份证号码中取出第 7 位数字开始的 4 位数字，为出生的年份，函数表达式为：MID(E3,7,4)。

② 同样的方法，利用文本函数 MID 从身份证号码中取出第 11 位数字开始的 2 位数字，为出生的月份，函数表达式为：MID(E3,11,2)。

③ 利用文本函数 MID 从身份证号码中取出第 13 位数字开始的 2 位数字，为出生的日子，函数表达式为：MID(E3,13,2)。

④ 在"出生日期"单元格中，利用重新构建日期函数 DATE，将提取出来的年份、月份、日子构建成出生日期，计算结果为日期型数据。则编号为 001 的员工"出生日期"表达式为：

F3=DATE(MID (E3,7,4), MID(E3,11,2),MID(E3,13,2))

➢ Date 重新构建日期函数

函数名	Date
功能	重新构建日期的函数，括号内要填写年、月、日
格式	DATE(year,month,day)
参数	year 必需，指定年份或者年份所在的单元格,4 位整数。 month 必需，指定月份或者月份所在的单元格,1~12 之间。 day 必需，指定日或者日所在的单元格,1~31 之间

（2）提取员工出生日期的操作步骤

★ 步骤 5　在"基本信息"工作表中，单击编号为 001 的员工"出生日期"单元格 F3，选中。

★ 步骤 6　录入函数表达式，如图 11-3 所示。

=DATE(MID(E3,　7,4),MID(E3,11,2),MID(E3,13,2))　→检查函数及参数是否正确→回车确认。

	A	B	C	D	E	F	G
2	编号	姓名	性别	部门	身份证号	出生日期	年龄
3	001	赵大春	女	培训部	35026119741031752x	1974/10/31	
4	002	欧阳发	男	培训部	210421198002263250		

图 11-3　提取身份证号的"出生日期"

回车确认后，运算结果显示在 F3 单元格中，函数（公式）留在编辑栏中，便于检查校对。

Date 函数计算结果为日期型数据,可以参与日期型数据的计算和函数运算。

★ **步骤7** 复制函数。其他员工的出生日期提取方法与 001 号员工相同,可以复制函数。选中 F3 单元格,用鼠标左键按住右下角的填充柄,向下拖动到 F27 松手,将函数复制到每一位员工的出生日期单元格。

★ **步骤8** 检查核对复制结果。逐个选中每一位员工的出生日期单元格,检查复制的函数表达式是否正确。

至此,利用身份证号,提取员工的出生日期信息操作完成,检查无误后,保存文件。

二、计算员工的年龄、工龄和退休日期

1. 计算员工的年龄、工龄

(1) 计算员工年龄的原理及方法 利用 DATEDIF 函数,计算出生日期与电脑的当前日期时间的差,就是年龄。则编号为 001 的员工"年龄"的函数表达式为:

G3=DATEDIF(F3,NOW(),"y")

或者 001 的员工"年龄"表达式还可以为:

G3=DATEDIF(F3, Today (),"y")

➢ DATEDIF 日期期间差函数

函数名	DATEDIF
功能	用于计算两个日期的期间差。返回两个日期之间的年\月\日间隔数(年数、月数或天数)【是 Excel 隐藏函数,在"帮助"和"插入公式"里面没有。使用此函数,不能从"插入函数"对话框中输入,必须在单元格内直接输入函数】
格式	DATEDIF(start_date,end_date,unit)
参数	start_date 表示的是起始时间。 end_date 表示的是结束时间。 unit 表示的是返回的时间代码,"Y"日期之间的整年数差,"M"日期之间的整月数差,"D"日期之间的天数差。 "YM"计算不到一年的月数,"YD"计算不到一年的日数,"MD"计算不到一个月的日数

> 显示电脑当前日期、时间函数，此函数无参数

函数	功能	举例
Today( )	返回当前日期，无参数	Today( )=2018/4/12
Now( )	返回当前日期和时间，无参数	Now( )=2018/4/12　19:39

（2）计算年龄的操作步骤

★ 步骤9　在"基本信息"工作表中，单击编号为001的员工"年龄"单元格G3，选中。

★ 步骤10　录入函数表达式，如图11-4所示。

=DATEDIF(F3, NOW(),"y") →检查函数及参数是否正确→回车确认。

	A	B	C	D	E	F	G
2	编号	姓名	性别	部门	身份证号	出生日期	年龄
3	001	赵大春	女	培训部	35026119741031752x	1974/10/31	43
4	002	欧阳发	男	培训部	210421198002263250		

图11-4　计算员工的"年龄"

回车确认后，运算结果显示在G3单元格中，函数（公式）留在编辑栏中，便于检查校对。

> DATEDIF函数计算的年龄结果为周岁（整年数差）。年龄计算的是出生日期与电脑的当前日期时间NOW( )的差，因此不同日期打开此工作表，计算的年龄结果是不同的动态值。

★ 步骤11　复制"年龄"函数，检查核对复制结果。

婴幼儿的年龄计算法。婴幼儿时期，每个月的成长、变化都很大，如果婴幼儿的年龄只用周岁（整年数差）来表达的话，就不准确，一般用"*岁零*个月"的方式来表达。

因此，婴幼儿的年龄表达式：

=DATEDIF(出生日期,NOW( ),"y")&"岁零"&DATEDIF(出生日期,NOW( ),"ym")&"个月"

例如：

C2		fx	=DATEDIF(B2,NOW(),"y")&"岁零"&DATEDIF(B2,NOW(),"ym")&"个月"				
	A	B	C	D	E	F	G
1		出生日期	婴幼儿年龄				
2		2016/10/21	1岁零5个月				
3							

（3）计算工龄的原理、方法和操作步骤

★ **步骤 12** 同样的原理和方法，编号为 001 的员工"工龄"的函数表达式为：I3=DATEDIF(H3,NOW( ),"y")或者 I3=DATEDIF(H3, Today( ),"y")，操作如图 11-5 所示。

I3			fx	=DATEDIF(H3, NOW(), "y")			
	A	B	F	G	H	I	
2	编号	姓名	出生日期	年龄	入职日期	工龄	
3	001	赵 大 春	1974/10/31	43	1998/3/1	20	
4	002	欧 阳 发	1980/2/26		2003/3/1		

图 11-5 计算员工的"工龄"

工龄也是动态变化的数据（满整年数）。不同日期打开此工作表，计算的工龄是不同的动态值。

★ **步骤 13** 复制"工龄"函数，检查核对复制结果。

至此，计算员工的年龄、工龄操作完成，检查无误后，保存文件。

2. 计算员工的退休日期

目前我国现行的退休年龄为：男性 60 周岁，女性 55 周岁。因此，可以根据员工的出生日期、性别和国家规定的退休年龄，计算得出退休的准确日期，退休日期是静态数据。

（1）计算员工退休日期的原理及方法

① 根据性别，计算员工退休的年份。

男性：退休年份=出生年份+60

女性：退休年份=出生年份+55

退休年份的函数表达式：YEAR(F3)+IF(C3="男",60,55)

➤ YEAR 获取年份函数

函数名	YEAR
功能	返回某日期对应的年份。返回值为 1900 到 9999 之间的整数
格式	YEAR(serial_number)
参数	serial_number 必需。为一个日期值，或者加双引号的表示日期的文本

② 计算员工退休的月份，退休的月份与出生的月份相同，函数表达式：MONTH(F3)。

➤ MONTH 获取月份函数

函数名	MONTH
功能	返回某日期对应的月份。返回值为 1 到 12 之间的整数
格式	MONTH (serial_number)
参数	serial_number 必需。为一个日期值，或者加双引号的表示日期的文本

③ 计算员工退休的日子，退休的日子与生日相同，函数表达式：DAY(F3)。

➤ DAY 获取天数函数

函数名	DAY
功能	返回某日期对应的天数。返回值为 1 到 31 之间的整数
格式	DAY (serial_number)
参数	serial_number 必需。为一个日期值，或者加双引号的表示日期的文本

④ 在"退休日期"单元格中,利用重新构建日期函数 DATE,将计算出来的退休年份、退休月份、退休日子构建成退休日期,计算结果为日期型数据。则编号为 001 的员工"退休日期"表达式:
J3=DATE(YEAR(F3)+IF(C3="男",60,55),MONTH(F3),DAY(F3))。

(2)计算员工退休日期的操作步骤

★ **步骤 14** 在"基本信息"工作表中,单击 J3 单元格,选中,录入函数表达式,如图 11-6 所示。

=DATE(YEAR(F3)+IF(C3=" 男 ",60, 55),MONTH(F3),DAY(F3))

→检查函数及参数是否正确→回车确认。计算结果为日期型数据。

	A	B	C	F	G	H	I	J
2	编号	姓名	性别	出生日期	年龄	入职日期	工龄	退休日期
3	001	赵大春	女	1974/10/31	43	1998/3/1	20	2029/10/31
4	002	欧阳发	男	1980/2/26	38	2003/3/1	15	

图 11-6 计算员工的"退休日期"

★ **步骤 15** 复制"退休日期"函数,检查核对复制结果。

至此,计算员工的退休日期操作完成,检查无误后,保存文件。

三、计算合同到期日期,并提前提醒

1. **计算合同到期的日期**

本任务的员工,自入职之日起,每两年签订一次劳动合同,距离上次合同签订日期两年后,就是合同到期日期,也是续签合同的日期。

(1)计算员工合同到期日期的原理及方法

① 根据公司规定,员工合同到期日期的年份=上次合同签订的年份+2,函数表达式:YEAR(J3)+2。

② 员工合同到期的月份,与上次合同签订的月份相同,函数表达式:MONTH(J3)。

③ 员工合同到期的日子,是上次合同签订的日子前一天,即上次合同签订的日子−1,函数表达式:DAY(J3)−1。

④ 利用重新构建日期函数 DATE，将计算出来的合同到期年份、合同到期月份、合同到期日子构建成合同到期日期，结果为日期型数据。则编号为 001 的员工"合同到期日期"表达式：
K3=DATE(YEAR(J3)+2,MONTH(J3),DAY(J3)−1)。

（2）计算员工"合同到期日期"的操作步骤

★ 步骤 16　打开"签合同"工作表，单击 K3 单元格，选中，录入函数表达式，如图 11-7 所示。

=DATE(YEAR(J3)+2,MONTH(J3), DAY(J3)-1) →检查函数及参数是否正确→回车确认。计算结果为日期型数据。

	A	B	C	F	G	H	I	J	K
2	编号	姓名	性别	出生日期	年龄	入职日期	工龄	合同签订日期	合同到期日期
3	001	赵大春	女	1974/10/31	43	1998/3/1	20	2018/3/1	2020/2/29
4	002	欧阳发	男	1980/2/26	38	2003/3/1	15	2017/3/1	

图 11-7　计算员工的"合同到期日期"

★ 步骤 17　复制"合同到期日期"函数，检查核对复制结果。

至此，计算员工的合同到期日期操作完成，检查无误后，保存文件。

2. 在合同到期前 30 天设置提醒格式

为方便人力资源管理，需要对近期即将到期的合同日期进行提醒，即在合同到期前 30 天，显示特殊的格式效果进行提示、提醒，做好续签合同的准备。

为满足上述需求，可以采用条件格式的方式，显示特殊格式效果，比如，凡是合同即将到期 30 天以内的"合同到期日期"，显示浅黄色底纹，进行明显的提示和提醒。

条件格式提醒合同到期的操作步骤：

★ 步骤 18　在"签合同"工作表中，选择所有员工的"合同到期日期"区域 K3:K27。

★ **步骤 19** 单击"开始"选项卡"样式"组的"条件格式"按钮→在菜单中选择"新建规则",打开"新建格式规则"对话框,如图11-8 所示。

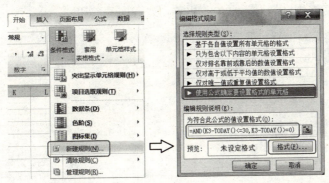

图 11-8 条件格式→新建格式规则→使用公式

★ **步骤 20** 在"新建格式规则"对话框的"选择规则类型"列表中选择"使用公式确定要设置格式的单元格",在"为符合此公式的值设置格式:"中输入公式: =AND(K3-TODAY( )<=30,K3-TODAY( )>=0) ,如图 11-8 所示。

➢ And( )函数判定条件是否全部成立

函数名	And
功能	表示"并且"的意思,就是两个条件要同时成立
格式	AND(logical1, [logical2], …)
参数	logical1 必需。要检验的第一个条件,其计算结果可以为 TRUE 或 FALSE。 logical2, …可选。要检验的其他条件,其计算结果可以为 TRUE 或 FALSE,最多可包含 255 个条件

K3-TODAY( )>=0 排除合同到期日早于系统当天日期的情况。
K3-TODAY( )<=30 表示距离合同到期日还有不到 30 天的情况。
输入的公式表示,当上述两个条件全部成立时,则显示设置的条件格式。

★ 步骤 21　单击图 11-8 的"格式"按钮,在"设置单元格格式"对话框中,选择"填充"选项卡,设置背景色为"浅黄色",如图 11-9 所示,在对话框中下部可以看到示例的颜色,单击"确定"按钮;在"新建格式规则"对话框中,再单击"确定"按钮。

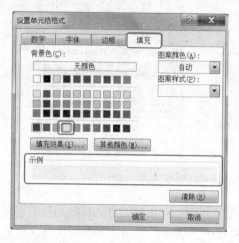

图 11-9　设置单元格格式→填充→背景色　　图 11-10　条件格式效果

设置合同到期前 30 天提醒的条件格式为"浅黄色底纹"效果如图 11-10 所示。

> 合同到期的条件格式,设置的是距离系统当天日期【TODAY()】30 天以内的提示格式,因此不同日期打开此工作表,显示的条件格式结果是不同的动态效果。

至此,在合同到期前 30 天设置条件格式提醒合同到期操作完成,检查无误后,保存文件。

四、根据上下班打卡时间,计算上下班状态及缺勤时长

本任务的考勤规则为上班时间 8:00,下班时间为 17:30。超过 8:00 打卡签到记为迟到 X 分钟;打卡签退时间小于 17:30 记为早退 Y 分钟;未签到、未签退,则上下班状态为"未打卡";正常签到、签退的,迟

到、早退时间为空值!

1. 计算上班状态,计算迟到时间

(1) 计算上班状态的原理和方法　根据考勤规则,上班状态有三种:

① 上班打卡时间-8:00≤0,状态:正常上班,标记:空值;
② 上班打卡时间-8:00>0,状态:迟到,标记:迟到;
③ 上班打卡时间:空值,状态:未签到,标记:未打卡。

因此,根据上班打卡时间,利用 IF 函数可以判断三种上班状态,并分别标记不同的上班状态,则 001 号员工的上班状态表达式为:

H3=IF(F3="","未打卡",IF(F3-"8:00">0,"迟到"," "))

(2) 计算上班状态的操作方法

★ 步骤 22　打开"出勤管理"工作表,单击 H3 选中,输入表达式,如图 11-11 所示, =IF(F3="","未打卡",IF(F3-"8:00">0,"迟到"," ")) →检查函数及参数是否正确→回车确认。

	A	B	C	D	E	F	G
2	编号	姓名	日期	上班时间	下班时间	上班状态	迟到时间
3	001	赵大春	2018/4/9	8:05:10	17:30:00	迟到	
4	002	欧阳发	2018/4/9		17:42:20		

图 11-11　计算员工的"上班状态"

★ 步骤 23　复制"上班状态"函数,检查核对复制结果。计算上班状态操作完成,检查无误后,保存文件。

(3) 条件格式标记不同的上班状态

★ 步骤 24　在"出勤管理"工作表中,选择所有员工的"上班状态"区域 H3:H27。

★ 步骤 25　设置"迟到"的条件格式为:宋体、红色、加粗。

★ 步骤 26　设置"未打卡"的条件格式为:浅黄色底纹。

设置不同上班状态的条件格式后的效果如图 11-12 所示。

E	F	G	H
日期	上班时间	下班时间	上班状态
2018/4/9	8:05:10	17:30:00	迟到
2018/4/9		17:42:20	未打卡
2018/4/9	7:55:20		
2018/4/9	8:10:25	17:26:10	迟到
2018/4/9	7:25:00	17:36:00	
2018/4/9	7:50:00	17:31:00	
2018/4/9			未打卡
2018/4/9	8:16:00	17:23:00	迟到
2018/4/9	7:49:20	18:36:00	

图 11-12　不同"上班状态"条件格式效果

（4）计算迟到时间的原理和方法　只有上班状态为"迟到"，才计算迟到的时间，迟到时间＝上班打卡时间－8:00，计算结果用"分钟"表示。则 001 号员工的迟到时间表达式为：

I3=IF(F3="","",IF(F3-"8:00">0,TEXT(F3-"8:00","[M]分钟"),""))

➢ Text( )将数值转换为文本的函数

函数名	TEXT
功能	将数值转换为按指定数值格式表示的文本
格式	TEXT(value, format_text)
参数	value 必需。数值，计算结果为数值的公式，或对包含数值的单元格的引用。 format_text 必需。使用双引号括起来作为文本字符串的数字格式，例如，[M]表示以分钟为单位显示经过的时间

（5）计算迟到时间的操作方法

★ **步骤 27**　在"出勤管理"工作表中，单击 I3 选中，输入表达式，如图 11-13 所示。

=IF(F3="","",IF(F3-"8:00">0,TEXT(F3-"8:00", "[M]分钟"),""))

→检查函数及参数是否正确→回车确认。

I3		f_x	=IF(F3="","",IF(F3-"8:00">0,TEXT(F3-"8:00","[M]分钟"),""))					
	A	E	F	G	H	I	J	K
2	编号	日期	上班时间	下班时间	上班状态	迟到时间	下班状态	早退时间
3	001	2018/4/9	8:05:10	17:30:00	迟到	5分钟		
4	002	2018/4/9		17:42:20	未打卡			

图 11-13　计算员工的"迟到时间"

★ **步骤 28**　复制"迟到时间"函数，检查核对复制结果。计算"迟到时间"操作完成，检查无误后，保存文件。

2. 计算下班状态，计算早退时间

（1）同样的原理和方法，下班状态表达式为：

　　　　J3=IF(G3="","未打卡",IF("17:30"- G3>0,"早退"," "))

★ **步骤 29**　计算下班状态操作方法如图 11-14 所示。复制函数，检查核对。

J3		f_x	=IF(G3="","未打卡",IF("17:30"- G3>0,"早退"," "))					
	A	E	F	G	H	I	J	K
2	编号	日期	上班时间	下班时间	上班状态	迟到时间	下班状态	早退时间
3	001	2018/4/9	8:05:10	17:30:00	迟到	5分钟		
4	002	2018/4/9		17:42:20	未打卡			

图 11-14　计算员工的"下班状态"

（2）早退时间表达式为：

K3=IF(G3="","",IF(G3-"17:30">=0,"",TEXT("17:30"-G3,"[M]分钟")))

★ **步骤 30**　计算早退时间操作方法如图 11-15 所示。复制函数，检查核对。

K3		f_x	=IF(G3="","",IF(G3-"17:30">=0,"",TEXT("17:30"-G3,"[M]分钟")))					
	A	E	F	G	H	I	J	K
2	编号	日期	上班时间	下班时间	上班状态	迟到时间	下班状态	早退时间
3	001	2018/4/9	8:05:10	17:30:00	迟到	5分钟		
4	002	2018/4/9		17:42:20	未打卡			

图 11-15　计算员工的"早退时间"

（3）条件格式标记不同的下班状态

★ 步骤 31　在"出勤管理"工作表中，选择所有员工的"下班状态"区域 J3:J27。

★ 步骤 32　设置"早退"的条件格式为：宋体、红色、加粗。

★ 步骤 33　设置"未打卡"的条件格式为：浅黄色底纹。

F	G	H	I	J	K
上班时间	下班时间	上班状态	迟到时间	下班状态	早退时间
8:05:10	17:30:00	迟到	5分钟		
	17:42:20	未打卡			
7:55:20				未打卡	
8:10:25	17:26:10	迟到	10分钟	早退	3分钟
7:25:00	17:36:00				
7:50:00	17:31:00				
		未打卡		未打卡	
8:16:00	17:23:00	迟到	16分钟	早退	7分钟
7:49:20	18:36:00				

图 11-16　不同"下班状态"条件格式效果

设置不同下班状态的条件格式后的效果如图 11-16 所示。

至此，在"出勤管理"工作表中，根据上下班打卡时间，计算上下班状态及缺勤时长全部操作完成，检查无误后，保存文件。

五、根据学历、职务、工龄，分别填写基本工资、岗位工资和工龄津贴

根据公司规定的工资标准，不同学历、职务、工龄都有对应的工资档次，如表 11-1～表 11-3 所示，因此可以利用 IF 函数判断不同的级别，分别填写每位员工对应的、不同的基本工资、岗位工资和工龄津贴。

同时，基本工资、岗位工资和工龄津贴是动态变化的数据，当员工的学历、职务、工龄发生变化时，这三项工资金额会相应产生动态变化。

1. 根据学历层次，分别填写基本工资

表 11-1　学历与基本工资对照表

学历	基本工资/元
博士	6000
硕士	5000
本科	4500
大专	4000

根据公司的薪金规定，参照"表 11-1 学历与基本工资对照表"，001 号员工的基本工资表达式：

H3=IF(E3="博士",6000,IF(E3="硕士",5000,IF(E3="本科",4500,4000)))

★ **步骤 34**　计算基本工资的操作方法如图 11-17 所示。复制函数，检查核对。

H3		fx	=IF(E3="博士",6000,IF(E3="硕士",5000,IF(E3="本科",4500,4000)))					
	A	B	C	D	E	F	G	H	I
2	编号	姓名	性别	部门	学历	职务	工龄	基本工资	岗位工资
3	001	赵大春	女	培训部	本科	主管	20	4500	
4	002	欧阳发	男	培训部	本科	职员	15		

图 11-17　计算不同学历的基本工资

2. 根据职务层级，分别填写岗位工资

表 11-2　职务与岗位工资对照表

职务	岗位工资/元
总监	8000
经理	7000
主管	6000
助理	4000
职员	3000

根据公司的薪金规定，参照"表 11-2 职务与岗位工资对照表"，001 号员工的岗位工资表达式：

I3=IF(F3="总监",8000,IF(F3="经理",7000,IF(F3="主管",6000, IF(F3="助理",4000,3000))))

★ **步骤 35** 计算岗位工资的操作方法如图 11-18 所示。复制函数，检查核对。

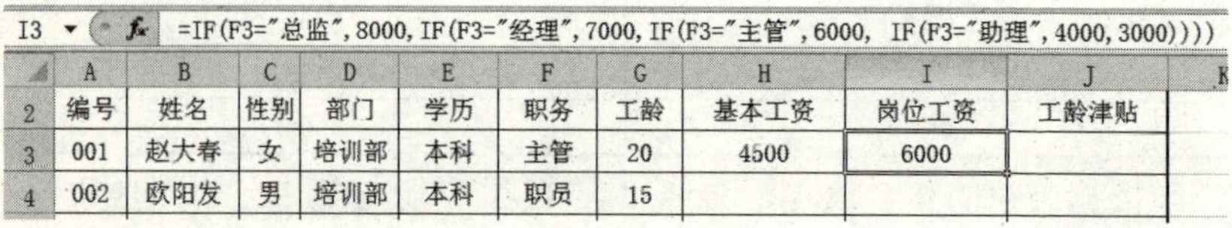

I3 fx =IF(F3="总监",8000,IF(F3="经理",7000,IF(F3="主管",6000, IF(F3="助理",4000,3000))))

	A	B	C	D	E	F	G	H	I	J
2	编号	姓名	性别	部门	学历	职务	工龄	基本工资	岗位工资	工龄津贴
3	001	赵大春	女	培训部	本科	主管	20	4500	6000	
4	002	欧阳发	男	培训部	本科	职员	15			

图 11-18 计算不同职务的岗位工资

3. 根据工龄年数，分别填写工龄津贴

表 11-3 工龄与工龄津贴对照表

工龄	工龄津贴/元
1 年	100
2 年	200
3 年	300
……	……
工龄每增加 1 年	工龄津贴增加 100

根据公司的薪金规定，参照“表 11-3 工龄与工龄津贴对照表”，001 号员工的工龄津贴表达式：J3=G3*100。

★ **步骤 36** 计算工龄津贴的操作方法如图 11-19 所示。复制函数，检查核对。

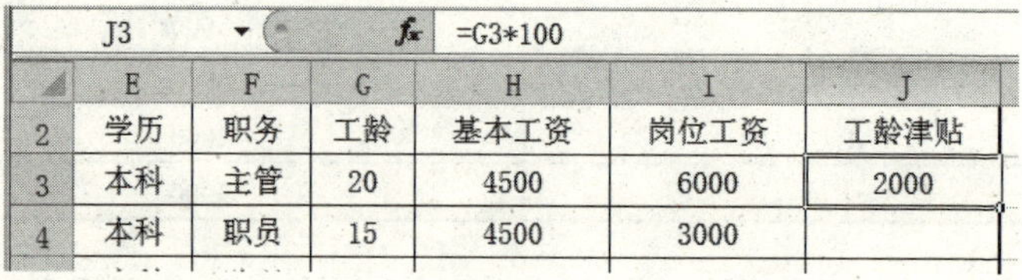

J3 fx =G3*100

	E	F	G	H	I	J
2	学历	职务	工龄	基本工资	岗位工资	工龄津贴
3	本科	主管	20	4500	6000	2000
4	本科	职员	15	4500	3000	

图 11-19 计算不同工龄的工龄津贴

至此，在"工资标准"工作表中，根据员工的学历、职务、工龄级别，分别填写不同的基本工资、岗位工资和工龄津贴，操作完成，检查无误后，保存文件。

六、制作员工资料查询卡，并按照员工姓名查找，计算查询结果

1. 制作"员工资料查询卡"

★ **步骤37** 在"员工查询"工作表中，制作"员工资料查询卡"，如图11-20所示，并设置各部分格式。

★ **步骤38** 查询卡中有底纹的单元格是查询项目名称单元格，空的单元格是将要显示查询结果的单元格，注意不同数据的长度不同，事先预留好足够的宽度和位置。

	A	B	C	D	E	F	G	H
1	员工资料查询卡							
2	员工姓名		性别		部门		职务	
3	出生日期		民族		政治面貌		婚姻状况	
4	入职日期		合同签订日期		工龄		退休日期	
5	身份证号							
6	学　历		毕业学校				专业	
7	联系电话		电子邮件				家庭住址	
8	基本工资		岗位工资		工龄津贴			

基本信息 / 签合同 / 出勤管理 / 工资标准 / 员工查询 / 个人资料

图11-20　制作"员工资料查询卡"

2. 查找员工姓名（设置数据有效性）

本任务按照"员工姓名"查找，即根据员工的姓名，查找他本人的所有个人信息。因此要在B2单元格中设置数据有效性，作为查询的选项，确保所有数据表中确有其人，确保精确查询。

提示　用于查找的数据区域不能有重复数据值，即字段值"唯一不重复"；否则有相同数据时，永远只能匹配到第一个。

★ **步骤 39**　在"员工查询"工作表中,选中 B2 单元格,在"数据"选项卡的"数据工具"选项组中单击"数据有效性"下拉按钮,在下拉菜单中选择"数据有效性"命令,如图 11-21 所示。

★ **步骤 40**　在打开的"数据有效性"对话框中,设置"允许"为"序列";在"来源"文本框中,单击右侧的工作表缩略图按钮,选择"基本信息"工作表的"姓名"列的字段值区域 B3:B27,显示为"=基本信息!$B$3:$B$27",单击 按钮,返回到"数据有效性"对话框,单击"确定"按钮,如图 11-22 所示。

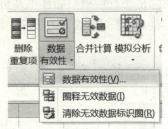

图 11-21　数据工具→数据有效性　　　图 11-22　"数据有效性"对话框

★ **步骤 41**　返回工作表,单击 B2 单元格右侧的下拉按钮,即可选择需要的姓名选项,如图 11-23 所示。

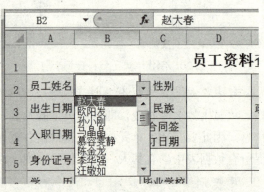

图 11-23　按照"姓名"查询

至此,按照"员工姓名"查找的操作完成,保存文件。

任务 11 管理人力资源表

提示

> 本任务是多工作表查找,因此必须确保每个工作表的"姓名"列的字段值内容、顺序和格式完全相同【方法:其余工作表的姓名列,都是引用"基本信息"工作表的姓名列,即"签合同"工作表:B3=基本信息!B3,以此类推……】,同时姓名列中不能有同姓名同字(姓名字段值不能重复),才能保证从不同工作表中查找的姓名是同一个人的信息,实现精确查找。

3. 利用 VLOOKUP 函数计算查询结果

本任务是多工作表查找,不同的信息数据放在不同的工作表中,在确保每一张工作表的查询条件"姓名"列的字段值内容、顺序和格式完全相同的情况下,可以分别从不同的工作表中查找相应的数据,如表 11-4 所示。

表 11-4 工作表与查找信息对照表

工作表名称	可以查找的信息
基本信息	性别,部门,身份证号,出生日期,年龄,入职日期,工龄,退休日期
签合同	合同签订日期
工资标准	学历,职务,工龄,基本工资,岗位工资,工龄津贴
个人资料	民族,政治面貌,婚姻状况,联系电话,电子邮件,家庭住址,学历,毕业学校,专业

例 1 查找"出生日期"

(1)查找"出生日期"原理和方法 VLOOKUP 函数是 Excel 中的一个纵向查找函数,在工作中应用广泛,例如可以用来核对数据,多个表格之间快速导入数据等。

➢ VLOOKUP( )纵向查找函数

函数名	VLOOKUP( )
功能	在首列查找数值,并返回当前行中指定列处的数值
格式	VLOOKUP(lookup_value,table_array,col_index_num,range_lookup)

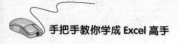

续表

函数名	VLOOKUP( )
参数	括号里有四个参数，是必需的。 lookup_value，要查找的值，必须位于 table_array 中指定的单元格区域的第一列中。 table_array，查找范围，要查找的数据表区域，第一列必须包含 lookup_value，还要包含要查找的返回值。 col_index_num，返回数据在查找区域的第几列数，正整数（table_array 最左侧的列为 1 开始编号）。 range_lookup，一个逻辑值，模糊匹配/精确匹配，TRUE（或不填）/FALSE

提示

（1）在使用该函数时，lookup_value 的值必须在 table_array 中处于第一列。

（2）选取 table_array 时一定注意选择区域的首列必须与 lookup_value 所选取的列的格式和字段一致。比如 lookup_value 选取了"姓名"中的"张三"，那么 table_array 选取时第一列必须为"姓名"列，且格式与 lookup_value 一致，否则便会出现错误值#N/A 的问题。

（3）第三个参数，这里的列数不是 Excel 默认的列数，而是查找范围的第几列。

（4）第四个参数，因为要精确查找姓名，所以输入"FALSE"或者"0"。

（5）VLOOKUP 最容易出错的地方是查找区域的首列必须含有查找的内容。例如一个表，A 列是序号，B 列是姓名，C 列是身份证，在 D 列输入其中的一个姓名，在 E1 得到其身份证的公式不能是= VLOOKUP (D1,A:C,3,0)，而应是= VLOOKUP (D1,B:C,2,0)。

因此，利用 VLOOKUP 函数查找"出生日期"的表达式：

B3=VLOOKUP(B2,基本信息!B3:J27,5,0)

通过四个参数来分析一下查找"出生日期"的公式：

① 查谁？查询【姓名】。

② 在哪查？查找区域，在"基本信息"工作表的 B 列到 J 列

查询。

③ 查哪一列？B3 要查询的是出生日期，从 B 列【姓名】开始数，出生日期位于第 5 列，所以返回值列号是 5，如图 11-24 所示。

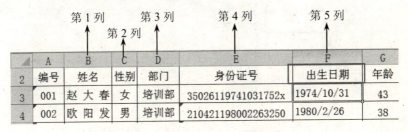

图 11-24 返回出生日期的列数

④ 怎么查？精确查还是模糊查？因为【姓名】的字段值在各工作表中只对应一条信息，唯一不重复，所以采用精确查询，精确查询参数为 0。

(2) 查找"出生日期"的操作步骤

★ **步骤 42** 打开"员工查询"工作表，单击 B3 单元格，选中。

★ **步骤 43** 方法一：录入函数表达式，如图 11-25 所示。

=VLOOKUP(B2,基本信息!B3:J27,5,0) →检查函数及参数是否正确→回车确认。

图 11-25 录入查找"出生日期"的函数表达式

★ **步骤 44** 方法二：选中 B3 单元格，在"公式"选项卡的"函数库"组中单击"查找与引用"下拉按钮，在下拉菜单中选择"VLOOKUP"函数，打开函数参数对话框，在各项参数框中选择或输

325

入对应的参数,如图11-26所示,单击"确定"按钮。

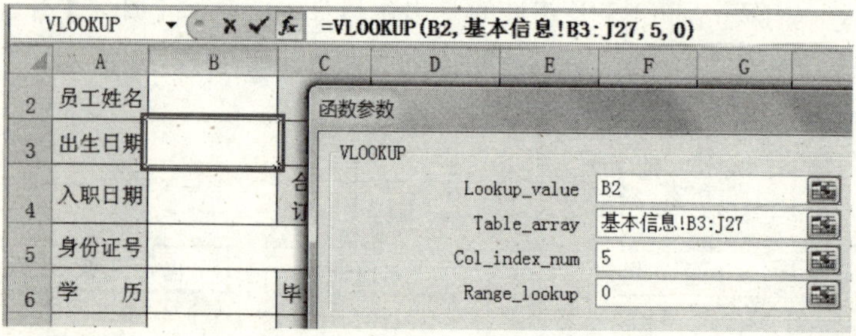

图11-26　VLOOKUP函数的各项参数

★ **步骤45**　设置日期型数据的显示格式。选中B3单元格,设置数字格式为"短日期"。即可根据员工姓名查询他本人的出生日期。

提示
　　查询其他的日期型数据时,必须设置查询结果单元格的数字格式为"短日期",例如入职日期、退休日期、合同签订日期等。

★ **步骤46**　验证查询结果。单击B2单元格右侧的下拉按钮,选择员工姓名"孙小纲",则立即在B3单元格显示他的出生日期,如图11-27所示,与"基本信息"工作表中的原始数据相同,证明查找成功,数据准确。

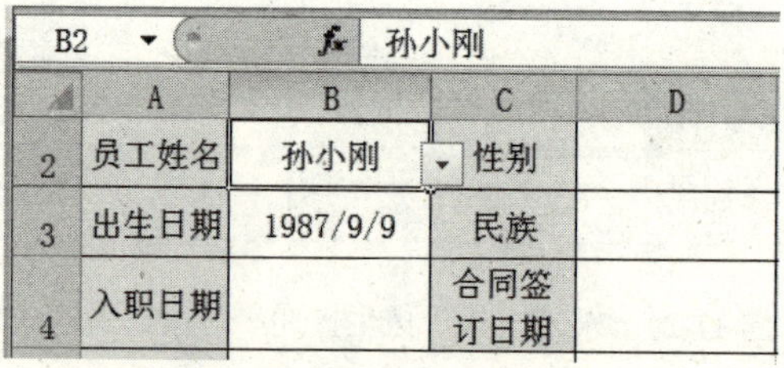

图11-27　查询员工的出生日期

★ **步骤47**　同样的原理和方法,可以查找"基本信息"工作表中的性别、部门、身份证号码、入职日期、工龄、退休日期等信息，只要更换第三个参数【返回值列号】即可。

  例 2 查找"性别"：D2 =VLOOKUP(B2,基本信息!B3:J27,2,0)

  例 3 查找"部门"：F2 =VLOOKUP(B2,基本信息!B3:J27,3,0)

  例 4 查找"入职日期"：B4 =VLOOKUP(B2,基本信息!B3:J27,7,0)

……

  4. 多个数据表查询

  其他信息需要从其余的工作表中查找，设置 VLOOKUP 函数的第二个参数（查找区域）时，要正确选择对应的数据表和查找数据的范围，切记：查找范围从姓名列开始选，查找列数从姓名列开始数。

  ★步骤 48 从"工资标准"工作表中查找：学历，职务，工龄，基本工资，岗位工资，工龄津贴等信息。

  例 5 查找"职务"表达式：H2 =VLOOKUP(B2,工资标准!B3: J27,5,0)

  例 6 查找"基本工资"：B8 =VLOOKUP(B2,工资标准!B3:J27,7,0)

……

  ★步骤 49 从"个人资料"工作表中查找：民族，政治面貌，婚姻状况，联系电话，电子邮件，家庭住址，毕业学校，专业等信息。

  例 7 查找"民族"：D3=VLOOKUP(B2,个人资料!B3:L27,3,0)

  例 8 查找"毕业学校"：D6=VLOOKUP(B2,个人资料!B3:L27, 10,0)

……

  ★步骤 50 从"签合同"工作表中查找：合同签订日期等信息。

  例 9 查找"合同签订日期"：D4=VLOOKUP(B2,签合同!B3:K27, 9,0)

  ★步骤 51 每一项查找项目的 VLOOKUP 函数录入完成后，仔细检查函数及参数是否正确，并设置数字格式，确保查找结果准确无误。

  5. 显示查询结果

  全部的查找项目设置完成后，就可以通过在 B2 单元格中选择员工姓名，来查询员工的相关资料。

★ **步骤 52** 在"员工查询"工作表中,单击 B2 单元格右侧的下拉按钮,选择员工姓名"慕容雯静",则在"员工资料查询卡"的所有单元格中显示此员工的全部信息,如图 11-28 所示,查询结果与原工作表中的原始数据相同,查找成功,数据准确。利用 VLOOKUP 函数查找信息和数据,精确快速,提高信息查阅的效率。

图 11-28 查询员工的全部信息

★ **步骤 53** 图 11-28 所示的查询结果,设置页面格式后,可以直接打印。

★ **步骤 54** 不同员工的多个数据表的查询结果如图 11-29 所示,每位员工的查询结果都可以直接打印,便于存档、管理、查阅、分析。

在"员工查询"工作表中,制作员工资料查询卡,并按照员工姓名查询,计算查询结果全部操作完成了,检查无误后,保存文件。

> 上述按照"姓名"查询的操作,只适用于查找数据区域没有重复数据值,即字段值"唯一不重复"的情况;如果有相同数据时,永远只能匹配到第一个。就需要用其他"唯一不重复"的字段值查找。

员工资料查询卡

员工姓名	陈中华	性别	男	部门	技术部	职务	总监
出生日期	1984/11/5	民族	满	政治面貌	群众	婚姻状况	已婚
入职日期	2005/11/12	合同签订日期	2017/11/12	工龄	12	退休日期	2044/11/5
身份证号	37098319841105001X						
学　历	博士	毕业学校	0		专业	0	
联系电话	0	电子邮件	0		家庭住址	0	
基本工资	6000	岗位工资	8000	工龄津贴	1200		

员工资料查询卡

员工姓名	林一炫	性别	男	部门	信息部	职务	职员
出生日期	1991/10/28	民族	朝鲜	政治面貌	群众	婚姻状况	未婚
入职日期	2016/4/22	合同签订日期	2016/4/22	工龄	1	退休日期	2051/10/28
身份证号	130404199110280919						
学　历	本科	毕业学校	0		专业	0	
联系电话	0	电子邮件	0		家庭住址	0	
基本工资	4500	岗位工资	3000	工龄津贴	100		

员工资料查询卡

员工姓名	唐果	性别	女	部门	技术部	职务	职员
出生日期	1990/11/20	民族	汉	政治面貌	党员	婚姻状况	未婚
入职日期	2016/11/2	合同签订日期	2016/11/2	工龄	1	退休日期	2045/11/20
身份证号	370306199011203540						
学　历	本科	毕业学校	0		专业	0	
联系电话	0	电子邮件	0		家庭住址	0	
基本工资	4500	岗位工资	3000	工龄津贴	100		

员工资料查询卡

员工姓名	慕容雯静	性别	女	部门	监察部	职务	总监
出生日期	1969/10/21	民族	汉	政治面貌	群众	婚姻状况	已婚
入职日期	1990/3/1	合同签订日期	2018/3/1	工龄	28	退休日期	2024/10/21
身份证号	216188196910212248						
学　历	硕士	毕业学校	中国人民大学		专业	工商管理	
联系电话	16677899288	电子邮件	☆☆☆☆@126.com		家庭住址	北京市西城区花园路幸福家园	
基本工资	5000	岗位工资	8000	工龄津贴	2800		

图 11-29　不同员工的查询结果

例如，如果有两位员工都叫李三（同姓名同字），就只能匹配到第一个李三。解决的办法：第一种，用员工“编号”来查找，“编号”是唯一不重复的数据（信息表、档案表中必须要有的字段，区分每一名员工的唯一标记）；第二种，添加属性，制造唯一，例如用“&”符号连接两个字段，两字段合并得到可以用作查找的唯一数据，比如培训部李三和工程部李三，或男李三和女李三等，附加一个辅助列，避免重复，制造唯一。

按照员工“编号”查找，可以设计如图 11-30 所示的查询卡。

	A	B	C	D	E	F	G
1			员工资料查询卡				
2	员工编号		员工姓名		性别		员工相片
3	民族		部门		职务		
4	出生日期		政治面貌		婚姻状况		
5	入职日期		合同签订日期		退休日期		
6	身份证号			家庭住址			
7	学　历		毕业学校		专业		
8	联系电话		电子邮件				
9	基本工资		岗位工资		工龄津贴		

个人资料　编号查询　员工相片

图 11-30　按照员工“编号”查找

利用“编号”查找的案例非常多，比如，用“准考证号”查找考场信息、打印准考证，用“准考证号”查询考试成绩，用“准考证号”查询录取结果……

思考：如果需要以唯一且不重复的员工编号作为查询条件，

VLOOKUP函数的四个参数应该如何设定?

最后,合理设置每张数据表中各部分数据的格式,管理人力资源表的任务全部完成了。可以建立数据透视表和数据透视图,分析各种数据之间的关系。还可以对部分数据进行分类汇总,或者绘制图表,分析数据之间的关系和变化。

后记:人力资源表还有很多其他方面、其他类型的信息、数据需要管理、计算、分析、决策,学会基本的人力资源信息管理方法,运用前面学过的知识、函数、工具和运算、管理、分析方法,可以提高管理效率,实现科学化、精细化、精准化、信息化管理,提高信息查阅的效率,运筹帷幄,提升公司人力资源的战斗力。

归纳总结

管理人力资源表使用的各类型函数、功能总结于表11-5。

表11-5 各类型函数及其功能表

函数类型	函数格式	功能
文本函数	MID(字符串,开始位置,个数)	从字符串中指定的位置起返回指定长度的字符
	TEXT(数值,数字格式)	将数值转换为按指定数值格式表示的文本
数学函数	MOD(被除数,除数)	计算两数相除的余数
逻辑函数	IF(条件,条件为真的值,非真值)	执行真假值判断,根据逻辑测试值返回不同结果
	AND(条件1,[条件2],…)	判定指定的多个条件是否全部成立
时间日期函数	TODAY()	返回当前日期,无参数
	NOW()	返回当前日期和时间,无参数
	YEAR(日期)	获取日期中的年份,括号内填写日期
	MONTH(日期)	获取日期中的月份,括号内填写日期
	DAY(日期)	获取日期中的天数,括号内填写日期
	DATEDIF(起始时间,结束时间,时间代码)	返回两个日期之间的年\月\日间隔数
	DATE(年,月,日)	重新构建日期的函数,括号内要填写年、月、日
查找函数	VLOOKUP(查找值,查找区域,列数,逻辑值)	在首列查找数值,并返回当前行中指定列处的数值

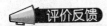 评价反馈

完成各项操作后,填写表 11-6 所示的评价表。

表 11-6 "管理人力资源表"评价表

评价模块	评价项目		自评
专业能力	1. 管理 Excel 文件:新建、另存、命名、关闭、打开、保存文件		
	2. 计算"基本信息"工作表数据	利用身份证号,提取员工的性别信息	
		利用身份证号,提取员工的出生日期	
		计算员工的年龄	
		计算员工的工龄	
		计算员工的退休日期	
	3. 计算"签合同"工作表数据	计算员工合同到期的日期	
		设置合同到期前 30 天提醒的条件格式	
	4. 计算"出勤管理"工作表数据	计算上班状态	
		条件格式标记不同的上班状态	
		计算迟到时间	
		计算下班状态	
		条件格式标记不同的下班状态	
		计算早退时间	
	5. 计算"工资标准"工作表数据	根据学历层次分别填写基本工资	
		根据职务层级分别填写岗位工资	
		根据工龄年数分别填写工龄津贴	
	6. 制作"员工查询"工作表	制作"员工资料查询卡"	
		设置查询条件为员工姓名	
		计算查询结果	
		多个数据表查询	
		显示查询结果	
	7. 合理设置各部分数据格式		
	8. 正确上传文件		

续表

评价模块	评价项目	自我体验、感受、反思		
可持续发展能力	自主探究学习、自我提高、掌握新技术	□很感兴趣	□比较困难	□不感兴趣
	独立思考、分析问题、解决问题	□很感兴趣	□比较困难	□不感兴趣
	应用已学知识与技能	□熟练应用	□查阅资料	□已经遗忘
	遇到困难,查阅资料学习,请教他人解决	□主动学习	□比较困难	□不感兴趣
	总结规律,应用规律	□很感兴趣	□比较困难	□不感兴趣
	自我评价,听取他人建议,勇于改错、修正	□很愿意	□比较困难	□不愿意
	将知识技能迁移到新情境解决新问题,有创新	□很感兴趣	□比较困难	□不感兴趣
社会能力	能指导、帮助同伴,愿意协作、互助	□很感兴趣	□比较困难	□不感兴趣
	愿意交流、展示、讲解、示范、分享	□很感兴趣	□比较困难	□不感兴趣
	敢于发表不同见解	□敢于发表	□比较困难	□不感兴趣
	工作态度,工作习惯,责任感	□好	□正在养成	□很少
成果与收获	实施与完成任务	□☺独立完成	□☺合作完成	□☹不能完成
	体验与探索	□☺收获很大	□☺比较困难	□☹不感兴趣
	疑难问题与建议			
	努力方向			

复习思考

1. VLOOKUP 函数如果省略最后一个参数,结果如何?举例说明。

2. VLOOKUP 函数的模糊查询是什么含义?举例说明。

3. 在"基本信息"工作表中,员工编号在员工姓名列的左侧,能不能用姓名查找编号?如何查?

4. INDEX 函数和 MATCH 函数的格式、参数、功能分别是什么?如何使用?举例说明。

拓展实训

1. 制作【样文1】所示的按照员工"编号"查找的"员工资料查询卡",计算查询结果,并在查询结果中显示员工相片。【精确查询】

	A	B	C	D	E	F	G	H
1				员工资料查询卡				
2	员工编号		员工姓名		性别		员工相片	
3	民族		部门		职务			
4	出生日期		政治面貌		婚姻状况			
5	入职日期		合同签订日期		退休日期			
6	身份证号			家庭住址				
7	学 历		毕业学校		专业			
8	联系电话		电子邮件					
9	基本工资		岗位工资		工龄津贴			

2. 如【样文2】所示，根据提成比例的规则，利用 VLOOKUP 函数的模糊查询功能，计算每个订单的提成金额。【模糊查询】

	A	B	C	D	E	F	G	H
1	下限金额	上限金额	提成比例		单号	销售金额	提成比例	提成金额
2	0	1999	5.00%		A001	7100		
3	2000	3999	7.00%		A002	2800		
4	4000	5999	8.00%		A003	800		
5	6000	7999	10.00%		A004	3600		
6	8000	9999	12.00%		A005	8700		
7	10000	—	15.00%		A006	12500		
8					A007	5500		
9					A008	11000		
10					A009	9000		
11					A010	1200		

3. 如【样文3】所示，在 A14:E17 的表中，利用 VLOOKUP 函数按照"单号"查询，计算各项查询结果；观察查询结果，若查询列出现重复值，结果如何？

	A	B	C	D	E	F
1	番号	俗称	订单数	订单号	尾数	完成情况
2	93657	R102	1500	100429	12	NG
3	43010	R102	3000	100429	0	OK
4	40981	H276	750	100517	0	OK
5	93668	H276	750	100522	123	NG
6	93667	H216	1200	100522	0	OK
7	40406	H126	800	100602	0	OK
8	40401	H126	1000	100601	0	OK
9	40405	H126	200	100603	100	OK
10	93667	H216	1000	100605	0	NG
11						
12						
13						
14	番号	俗称	订单号	订单数	完成情况	
15	93668					
16	93667					
17	40406					
18						

4. 如【样文4】所示，在"商品查询"工作表中制作商品查询卡，利用VLOOKUP函数按照"部件号"查询，计算各项查询结果。

	A	B	C	D	E		A	B	C
1	供应商ID	部件号	部件名称	部件价格	状态	1		商品查询卡	
2	SP301	A001	水泵	¥68.39	有货	2		部件号	
3	SP302	A002	交流发电机	¥380.73	有货	3		部件名称	
4	SP303	A003	空气过滤器	¥15.40	有货	4		部件价格	
5	SP304	A004	车轮轴承	¥35.16	无现货	5		状态	
6	SP305	A005	消音器	¥160.23	有货	6			
7	SP306	A006	油盘	¥101.89	无现货	7			
8	SP307	A007	刹车片	¥65.99	有货	8			
9	SP308	A008	刹车盘	¥85.73	有货	9			
10	SP309	A009	车头灯	¥35.19	无现货	10			
11	SP310	A010	制动拉索	¥15.49	有货	11			

5. 如【样文5】所示，根据购物满折扣的规则，利用VLOOKUP函数功能，计算每个订单的折后金额。【模糊查询】

样文 5

	A	B	C	D	E	F	G
1	订单号	购物金额	折后金额				
2	DZ001	5400				购物满折扣	
3	DZ002	6800				0	100%
4	DZ003	26500				1000	95%
5	DZ004	980				3000	88%
6	DZ005	93000				5000	80%
7	DZ006	28350				15000	70%
8	DZ007	9360				50000	60%
9	DZ008	17290					
10	DZ009	3680					

在人力资源表中管理相片

一、在 Excel 单元格中批量插入相片

在"员工信息"或"员工资料"工作表中插入每位员工的照片，是人力资源管理必不可少的工作。如果学会批量插入照片，那么无论插入多少照片，都不是一件难事，你会爱上这种技巧，更会让人力资源管理工作如虎添翼。

下面以水果资料表为例，为每一种水果添加照片，学习如何批量插入照片。

1. 准备工作

（1）首先要有水果的名册，如图 11-31 所示。

（2）其次要准备好所有水果的照片，照片名称和水果资料表里的水果名称要完全一致。水果照片都放在 D 盘【水果图片】文件夹内，并且都以水果的名称命名，如图 11-32 所示。

图 11-31　水果资料工作表

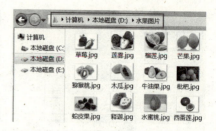

图 11-32　水果图片文件夹

2. 准备代码

（1）插入照片需要有代码，代码通用格式如下：
<table><img src="地址*.jpg" width="照片宽" height="照片高">

（2）可以通过下面的方式批量生成代码。
在水果资料表 D2 单元格输入以下公式，如图 11-33 所示。
="<table><img　src=""D:水 果 图 片\"&B2&".jpg""width="" "187" "height="" "95" "">"

图 11-33　输入公式

公式中的"D:水果图片"为存放照片的文件夹；B2 为照片名称。187 和 95 分别是照片的宽度和高度。单位是像素，实际应用时可以根据实际情况调整。注意事项：照片地址后面一定要加"\"。

（3）输入完后，向下复制，如图 11-34 所示。
（4）新建一个记事本，复制 D2:D14 数据区域，打开记事本，粘贴到记事本中，如图 11-35 所示。
（5）将数据表中单元格数据全部删除。

3. 调整相片单元格的行高和列宽

设置"水果资料"工作表 D 列"水果图片"的 D2:D14 每个单元格的行高、列宽与图片大小相同（例如：行高 72，列宽 20）。

任务 11 管理人力资源表

	A	B	C	D
1	序号	水果名称	规格	水果图片
2	1	草莓		\<table>\<img src="D:水果图片\草莓.jpg"width="187"height="95">
3	2	莲雾		\<table>\<img src="D:水果图片\莲雾.jpg"width="187"height="95">
4	3	榴莲		\<table>\<img src="D:水果图片\榴莲.jpg"width="187"height="95">
5	4	芒果		\<table>\<img src="D:水果图片\芒果.jpg"width="187"height="95">
6	5	猕猴桃		\<table>\<img src="D:水果图片\猕猴桃.jpg"width="187"height="95">
7	6	木瓜		\<table>\<img src="D:水果图片\木瓜.jpg"width="187"height="95">

图 11-34 复制公式

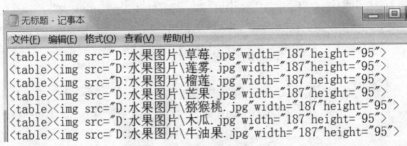

图 11-35 粘贴到记事本中

提示　如果是员工相片，代码尺寸为 width="107"height="143"；设置每位员工相片的单元格行高 80，列宽 11.5，则在单元格中可以等比例显示 1 寸相片的尺寸和效果，不失真，不变形。如图 11-36 所示。

4. 粘贴代码

将记事本中的代码复制，选中 D2:D14 区域，单击"粘贴"下箭头，单击"选择性粘贴"，然后选择"Unicode 文本"，如图 11-37 所示。

单击确定按钮，水果的照片就全部按部就班到位啦，调整图片宽度在单元格范围内（图片等比例显示，不失真），最终完成效果如图 11-38 所示。

图 11-36 员工相片显示效果

图 11-37 选择性粘贴→Unicode 文本

图 11-38 批量插入水果照片

插入的图片，可以利用"图片工具/格式"选项卡设置图片的格式，如对齐、尺寸、更改图片等。

插入的相片，既不是快捷方式，也不是超链接，而是真实、可设置格式的图片，它们全部嵌入在 Excel 文件内，不受图片文件夹的影

任务 11 管理人力资源表

响,也可以脱离图片文件夹,在其他电脑上打开 Excel 文件,图片不受影响。

二、在 Excel 中利用函数查询相片

在 Excel 中建立人力资源管理或者物品管理档案时,经常需要在查询的相关信息中包含图片,并且图片能跟随数据改变。可以利用自定义公式名称、INDEX+MATCH 函数公式来查找图片(注:VLOOKUP 函数无法完成这一功能),比如,公司人事在查询卡中可以直接输入员工姓名,即可查询到他的照片,很酷的功能!

(1)在 Excel 中,"水果资料"是存放图片的工作表,B 列是水果名称,D 列是对应图片,如图 11-38 所示。将图片属性设置为"大小、位置随单元格而变",注意图片的大小要在单元格的边框以内,不要过界。

(2)新建查询工作表,名为"水果查询",制作"水果资料查询卡",如图 11-39 所示。设置 D4 单元格行高 108,列宽 30。

图 11-39 水果资料查询卡

(3)设置查询条件的数据有效性 设置"水果名称"为查询条件,即根据水果的名称,查找水果图片。因此要在 B4 单元格中设置数据有效性,在"水果查询"工作表中,选中 B4 单元格,在"数据有效性"对话框中,设置"允许"为"序列";"来源"为"水果资料"工作表的"水果名称"列的字段值区域 B2:B14,如图 11-40 所示,单击"确定"按钮,下拉菜单就做好了。

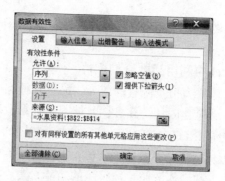

图 11-40　B4 单元格"数据有效性"

（4）创建图片引用位置　在"水果查询"工作表中点击"公式/定义名称"，或者按 Ctrl+F3 快捷键，在打开的"新建名称"对话框中，输入定义的名称"图片"，引用位置输入公式"=INDEX(水果资料!$D$2:$D$14,MATCH(水果查询!$B$4,水果资料!$B$2:$B$14,),)"，如图 11-41 所示。

（5）粘贴链接图片　在"水果查询"工作表中，选中 D4 单元格，按 Ctrl＋C 复制，单击"开始"选项卡→粘贴→链接的图片。

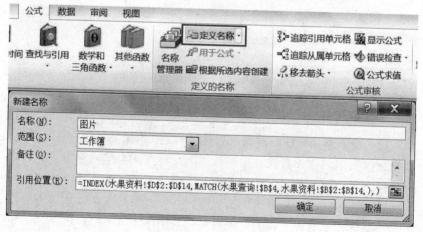

图 11-41　新建名称

（6）修改公式　选中 D4 的图片，修改编辑栏的公式为"＝图片"，回车确认。轻微调整图片大小（等比例显示），查找图片操作完成，保存文件。

（7）查询水果资料　在"水果查询"工作表中，单击 B4 单元格右侧的下拉按钮，选择水果的名称，图片就能根据选中的名称显示出来了，如图 11-42 所示。

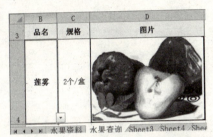

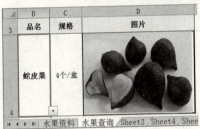
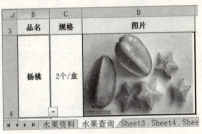

图 11-42　查询图片结果

参 考 文 献

[1] 王国胜编著. Excel 公式与函数辞典 2013. 北京：中国青年出版社，2014.
[2] 郭刚编著. Office 2013 应用技巧实例大全. 北京：机械工业出版社，2014.
[3] 布衣公子分享. 2017 年度公众号分享——Excel 技能分享篇. 互联网，2017.4.
[4] 李云龙等编著. 绝了！Excel 可以这样用——职场 Excel 效率提升秘笈. 北京：清华大学出版社，2014.
[5] 武新华等编著. 完全掌握 Excel 2010 办公应用超级手册. 北京：机械工业出版社，2011.
[6] 韩小良，任殿梅编著. Excel 数据分析之道——职场报表应该这么做. 北京：中国铁道出版社，2014.
[7] 启典文化编著. Excel 公式、函数、图表数据分析高手真经. 北京：中国铁道出版社，2014.
[8] 智云科技编著. Office 2013 综合应用. 北京：清华大学出版社，2015.

反侵权盗版声明

化学工业出版社依法对本作品享有独家出版权。未经版权所有人和化学工业出版社书面许可，任何组织机构、个人不得以任何形式擅自复制、改编或通过信息网络传播本书全部或部分内容。凡有侵权行为，必须承担法律责任。

为了维护市场秩序，保护权利人的合法权益，我社将依法查处和打击侵权盗版的单位和个人。敬请广大读者积极举报侵权盗版行为，对经查实的侵权案件给予举报人奖励。

侵权举报电话：010-64519385
传真：010-64519392
通信地址：北京东城区青年湖南街 13 号化学工业出版社法律事务部
邮编：100011